孩子們的生命猶如繭中的蝶蛹悄悄蛻變為蝴蝶，
正一步步從內部開始慢慢發展並且完善

高層次服從、語言爆發期、
潛意識活動、大腦潛能開發……

蒙氏獨特教育法

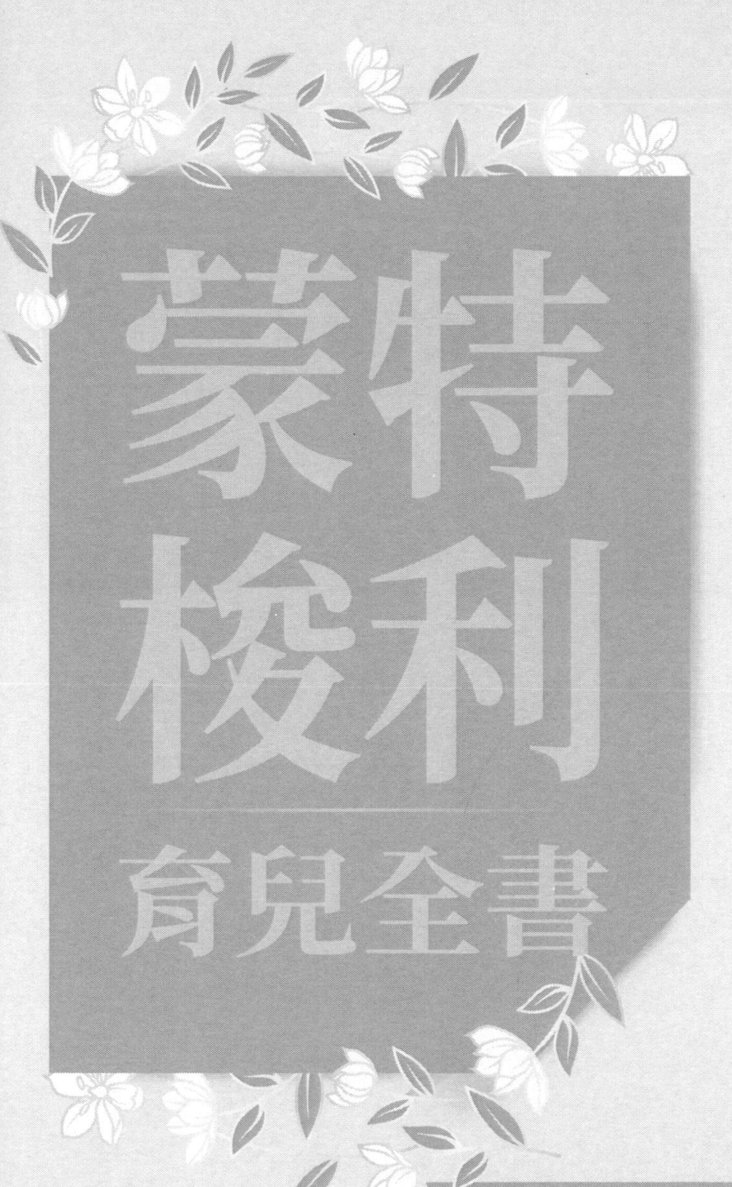

蒙特梭利育兒全書

Montessori

〔義〕蒙特梭利 著
張勁松 譯

本書被譯成20多種語言，全球2萬多所學校實施此教育法

義大利心理學家瑪莉亞．蒙特梭利改寫成千上萬的命運，
每位父母及幼教工作者都必須讀過的幼兒教育經典之作！

傳統教育是成人不斷教導兒童如何去做，兒童便「遵命式」服從；
蒙特梭利教育是讓兒童發揮自身的生命潛能，這才是教育的真諦！

目錄

第三章　嬰兒的成長

第四章　尊重個體生命

第五章　如何帶好孩子

第六章　如何愛孩子

第七章　兒童能力的培養

第八章　如何教育孩子

前言

西元 1870 年 8 月 31 日，瑪莉亞·蒙特梭利（Maria Montessori）生於義大利的安科納省。1894 年，蒙特梭利畢業於羅馬大學醫科，成為義大利第一位女醫學博士，名震全國，但當時仍然無法改變社會對女性的成見，她只能在羅馬大學精神病診所擔任助理醫師。

在任羅馬大學精神病診所助理醫師期間，蒙特梭利開始對智力遲鈍兒童的教育問題感興趣。她開始研究智障兒童的治療及教育問題，奠定了她教育理論中「發展智力需要透過雙手操作」的基本理論。並且由這兩年的體驗了解到「要克服智慧不足，主要還得靠教育的手段，不能只用醫藥去治療」，從而一改傳統的完全以藥物治療遲緩兒的偏執做法。

西元 1899 至 1901 年，蒙特梭利任羅馬國立心理矯正學校校長以後，把自己的方法實際應用到這些孩子身上，同時，也為她學校的同事和羅馬的教師們，預備了一套對遲緩兒童的「特殊觀察法」以及教育法。並針對這些孩子們的問題，用心研製了各式各樣的教育工具，幫助他們「手腦並用」增進智慧，每天從 8 時到 19 時她親自和兒童相處，觀察他們，了解他們，並做筆記分析和比較，不斷研究出更好的辦法。結果證明，她的方法非常成功。

蒙特梭利發現，對遲緩兒所使用的方法，既然能使較低的心智狀態成長，它背後的「教育原理」必定也能更廣泛地運用在正常兒童的身上，會使較高的心智狀態達到更高的境界。為了證明這種方法應用於正常兒童的可能性，她決心重新研究「正常教育學」。經過沉潛苦研的 7 年，她逐漸地找出了人類生命發展的規律，逐步地形成她的初步思想和理論，所缺乏的就是驗證的機會了。

1907 年 1 月 6 日，第一所「兒童之家」在羅馬的貧民窟桑羅倫多區正式開幕，3 個月後，第二所蒙特梭利「兒童之家」相繼設立。在以後的歲月裡，蒙特梭利與兒童教育專家一起，對雜亂無章的蒙特梭利教育著作根據教育原理進行了

前言

系統的整理，去蕪存菁，用最少的篇幅、最精練的語言、最具體的案例、最有效的方法展現蒙氏教育的真諦，幫助家長們在有限的時間內，迅速地了解並學會蒙氏教育方法，這就是本書的出版。

1990 年代，有關蒙特梭利的教育方法傳入東方，並在很短的時間內得到了廣泛的認可。

本書從很多方面向讀者闡述了新生兒的心理和生理特點，讓我們充分了解孩子的成長過程會經歷那些關鍵的階段，讓父母充分的去呵護孩子，愛孩子，並照顧得當。本書認為從出生到 3 歲，是人生最關鍵的時期，大腦裡裝進去什麼東西，就會影響孩子一生，就像軟體的品質影響電腦的功能一樣。最重要的是，這個過程是不可逆的，一旦錯過，誰也不能重來一遍。

書中認為，要改變一個民族或一個國家，要喚醒宗教或提高教育程度，我們必須仰賴孩子，他們具備無限的可塑性。但在孩子一歲半這段時間需要特別注意的是，不要人為干涉兒童的發展過程，打亂生命的自然規律。我們應該讓兒童完成自己的事情，因為這是他們的心理需求。

蒙特梭利認為，兒童存在著與生俱來的「內在生命力」或「內在潛力」這種生命力是積極的，活動的，發展著，具有無窮無盡的力量。教育的任務是激發和促進兒童的「內在潛能」，並使之獲得自然的和自由的發展。然而，天才人物所具有的注意力方面的特徵，是不能被任何一個有經驗的教師喚起的，無論他的教學技藝多麼巧妙和高超。

兒童的語言能力的培養是發展高級心理活動的先決條件。蒙特梭利認為，兒童的語言能促進智力的發展，任何家長和教育工作者都應該十分重視對兒童語言能力的培養。蒙特梭利強調要是透過創設某些適宜的語言環境（軟環境或者硬環境），來逐步培養孩子聽、說、寫、讀的能力與習慣。比如：讓孩子在學習母語的同時學習第二語言，或引導孩子在理解運用口語的同時學習書面語言，以此來促進孩子的語言發展。蒙特梭利還提倡透過引導孩子操作設計合理的教具，來使他們形成更主動、更專注、更獨立和更自信的良好個性。

蒙特梭利教育目的是使人成為人，即第一個人是剛剛出生的生物性的人；第二個人是為人，為人就是受過教育，具備了教養、具備了人格的人。這就是蒙特梭利教育的意義，也就是人格形成才能成為真正的人。

人之所以有學習的欲望，就是受到與生俱來的智慧所驅使，也就是孩子內在有一種執著追求知識和求發展的衝動。那是內部發生的原動力，透過人格的選擇及行動而表現出來。如孩子熱衷做某一件事時，大多會不知不覺地進行「分析、比一比、合起來、集在一起」的工作。如果這種內在衝動不透過教育去啟發他，將會使幼兒本身存在著的巨大能量遲滯、消磨。

人類在未成熟的狀態出生，其後要靠以後的努力去創造自己的工作，因此人類不只是有創造性，還在不斷發揮創造性。其實，這可以說是人類的一種自然性，對人類而言，創造是自然而生的。蒙特梭利認為手的活動及語言在不斷地保持調和，最後才能培養出孩子自己的人格，而人格在成長過程中發揮各種創造能力。

成人給兒童的教育是協助兒童自我發展，是為他出一己之力。傳統的教育則是成人在那裡不斷地教導兒童怎樣去做，兒童就遵命式地去服從。那麼，蒙特梭利教育就是讓兒童發揮他自身的生命潛能，透過自身的實際的這種活動來發展自己各個方面，包括人格的養成，這是教育的真諦。

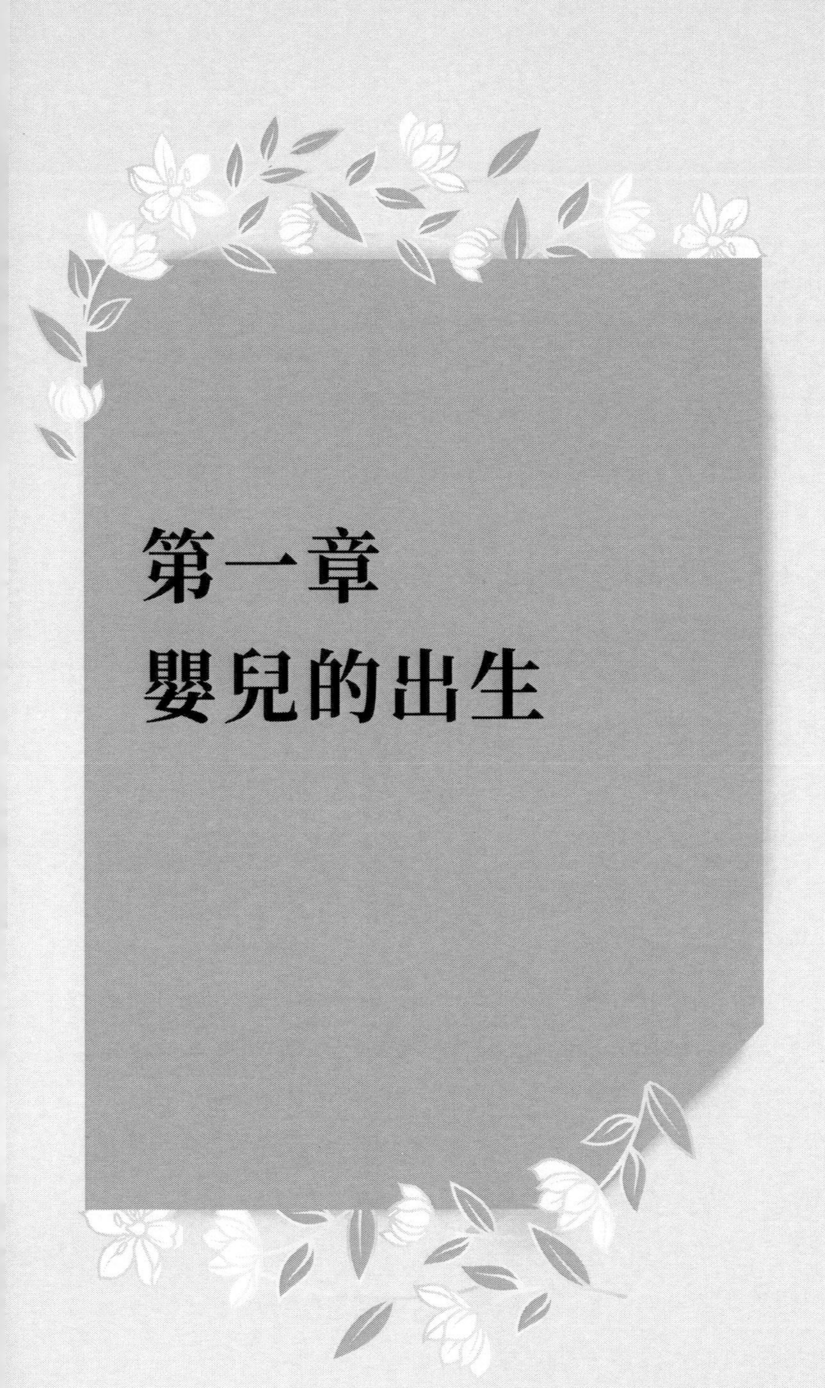

第一章
嬰兒的出生

做好接待嬰兒的準備

當嬰兒這個尊貴的客人即將來到人世間，我們才開始做接待他的準備。環顧我們琳瑯滿目又奢華無比的商品世界，有什麼是為孩子們準備的呢？

有適合孩子用的盥洗盆和沙發嗎？有他們適用的桌椅和刷子嗎？也許您家裡的房間很多，卻沒有一間是孩子喜歡的。富裕家庭出生身的孩子可能會幸運地擁有屬於自己的個人房間，但大多數時候都像束縛他們的牢籠。

設想一下孩子每天經歷的不愉快：

如同成人生活在巨人世界裡，那些巨人的身體碩大，腿超長，跑起來快成人無數倍，巨人的頭腦也遠比成人敏捷和聰明。成人短小的腿腳邁不過巨人高大的門檻，就算成人想爬過去也需有人幫助。成人試圖坐下休息片刻，但那椅子與成人並肩高，沒有一番艱難攀爬，成人根本就坐不上去。成人瘦小的手掌握不住巨人的超大號的刷子，以至於面對髒衣服也束手無策。成人渴望舒舒服服洗個澡，澡盆卻笨重到成人根本無法端起它的程度。

如果這時候，巨人們還笑逐顏開地對成人說「我們對你的到來期盼已久」這種話，那麼，成人將對巨人有所怨言，因為巨人的準備和接待工作根本就沒有做好，看起來，巨人並不打算讓我們開心、快活地生活在他們的世界裡。

與此相似的是，孩子們想要的一切成人也都沒準備好。從孩子們出生的那一刻起，他們就需要各種屬於他們專用的玩具和用品，更需要一個益於他們身心健康發展的環境。但令他們失望的是，這些都沒有！大人們提供給孩子們的只是成人用品的微縮品，他們只是為孩子們的玩具娃娃準備了房間、廚房和衣櫃，也就是說，孩子們只能以此娛樂，而不能真正地樂在其中。

這真是成人跟孩子們開的一個天大的玩笑，之所以這樣說，是因為沒有人想到孩子是一個活生生的人。

於是，孩子們覺得，他們來到這個世界，不過是被當作一個受愚弄的對象。

眾所周知，兒童時常弄壞他們手中的玩具，尤其會破壞那些特意為他們製作的玩具。但是，兒童的這種破壞行為卻可以證明他們智力發達。因為他們試圖知道「這東西是怎麼做的」，所以要拆開玩具。換句話說就是，玩具的外觀無法使他感到任何興趣，他想在玩具裡面發現有趣的東西。所以，有時候孩子會像對待仇敵一樣，用力將玩具砸碎，以此探索隱藏其中的奧祕。

孩子們希望用自己的盥洗盆，親自穿衣和掃地；他們願意使用與自己相配的桌、椅、沙發、衣櫥和餐具，那是兒童依靠周圍環境，運用各種輔助物品生存的自然傾向。他的想法是使用自己的雙手促使自己變得更聰明，並讓自己過得更加舒適。孩子們不僅努力讓自己在行為上像成人，還努力將自己塑造成大人的模樣。這不僅是出於孩子的天性，更是他的使命。

在「兒童之家」，我們經常看到這樣的孩子：他們時常流露出很快樂情緒，做事也有耐心，沉著有致，像一個最優秀的工人，也像一名最稱職的公司管理人員。

在「兒童之家」，房間內的配套設施非常利於他們的行動：掛衣物的衣鉤正好在他們觸手可及的地方；當他們輕輕將一扇門打開的時候，他們的手恰好能握住門的扶手；房間裡有重量正適合他們的臂力的小凳子，讓他們搬動起來不太費力。在做這些活動時，他們的動作輕鬆、優美，讓旁人都覺得那完全是一種享受。

有鑑於此，我們提議：創造一個所有東西的大小都與為兒童能力相適應的環境，這樣有助於開發兒童的潛力。在這種環境中，兒童所表現出來的積極生活態度定會令你連連驚嘆，在這裡，他們不僅會十分愉快地生活，而且內心充滿了活力與朝氣，你會發現孩子就像土壤裡的種子，自己重複練習成長發育。

當然，儘管幼兒在活動中表現出專心致志，但是他的動作會比較遲緩，因為他的身體還沒有完全發育成熟，就如同他的腿還很短，走起路來也就很慢一樣。

第一章　嬰兒的出生

我們憑直覺可以發現，孩子們的生命猶如繭中的蝶蛹悄悄蛻變為蝴蝶一樣，正從內部開始慢慢發展並且完善。如果這一進程被我們無情阻礙，則無異於用暴力摧殘生命！

但在現實中，我們又是怎樣對待孩子的呢？我們會隨心所欲地禁止他們活動，就如同奴隸主對待毫無人權的奴隸一樣，並且在我們做的同時，絲毫沒有歉疚之心。許多人覺得，去尊重一個小孩的行為是很可笑的。

大人們對以下情形早已習以為常：當孩子正在用餐時，成人會很自然地去餵他吃飯；當孩子努力扣衣服的鈕扣時，大人們又迫不及待地幫他扣上。總之，無論孩子做什麼，都會有人代替他去完成，對孩子，成人連最起碼的一點尊重都未給予！

與此形成鮮明對比的是，當我們的工作被孩子無心打擾時，我們就會厲聲制止！我們總是對自己權限範圍內的事表現出高度敏感，如果有人試圖替代我們，我們立即會覺得那是一種冒犯。

試想，一旦我們成了那些溝通有限的巨人的奴隸，會出現怎樣的情況呢？當我們正在舒適地品嚐美味鮮湯，巨人卻突然出現，搶走我們手中的湯匙，迫使我們快速地把湯喝掉，這樣野蠻的動作幾乎能讓我們噎住。我們將對此表示抗議：「請你仁慈些，允許我慢些吧！」由此而生的心理壓力，對我們的消化功能有百害而無一益。同樣，對將要到來的約會我們心曠神怡，我們正在房間裡興致勃勃地穿外套，巨人突然闖進門，將一件我們不喜歡的外套扔在我們面前，強行為我們穿上。這樣的舉動極度地傷害了我們的尊嚴，當我們穿上外套出門那一瞬間就索然無味了。我們的身體所需要的營養不僅是美味鮮湯，使我們健步如飛，還包括我們可以自由地去做某些事情。

為此，我們感到懊惱，也不完全是出於對巨人的憎惡，也包括我們的天性使然，是我們在生活中對自由這一權力的認知。

因為愛自由，我們的生命才被滋潤；也正是自由，帶給我們幸福與健康。自由的益處無處不在，不僅展現在生活上，在微小的言行舉止中，它也一樣被展現出來。正如一位哲人所說：「人不能只靠麵包活著。」對於稚嫩的孩童而言，他們比其他年齡層的人更需要進行創造性活動。所以，讓他們享有更多精神與行為上上的自由，實在是必不可少的。

當成人們侵入孩子的時候，孩子們透過鬥爭和反抗來捍衛自己的生活領域。當孩子們想體會一下自己的觸覺時，大人總是一味地指責他們：「不許摸！」當孩子們嘗試從廚房裡拿點切碎的菜葉之類的食材，想做盤小菜時，他們甚至會被大人喝斥走開，並被送回他們的房間去擺弄他們的玩具。

事實上，這一刻，當兒童的注意力集中時，正是他們內在精神發展、活動的過程；當兒童有意識地努力嘗試某種行為，正是他們對周圍有益於智力開發的物質進行全力搜尋的過程。但是，在這不尋常的瞬間，他們的行為卻被大人粗暴地打斷！

與此相似，成人也會在自己的人生旅途中失去一些珍貴的東西，也會有一種被欺騙、被蔑視的感覺。其根源就在於，正當創造自我的關鍵時刻，我們的行為遭受了意外中斷，我們的身心蒙受了羞辱，並由此導致我們心理十分脆弱且不健康，甚至還會造成某些缺陷。

關於這樣行為的後果，在成人世界裡也是數不勝數，我們可以再舉例說明一些。有些成人雖然相對不夠成熟和穩重，但他們卻具備某方面的天賦。

比方說，一個靈感豐富的作家，他會創作出飽含熱情的作品去激勵與幫助他人；一個數學家，他會因為揭示了某種可以解決重大問題的方法，從而造福於人類社會；如同一個藝術家，當他在腦海中勾勒出一幅絕妙的形象時，他就會希望在第一時間裡盡可能把它呈現出來，以免靈感轉瞬即逝，曠世佳作化為泡影。

假如就在這關鍵的那一時刻，他的思維被某些人粗暴打斷，耳畔儘是這些人粗野的叫嚷聲，要求他馬上隨他出門，有什麼重要的事呢？不過是去下棋！此時，藝術家憤然：「你的行為太殘忍了！由於你愚蠢的行為，我失去了寶貴的靈感，人類也因此失去了一首絕美的詩篇，一幅曠世佳作。」

第一章　嬰兒的出生

儘管與此相比，兒童並沒有遺失他們的藝術佳作，但卻被迫遺失了自我。因為對他來說，他的作品就是塑造一個全新的「人」，也就是說，從他的心靈深處，鍛造出一個飽含創造力的天才！於是，兒童因靈魂被誤解而發出痛苦的哭喊 —— 任性、頑皮和幼稚。

對一個孩子來說，受傷的不僅是靈魂，還有他的身體，因為，人的共性是一旦精神遭遇損害，他的身體也會一併受苦。

一家專門收養棄兒的慈善機構裡，收養著一個相貌極醜的小孩，不過幸運的是，照顧他的婦女非常寵愛他。

偶然的一次，這位善良的婦女告訴小孩的母親，她的小孩長得一天比一天漂亮了。聽說如此，這位母親便去看望孩子，可是她絲毫不認為孩子變漂亮了。她恍然大悟，可能是因為日復一日的相處使得一個人對另一個人的缺點習以為常。又過了一段日子，這位婦女再次向孩子的母親描述著和以前一樣的訊息，這位夫人便再次和善地拜訪了這家機構。這回她對那個照看孩子的年輕婦女產生了良好的印象，因為這位看護人只要一談論孩子便充滿了熱愛。這位母親領悟到，愛會使一個人盲目自信，她倍受感動。幾個月後，那位年輕婦女飽含勝利的喜悅宣布，那孩子從此後完美無缺，毫無疑問地，她變漂亮了。這位母親雖然吃驚，但她不可否認這事確實存在。

在偉大的愛的作用下，孩子的身體發生了改變。

很多時候，我們會用這種想法自我欺騙：我們已經給予孩子各種東西，新鮮的空氣，營養豐富的食物。但事實是，我們並沒有給他們什麼東西。因為生命的關鍵在，於人的所有生理機能都要受到更高層次的因素的制約，而豐衣足食與新鮮空氣對一個人的身體來說，顯然是不夠的。兒童的身體一樣需要靈魂的活動才能生存。

你可能不曾發現，野外的一頓便飯，比在空氣渾濁的房子裡的饕餮大餐更富有營養，這是生理學告訴我們的。因為在露天裡，身體的所有功能會更加活躍，吸收也會更加完全。同樣，與心愛的人或志同道合的人一起進餐，要比與俗氣的長官一起參加一個喜怒不定的貴族豪宴更能得到營養。

我們對自由的渴望足以說明一切。有的時候，雖然我們吃的是山珍海味，住的是瓊樓玉宇，但我們的自由卻被壓抑，這種情境對我們的健康並無益處。

孩子降臨時你在做什麼

很多人認為，人類逐漸適應自身生存環境的最有效方法是文明。如果這個說法是對的，那麼沒有人比剛出世的嬰兒更能敏銳的感受到環境的變化。一旦我們需要在瞬間適應環境，一定會覺得困窘，而嬰兒在出世時則必須面對比這更壞的局面，因為他是從一個世界轉換到另一個陌生的世界。人們肯定會問，那麼，面對孩子的降臨，我們能為他準備些什麼呢？

在人類文明史上，最好有專門的書籍對成人用何種方法來幫助嬰兒適應新環境做出詳細的記載。然而目前，這一頁還是空白。因為人類生命開始的首頁，還沒有人試圖去書寫，到目前為止，仍未有人對一個新生命的迫切需要產生興趣！

從往常的經驗中，我們會發現一個令人吃驚的事實，一個人在嬰兒時期受到的不好的影響，將會成為他一生發展的阻礙。胎兒在母體內的成形階段和出生後在兒童時期的成長變化，對他的未來有著決定性的作用。

世界各國的專家學者都認為，胎兒和兒童時期的成長經歷，不僅會影響到其本人成年後的健康狀況，就是在他整個生命的延續過程中，也扮演著至關重要的角色。迄今為止，人們只知道分娩是產婦整個生命過程中最艱險的一刻，卻沒有人想到這對嬰兒來說，同樣是一個生死門檻。

是什麼原因，讓我們認為分娩對嬰兒來說同樣是道門檻呢？因為產婦分娩後，嬰兒就完全脫離了賴以維命的母體。一旦與母體分離，嬰兒尚未完全發育的器官必須馬上運作起來以維持自己的生命。

第一章　嬰兒的出生

嬰兒在出生前，生活在母體內專為胎兒準備的溫暖羊水中，享受母親身體細心的呵護，沒有受到外界的病毒侵襲，也不受到天氣變化的影響。就連最柔弱的光線，最輕微的聲音，都被母親的身體隔離在外，不讓胎兒的生長發育受到哪怕是一丁點的干擾。

但是，隨著分娩時刻的到來，在沒有任何準備的情況下，原本在媽媽子宮裡安全靜養的胎兒，突然被母體從溫暖的羊水中排到空氣裡，經歷一場筋疲力盡的生產，他得自己求生存了。如同一位長途跋涉的朝聖者最終到達了布達拉宮，脆弱的嬰兒身軀被擠壓著，帶傷降臨人世。這時，我們又有什麼舉動呢？我們是怎樣去迎接嬰兒的到來呢？

當人們將所有的注意力都投注在媽媽身上，嬰兒只不過被護士粗略地檢查了一番，確定他能夠健康存活就算是完美閉幕了。剛剛晉升為爸爸媽媽的一對小夫妻，滿懷喜悅，看著他們的孩子的誕生，滿足了他們作為一個成人的自我意識。孩子的到來，成全了他們期待已久的願望，他們擁有了一個完整意義的家。他們的家庭，因為這個孩子的誕生，融和在濃濃的愛的氛圍裡。

但當產婦在舒適的房裡放鬆休息時，是否有人同樣關心飽受辛苦的嬰兒，也應該在光線柔和的房間裡靜養一會，以便漸漸適應新的環境呢？令人沮喪的是，沒有人想到嬰兒經歷的艱難的磨礪。嬰兒的身體是那麼的稚嫩而敏感，但卻沒人出於珍惜而去好好呵護他，也沒有人嘗試去理解嬰兒對周圍的一切會做出怎樣的敏感反應。

有些人覺得，必要時，自然界一定會對它的子民伸出援助之手。但是，當今的文明已為人類創造了「第二天性」去掌握自然、控制自然。我們可以饒有趣味地觀察其他動物的生活習性，看到母獸為了避開強光刺激，把牠的幼兒藏起來，還用牠的身體給幼獸取暖。另外，母獸還會警覺地、不遺餘力地保護自己的孩子，不允許其他動物碰觸牠，甚至看一眼都不可以。

再回頭看看人類的嬰兒吧！從自然環境到文明社會，都沒有為他們減少適應環境的累贅。更甚者，有人大言不慚的說，孩子能平安活著就已經足夠。由此可見，「平安的活著」，是他們判斷孩子是否適應環境的標準。原本，嬰兒應保持還在媽媽子宮裡的姿勢，但事實是，嬰兒一出生，就被穿上衣服，甚至包裹嚴實，他們柔弱的四肢受到了強勁的束縛。

有人認為：健康的孩子完全有能力抵抗外界的侵害，他們適應環境的能力超強，自然界裡的一切事物都是這樣。

但是且慢，如果人類真的夠強壯，為什麼不乾脆無拘無束地住在大森林裡呢？為什麼還要在冬天披上厚重的棉襖，或者坐在暖氣旁悠閒舒適地享受生活呢？難道是大人比嬰兒更弱不禁風嗎？像出生一樣，死亡也是一種自然現象，是人人必須面對的。既然死亡是如此自然，何不想方法減少自己對死亡的懼怕？既然我們擺脫不了死亡的威脅，為什麼還要想絞盡腦汁來減輕死亡的痛苦？如此種種，為什麼我們不想方設法去釋放生產的痛苦呢？

總之，人的內心深處有一種說不出為什麼的無知，是那種已經深入整個文明社會的盲目。如同視覺上的盲點一樣，人們對初生嬰兒的一無所知，恰恰就是人類生命中的一個盲點。

對嬰兒的特質，我們必須徹底地加以了解。只有這樣，他們才能從一生下來就受到完善的照顧，也才能穩當地跨出生命的第一步。只有具備相當豐富的知識，並應以嬰兒自身的需求為主，才能照料好嬰兒。哪怕僅僅是想抱一抱他，也要特別溫柔謹慎地對待，而且動作必須輕柔舒緩。不然，我們最好不要隨便將嬰兒移動。

大家應該清楚，從孩子出生到滿月期間，極其需要一個安靜的環境去適應，去成長。期間最好不要讓他穿衣服，也不要用布包裹他。提供嬰兒在室溫下的保暖是必須的，因為這時候的他，還不具備隨外界氣溫的變化而自行調節體溫的能力。因此，衣服對嬰兒來說，達不到切實性的幫助。

有人並不認同這個論點，他們認為我忽視了各個國家已有的不同的傳統育嬰方式。對這種異議，我只能說對各種育嬰方法我都略知一二。我曾在多個國家對各種不同的育嬰方式做過深入觀察和研究，發現這些育嬰方式都存在某些方面的遺憾。我還要聲明的是，這些育嬰方式實質上缺乏的是一種心靈上的醒悟。在我們迎接嬰兒的出生時，花時間做好一切準備 —— 包括心理上的準備，這是絕對必需的！

實際上，在任何一個地方或國家，人們都未曾對兒童有過徹底的了解。從孩子降臨世間的那一刻起，大人的潛意識裡就滿是驚惶失措，他們總是竭盡全力地保護自己所擁有的東西，即使這些東西毫無價值。他們擔心孩子的到來會打亂以往的生活秩序，房間也將凌亂不堪。正是基於這種心態，大人在照看孩子的時候總是忙不迭地的尾隨其後，為那些可能會被損壞的東西隨時準備著。大人們甚至想到了逃離，以平復他們忙亂的心境。要使孩子成為一個有教養的人，這是大人們努力的目標，殊不知，此時卻壓抑了孩子所特有的隨心所欲的性情。

有時，我們覺得孩子隨心所欲的特性是任性的表現。事實上，孩子絲毫也不任性，只不過我們了解他太少了，大多數時候，我們在教育過程中犯下的某些錯誤，都是因為不太了解孩子的性情。如，孩子從一歲到兩歲的時候開始就容易有一種傾向，就是樂意每樣東西都在他所熟知的位置上擺放著，並且對每樣東西他都有專門的使用辦法。假如有人將這種慣常的生活秩序打破了打破了，他會覺得非常傷心，甚至會想方設法把東西歸回原位，這樣，他的心情才會得到平靜。

那些年紀很小的孩子，也願意「物歸原處」，類似情況在我們學校裡就曾發生過。那次，有個孩子入神地站在某處，低頭看地上的沙子。他媽媽看到後，隨手抓起一把沙子揚開來。不想孩子當場就哭起來，他邊哭邊把撒落的沙子收攏起來，掬回原處。這時，媽媽才知道孩子突然哭泣的原因，令人絕望的是，她還是將孩子的這種需要視為「不乖」。

另一位媽媽給我講了這樣一件事。一次，陽光明媚，所以她把外套脫下來挽在胳臂上。就在那時她的孩子卻哭鬧不休，沒有人能明白這孩子為什麼會如此傷心。直到他媽媽把外套重新穿在身上了，孩子才平靜下來，人們這才搞清了頭緒。

上面的例子表明，當孩子看到物品被放在了他所不熟悉的位置上，就會嚴重影響他的情緒。可能大人們會想，這樣的孩子理應被處罰，認為只有處罰才能糾正孩子的「毛病」。事實上，現在來糾正，未免多此一舉，因為這樣的缺點可能在孩子長大以後會自然消失。成人肯定不會因為有人脫去外套而在眾目睽睽下號哭。但大多數時候，大人因為不懂得孩子行為的真正意圖，想當然的認定這個孩子為不乖。要知道，孩子的某些缺點會隨著他的成長而自然消失，父母沒必要為此太過操心。當我們真正開始理解孩子就會發現，我們對他的糾正措施純屬多餘，我們也將會繼續喜愛這個有不少小毛病的孩子。因為我們知道，終有一天，他會成為一個懂道理的大人。

最後，我再舉一個例子：我的鄰居有一個兩歲的小孩子，保姆每次都會用相同的方式在同一個浴缸裡幫他洗澡。有一天，這位保姆因為一些事必須離開一會，另一個保姆替代了他的工作。可是當新保姆幫孩子洗澡時，孩子就變得叛逆而不安分，大人們不明白這是為什麼。直到先前的那位的保姆回來後詢問孩子：「怎麼一洗澡你就哭呢？那個阿姨不是挺好嗎？」孩子回答道：「她是個好阿姨，可是她幫我洗澡時總是倒著來。」大家這才明白，孩子每次洗澡，這位保姆都是先給他洗頭，而後來的保姆是從孩子的腳部開始洗。對孩子來說，洗澡的先後次序是不能改變的生活規則，他在極力維護著這個規則。

可是，孩子的這種表現，常常被大人們認為是「不乖！」

心理胚胎的發育

應該將新生兒當作「心理胚胎」來看待，它是一種精神，為了降臨到這個世界上而孕育在肉體內。但是從科學的角度上看，新生命來到這個世界上並非一片空白，他是個活的肉體，他有組織、有器官，這完全可以用科學儀器測量出來，但是我們指的精神卻無從查考。這樣精緻靈活的身體難道是無中生有的嗎？這仍是一個未解之謎。

嬰兒一出生，就站在了人生旅程的一個使人印象深刻的起點上。此後，相當長的時間內他身不由己，也不具備做任何事情的能力，如同一個虛弱的或癱瘓在床的病人，需要得到別人的照顧。除了啼哭，大部分時間裡，新生兒都會一言不發。而他一哭，我們就會直衝到他身邊，彷彿有人期待我們的幫助。經過大概幾個月，甚至一年的時間，新生兒會慢慢變得堅強，也逐漸像個「小大人」了。

對於孩子在身體上和心理上的成長變化，我們可以看作是一個生長成「人」的過程。換個視角講，嬰兒長大成人是一個奇妙的過程。有一種內在的力量，在他的成長過程中啟動著新生兒身體的能量。這個能量一啟動，新生兒的手腳就開始動彈，大腦也開始運作了。從此，新生兒不僅可以自由活動，還有了表達思想的能力，這就是人的「內化」過程。

相比其他動物，人類的嬰兒出生以後，很長時間內都需要別人的照顧。從實際情況來看，這對新生兒的成長意義非凡。我們發現，其他動物無論出生時有多脆弱，幾乎都得在極短時間內依靠自己的力量活下去，牠們需要立馬學會走路。一些食草動物甚至剛落地就得跟在媽媽後面顛簸，以避免成為肉食動物的獵物。同時，牠們迅速地學會了與同類動物的溝通方式，如小貓學會了「喵喵」叫，小羊也知道了「咩咩」叫，雖然發出的聲音很微弱，但還是能夠聽見牠們連續的叫喚聲。動物的成長準備期短暫且簡單，可以這樣說從一生下來，本能就決定了牠的行為。你看那頑皮的小老虎出生的剎那，就能夠自己站立了，甚至在出生後一天時間內，就已經可以在媽媽肚皮下靈巧地鑽來鑽去。

來到這個世界上的任何動物，不僅具有外在的形體，還具備了潛在的本能。而在牠的動作中，所有的本能都會被顯現出來，這就是不同物種的個體特徵。有人認為，動物的特徵不應從牠的外貌上歸納，而應透過牠們的行為加以總結。所以，動物身上具有的那些植物所沒有的特性，便可被統稱為「精神特質」。就連動物的精神特質在出生時都這樣明顯，怎麼能說人類的新生兒就沒有相同的天賦呢？科學理論說，一連串物種繁衍的經驗累積出動物現在的行為特徵，人類的特徵難道不也是這樣嗎？人類起初是直立行走，後來不斷地開發出語言和智慧，同時將這一切傳給後人。

所以，這裡面有一個隱藏的真理，可以用製造產品的方法來做比喻。現代機器可以快速大最地製造某些模樣完全相同的產品，但有些東西卻必須用手工慢慢製作出來，且各有不同。手工製作的價值，在於它具有藝術的獨特魅力。這個比喻借用在說明動物和人在心理上的差別，動物就好比是被大量製造出來的產品，它們一生下來，就具有了與同種動物相同的特性。比較而言，人可以說是「手工製造」出來的，每個人都各有不同，是大自然雕琢成的藝術品。

另外，製造人的過程相當緩慢，其「內在特質」在他的外貌特徵還未顯現之前，就已經在逐漸形成，這可不是在拷貝一模一樣的人，而是要製造出一個嶄新的人。

關於人的內在特質是如何形成的，迄今為止還是個謎。我們要說明的是，人的製造從來都是在經歷一個漫長的內在形成過程，就如同一件藝術品在展覽之前，它的創造者一定是事先在靜謐的工作室裡進行了一番精工雕琢。

人格的形成是無形的，柔弱無助的嬰兒對我們來說同樣是個謎。我們只想到嬰兒將來會有無限發展的可能，卻無從想像他會成為什麼樣的人，能有何等樣的成就。比起其他動物，嬰兒柔弱的身體裡具有更為複雜的構造和機制，每個嬰兒都是獨立的個體，他所具備的特殊意志促使他順利實現自身的轉化工作。不管是音樂家、歌手、藝術家、運動員，還是英雄、罪犯、聖人，他們都以相同的方式被生下來，只是他們每個人都懷著各自的形成之謎來到這個世界。正是這種差異，促使每個人去實現不同的抱負。

嬰兒出生時的無助，一度成為哲學家們討論的課題，不幸的是，醫學專家、心理學家和教育家卻從未對此抱有興趣。在他們看來，這種現象是一個自然存在的事實。雖然多數孩子都可以順利度過這段無助的嬰兒時期，但在孩子們的潛意識裡，深深埋藏著這個時期的印象，並對他們今後的生活產生嚴重的心理後果。那些認為嬰兒行動被動，心智也空洞的想法，真是愚不可及。還有人這樣錯誤的以為，孩子在嬰兒期過後之所以會奇蹟般成長，完全得益於大人的精心照料和毫不含糊的養育。這些想法促使父母萌發了一種責任感，認為自己就是開啟孩子內在特質的力量。於是，他們把培養孩子當作是在塑造一件藝術品，他們不停地提出期望，發布指令，美其名曰是為了發展孩子的智慧、靈敏度和意志力。成人認為自己承擔了近乎神聖的職責，並堅信自己在孩子生命活動中的地位，就如同聖經裡講到的上帝一樣：「上帝按照他的形象創造了人類。」

要知道，只有孩子才真正掌握通向自己心靈世界的鑰匙，神化後的大人所形成的自傲讓孩子備受苦難，可是驕傲不是向來被人類所恥笑嗎？

在孩子很小的時候，就能表現出他的發展趨向和相當的智慧天賦，最終他能夠施展自己的能力。這時，如果大人很突兀地施加干預，就會令孩子的努力付諸東流，並使他們自我目標的實現遭遇挫敗。大人的行為非常容易給孩子原始自然的心智造成不利影響，這大概就是人類在傳承中失敗的原因。現實的問題是，儘管孩子必須歷經困難和付出長久努力才能夠充分掌握和運用自己的心智，但孩子自己的精神層面沒有遺失，只不過得花些時間才能將這種天賦展露無遺。

孩子那懵懂的心靈，在成長過程中被逐漸打開並茁壯成長，它一點點地激發著被動的軀體，使它活躍起來，自我意識也被喚醒。但在現實環境中，另一股強大的力量卻狂奔而至，最終將他的心靈左右。在如此環境中，沒有人能體會到，也沒有人願意接受「人類可發生內在轉變」的事實，柔弱的嬰兒其實並未受到些許的保護，也沒有人輔助他度過艱難的發育期，對嬰兒來說，這個環境中所發生的每件事都成為一種阻礙。

於是，作為心理胚胎的孩子，只能依靠自己的力量，在他所處的環境裡掙扎求生。事實上，像生理胚胎一樣，心理胚胎也需要受到外部環境的呵護，需要愛和溫暖，需要人們對它的存在給予尊重，需要一個永遠也不會阻礙它發展、能夠完全接納它的環境。

假使對這些情況有所了解，大人就應該改變對孩子的態度，當孩子以「心理胚胎」的形象出現在我們的世界時，就賦予我們新的責任。那個柔弱而優雅的小東西，那個惹人疼愛，被我們用很多衣物包裹著的嬰兒，就如跟我們的玩具，一定會將我們的愛喚醒。

在孩子試圖轉化的過程當中，人類必須面對許多內在的挑戰。嘗試理解還不存在的意志和思想，只是笑談，但這種思想和意志遲早會控制和激勵我們被動的身體。

從嬰兒時開始，孩子柔弱的生命之花綻放了，大腦從此有了意識，對周圍的環境，他開始萌發好感，在努力實現自我的前提下，他的肌肉也能動了。

對孩子的努力，我們必須給予理解和支持，因為這段時間是孩子人格發展和定型的重要時期，我們的責任是那麼的重大，我們應嘗試運用科學的方法去了解孩子的心理需求，並製造一個適合孩子成長需要的環境。

這是需要我們用智慧去領悟的科學，也是我們發展這門科學長期以來的首要原則，因為在推斷出人類發展史的最終結論之前，我們仍有很多工作要去完成。

心理與身體密切相關

心理學家將人從出生到大學畢業的成長過程進行了研究，並得出了幾個階段性的心理成長的劃分。最先做這項研究的是哈伍洛克．艾利斯和W．斯特恩，許多人都熱情地支持了他們的理論，尤其是夏洛特．布勒和她的追隨者。

雖然哈伍洛克．艾利斯的看法不同於當時流行的觀點，但與佛洛伊德（Sigmund Freud）學派的研究的結果異曲同工。

在這之前，人們通常都認為新生嬰兒太過渺小，不具備什麼研究價值，其價值在後來的發展中逐漸被重視，哈伍洛克．艾利斯的研究表明這種觀點已經落伍。現在，心理學家們相信，人在成長過程中，會經歷不同的心理階段，各階段之間有明顯的界限且差異明顯。有意思的是，各個心理成長階段與不同的身體成長階段緊密相關。心理變化在成長發育的不同階段之間尤其明顯，一個心理階段結束，另一個心理階段接踵而至，以至於人們都誇張地說：「所謂成長，就是一個持續再生的過程。」

從出生到 6 歲是心理發展的第一個階段，這個時期的心理類型基本相同。我們也可以將這個階段分為 0 至 3 歲和 3 至 6 歲兩個不同的時期。

0 至 3 歲是第一個時期，這期間，我們無法了了解兒童的心理，也不應該直接對他施以影響。這個年齡層的兒童不能上學，事實上，也沒有願意接受 0 至 3 歲兒童的學校。

3 至 6 歲是第二個時期，這時，兒童的心理類型不會發生太多變化。但是兒童的人格已經產生很大變化，特別容易受成人的影響。可能父母不那樣認為，但只要把 6 歲的孩子與新生兒對比，你就會發現其中驚人的變化。我們暫時不說這種變化是怎樣產生的，只需要承認這個事實，即是一個 6 歲的孩子，已經可以到學校接受教育了。

6 至 12 歲是心理成長的第二個階段。這是個相對平穩發展的階段，兒童給人們健康、強壯、快樂的感覺。心理學家羅斯曾對這個年齡層的兒童有以下描述：「這種在精神上和身體上摺射出來的穩定，是兒童階段後期的一個顯著特徵。這種穩定基本與成年時期相同。很容易假設，如果一個外星人初次光臨地球，在沒有接觸成人以前，多半會以為這些 10 歲左右的孩子就是成人。」

第二階段不僅在心理上明顯不同於第一階段，而且身體上的變化也非常顯著，最容易發現的就是兒童開始換牙齒。

12 至 18 歲是心理成長的第三個階段，孩子在這期間會發生非常大的變化。這一階段也能分成為 12 至 15 歲、15 至 18 歲兩個時期

在這個階段，人的身體基本發育完成，18 歲之後，即使年齡在成長，身體也不再隨之發生明顯變化了。驚訝的是，政府的教育部門對此已經有所覺悟，卻不是很明確，只是停留在一種模糊的直覺上。

他們較為認可 0 至 6 歲這個階段，因為孩子在 6 歲時確實出現了一個巨大變化 —— 可以到學校接受教育了。人們清晰的感覺到了 6 歲孩子身上發生的這種變化，即他們已經懂事了。顯然，如果兒童不能走路、聽不懂老師說的話，那他就根本無法過群體生活。可以看出，人們已經認可了兒童的這種變化。

可是，教育理論界對此卻反應遲鈍，至今為止，他們對這個問題仍麻木不仁，僅僅止步於認識到這些明顯的事實 —— 新生嬰兒與 6 歲孩子之間的明顯差異。無疑，6 歲兒童已經可以自理，能夠上學，能夠聽懂別人的言語，這說明他們有了十足的進步，因為剛出生時的他們一無所知、什麼也不會。

我們發現，在某種程度上，第二階段也得到了人們的認可，理由是基於這樣一個事實：12 歲的兒童開始進入中學學習，世界上眾多國家都這樣。也就是說人們普遍意識到，6 至 12 歲兒童最適合接受基礎文化教育。怎麼會這樣呢？

這絕非是偶然的巧合，這樣相同的教育設置，無疑是出於對兒童心理發育的共同認識。

長期的教育實踐告訴我們，在心理上，這個年齡的兒童適於上小學，他們可

以耐性去學習，能夠專心聽講，理解教師所講的內容。事實上，6 至 12 歲的兒童不僅可以接受教育，而且對他們的身體發育毫不影響。因此，接受文化教育的最佳時期非這個階段莫屬。

12 歲之後，兒童的心理發展已經進入了另一個類型，這一點各國的官方教育也認識到了，所以，這時候孩子需要接受一種新的學校教育。

這個時期也被分為兩個小階段。與此相對的是，中學教育通常被分為國中和高中。大多數情況下，國中是 3 年，高中則為 4 年。這種劃分合不合理對我們來說並不重要，重要的是這個事實，即 12 至 18 歲的教育一般被分為兩個階段。

心理學家普遍關心著青少年的教育問題，因為 12 至 18 歲這個年齡層與 0 至 6 歲有些類似，心理變化更加明顯。同前一個階段相比，這個階段不再那樣簡單，也不再平靜。這期間，青少年的性格浮躁，且有一種叛逆傾向。身體發育也不像前一個階段那樣平穩。

讓人擔憂的是，這些通常得不到學校教育的關心，他們事先就制定好了作息時間表，不管它是否符合學生的願意，學生必須遵從。學生們被迫長時間坐在教室裡聽課、長時間去學習。

學校教育的最高級別自然非大學莫屬。但是，我們的高等教育與中、小學教育區別甚微，依舊是教師在上面講，學生坐在下面聽，只是課程量更厚重了，知識內容也更豐富了。

不少大學生不修邊幅，蓄著不同式樣的鬍鬚，一群人擠在教室裡面，給人古怪的印象。這些曾經的孩子雖然成人了，還是被當作小孩看待，他們必須遵從老師的命令，乖乖地坐在教室裡聽講。除非父親大發善心，否則不能逛街，禁止抽菸。如果考試不及格，還會受到父母的責罵。

儘管如此，我們認為教育的目的應該是開發這些年輕人的頭腦，因為他們將是未來的醫生、律師或工程師，他們的智慧和經驗為社會所需要。人們肯定要問，什麼時候這些年輕人才能拿到學位？畢業後的他們能賺錢養活自己嗎？對自己選擇的職業能做到得心應手嗎？企業可能把設計方案交給這樣一個年輕的工程師嗎？這個初出茅廬的律師能打贏官司嗎？眼下，對年輕人缺乏信心是個普遍現象，我們該怎樣解釋這種現象呢？

原因並不複雜，多年來，這些年輕人只是在聽講，僅靠聽講能使人成熟嗎？只有在實際的工作經驗中才能培養出真正的人才。所以，年輕的醫生需要幾年的實習期，稚嫩的律師必須得到專家的指導。事情遠非如此簡單，畢業生們要想得到這些理想工作，還離不開別人的幫助和推薦，打破無數阻礙。令人不愉快的是，世界各個國家都處於這種尷尬境地的年輕人數不勝數。

在紐約，幾百名大學生因為找不到工作而上街遊行，他們高舉橫幅，上面寫著：「我們沒有飯吃，我們沒有工作。我們將來怎麼辦呢？」沒有人能夠回答這個問題。我們的教育就是如此，雖然已經認識到在不同階段有不同的發展模式與之相適應，但還是不願意打破傳統習慣，徹底脫離現實生活。

過去的幾十年，2 至 6 歲的孩子根本不受人們關心，現在，這種情況已有所改變，各式各樣的幼兒園如雨後春筍，承擔了這些孩子的教育。可是，大學的情況似乎一成不變，沒有什麼實質性的改變。目前，人們仍然認為教學的最高目標是大學，因為大學生無一不是智力超常的人。

可是，對人的研究開始被心理學家高度的關心，如此一來，一種相反的認識傾向出現了。和我一樣，很多人相信教育最重要的階段不是在大學，而是在 0 至 6 歲。他們認為，在這個階段形成了人的智慧，並且在這個階段，人的心理也正在定型。科學家發現，這個時期對人格的形成意義非凡。於是，這一觀點激起了我們對生命潛能的研究，特別是對新生兒和一歲兒童的研究。

相較於過去對死亡的興趣，科學家們對新生嬰兒的興趣也絲毫不遜。人死後會怎樣呢？早期，這個問題一直被人類所探討。現在，一個新的領域出現了，新生兒身上發現的無限潛能，再次激起人們無盡的想像，這在過去的時光，是人類根本不了解的。

第一章　嬰兒的出生

沒有一種動物比人類還需要如此漫長的嬰兒期，這是什麼原因呢？在這個過程中究竟發生了什麼？我們無從考證。但有一點是毋庸置疑的，某種創造性的潛能在這個發育過程中始終在發揮作用。這是顯而易見的，嬰兒剛出生毫無見識，對外物一無所知，可是 1 年過後，就什麼都明白了。

剛出生的嬰兒大腦一片空白，沒有任何記憶，更談不上什麼主觀意志。所有這些，都需要在以後的時間中去慢慢發展。動物卻不同，初生的小貓就會「喵喵」叫，牛犢和剛鑽出蛋殼的小鳥一落地就能發出和它們父母同樣的叫聲。初生的嬰兒除了會發出「哇哇」的哭聲，其他什麼也不會。

人類沒辦法決定自己的成長過程，對在發展中出現的問題也束手無策，但人類可以研究這一發展過程。這是一個從沒有到有的過程，無數奇妙的變化充滿其中。試圖了解這個過程充滿了困難。

你要是覺得一歲以前的嬰兒總是在沉睡，這種想法愚不可及。事實上，他們的大腦和我們成人存在很大差異，巨大的創造力潛藏在這個大腦裡。這股力量潛移默化著，由此形成他們奇妙的內心世界。嬰兒出生後的一個年頭裡，他們的發音器官已經逐步發育完善了，還掌握了語言。另外，他們在不停地儲存身體發育所需的能量，以備身體的發展，因為那是智力發展的基礎。

通常情況下，成人能夠意識到自己所需的是什麼，嬰兒卻想不到，而這些偉大的創造活動，都是在嬰兒的無意識中完成的。事實上，嬰兒是在創造著知識的同時，創造著對這些知識的要求。

假如成人的行為是有意識的，那麼嬰兒的行為則出於無意識，只是這種無意識不同於我們的想像。無意識的頭腦具有非常的智慧，不僅嬰兒如此，包括昆蟲在內的所有生物都是這樣。恰恰就是這種無意識的智慧在幫助嬰兒成長，這始於對環境的吸收。那麼，嬰兒怎麼才能從周圍的環境汲取知識呢？其實就是透過運用以上所說的那些特性。嬰兒的熱情正是被周圍的事物所喚醒了，注意力也被他們吸引，於是，一種互動在嬰兒與環境之間開始了。嬰兒透過天賦能力汲取知識，而不是透過思想來獲得知識。

這種學習方式最明顯的例證就是語言。兒童是怎麼學習說話的呢？關於這個問題，人們常常這樣回答：兒童天生就有理解人類語言的能力。這個回答等於沒有回答，嬰兒周圍有成千上萬種聲音，可是他們只學到了人類的聲音，為什麼呢？

在周圍多種聲音之中，嬰兒只聽取人類的聲音，學習人類的語言，就說明人類的語言給嬰兒留下的印象極其深刻，且最為強烈，並促使他們的神經系統產生熱情。同時，在內心激起情感共鳴，進一步促使他們發出同樣的聲音。

類似於人對音樂的感受，這種現象並不難被理解。人們在聽音樂時，不僅臉上的表情隨著旋律在改變，連他的頭和手也會隨節拍活動。當然，嬰兒對語言的感受遠比我們對音樂的感受強烈。嬰兒受到周圍聲音感染是在無意識中進行的，儘管人們很少看見他們的舌頭和臉頰在動。但正是在這種潛移默化中，嬰兒的所有器官都在接受發聲的學習。

以上講的是嬰兒是怎樣聽取聲音的。那麼，他們又是怎樣學習語言的呢？語言又是如何成為他們人格的一部分呢？

一般情況下，人們把母語認定為在嬰兒期學到的語言，它與後來學習到的語言有很大的不同，相當於真牙和假牙的不同。

一開始，嬰兒聽到的只是一些根本沒有意義的聲音，但用不了多久，他們就懂得了其中的含義。那麼，這些單純的聲音是如何被他們理解的呢？兒童除了學會詞語和其中的意思，還掌握到句子和語言結構，因為要理解語言，前提就是必須懂得句子結構。比如人們講「玻璃杯放在桌子上面」，表示玻璃杯的位置在桌子上，詞語的排列順序決定了句意。如果把詞語順序顛倒，說「上面桌子放在玻璃杯」，人們就很難了解是什麼意思了。正是因為兒童掌握了語句的順序，他們才能夠理解語言的含義，

那麼，嬰兒的認知能力是怎麼產生的呢？人們常說：「這些東西孩子都記住

了。」卻沒有意識到記住東西得依靠記憶力。但是，處在嬰兒期的孩子還缺乏記憶力，相反，他們需要培養這種能力。另外，還要理解語言順序對語意的影響，這就需要明白推理，這也是嬰兒不具備的一種能力。顯然，我們難以理解嬰兒是如何學習語言的，成熟的大腦也難以完成，因為這其中蘊含著一種特殊的心理能力。因此我們認為，與成人比，兒童具備非凡的智慧。

可以這樣理解，成人透過大腦來學習，嬰兒則透過心理能力直接汲取知識。

成人的學習只是接受，即把知識輸入並儲存在大腦裡，就像往花瓶裡灌水一樣，人與知識的直接連繫並沒有建立起來。與此不同，嬰兒透過學習經歷了一個轉型過程，由學習塑造了自身。漸漸地，他們學會了自己的母語，在幼小的身軀內產生了一種精神上的化學反應，知識不但存入大腦裡，還促成了大腦的發育。如此這般，嬰兒透過與周圍環境的交流，建立起了自己的精神世界，我們稱這時候的心理為「具有吸收能力的心靈」。

雖然，我們無法想像嬰兒這種獨特的心理能力到底是怎樣的，但卻不可否認這種能力的優勢。如果我們也有這種能力該有多好！如此一來，我們就可以在休閒遊戲中學習新的語言，就可以如同吃飯、呼吸一樣輕鬆自如地汲取知識。真能這樣該多好呀！試想一下，一開始，我們並未察覺到自己有什麼變化，但是突然之間，新的知識如同星辰一般出現在我們的腦海裡，這是多麼令人激動的一件事。

如果有這樣一個世界，沒有學校和教師，沒有書包和圖書館，人們根本不知道學習是怎麼回事，居民閒散地生活著，每天只是吃飯走路，卻通曉一切的生活知識。諸位一定認為我是在講童話故事。事實上，這樣的生活時刻發生在我們身邊，那就是幼兒的生活和學習，在無意識中他們學會了任何知識，不帶任何的學習負擔。

人類在學習過程中逐漸掌握了知識，同時大腦得以發育成形，這是件非常偉大的事情。當然，在這個過程中，人類也要付出代價。當學習逐漸變得有意識時，獲得任何一點新知識都要付出不少代價。

動作，是兒童學習的另一件大事。嬰兒生下來有大半年的時間是在襁褓之中度過，那時的他們基本上沒有什麼動作，但不到一年，他們就能夠走動，且學會了許多新動作。這期間，他們整天都無憂無慮，開心玩樂，同時逐漸學習其他動作。這時語言對他們來說已不是問題，身邊發生的任何一件事都會引起他們高度的關心，在他們的腦海裡產生記憶。

兒童學習動作是有規律的，每個動作都有它特定的學習期。在學習動作之前，幼兒已經開始了無意識的心理發育，大腦早在學習動作的時候，就開始了對周圍環境的學習。

在嬰兒學習第一個動作初始，無意識的心理活動就已經向有意識轉變。仔細觀察你會發現，一個 3 歲的兒童會反覆不停地玩弄某些東西，這些遊戲活動是有意識的，透過對玩具的研究，兒童的思維正在從無意識向有意識轉變。此後，他們的行為也將逐漸變得有意識，而且透過活動使自身變得完善。就這樣，最初無意識的遊戲活動，慢慢變成為有意義的工作。人類智慧的工具是手，兒童也是從使用手開始了自己的學習。

兒童的性格在這些經驗中最終形成了，但是也給他們帶來了限制，因為經驗的世界遠比無意識的世界狹小。

從嬰兒誕生起，這個神祕的學習過程就開始了。在這個過程中，嬰兒逐漸獲得自己的力量，形成自己的思維和意識，並將其轉為記憶的一部分，繼而獲得理解和思考的能力。對從事童教育的人來言，突然之間，這些 6 歲大的孩子擁有理解力，並且能夠耐心地聽老師講話，正是這個過程的最終結果。

近年來，嬰幼兒心理的研究使人們眼界大開，兒童的這個神祕世界震撼了人們。本書的目的，就是分析兒童在這個階段的學習。

對於 0 至 6 歲兒童的心理發育，成人所能做的事情是提供幫助，而不是教育。假如我們能對兒童的心理發育有一個正確認識，理解他們的需要，從而使這個學習階段延長，促使兒童自己發展掌握知識的能力，這一舉動將意義非凡。如果能使人類擺脫學習過程的艱辛，同時還能掌握更多的知識，這將是對人類莫大的貢獻。

可以認為，源於對對兒童心理的發現，一場教育革命正在爆發。當人們發現嬰兒的心理與成人完全不同，人們了解到嬰兒的學習能力屬無意識心理，這種無意識會變成有意識的基礎，使嬰兒透過遊戲從周圍環境汲取經驗；當人們意識到教育不能直接介入這個過程，那麼，兒童教育理念就發生徹底改變。

既然兒童能夠自然地吸收知識，那麼這個性格的形成階段就十分重要。在這個時期，正確的幫助替代被動的灌輸知識，教育應該讓這種能力充分發揮，盡力消除兒童天賦創造力形成的障礙。如此，教育不再只是一個灌輸語言和觀點的過程，而是向兒童心理發展提供幫助的手段。

成人應給予兒童幫助，不是因為他們幼小，而是因為他們天賦的創造力還處在萌芽階段，脆弱之至，需要成人的呵護。並且，成人提供的幫助應促進兒童這種天賦能力的發揮，而非指向兒童本身。

當今世界教育新的發展方向 —— 對兒童的心理發展提供幫助，促使兒童自然學習能力的發揮，使這種潛能進一步得到提高。

兒童時期小腦的發育

長到 6 個月時的兒童，小腦開始迅速發育，持續到 14 至 15 個月，然後發育速度逐漸放慢，直到 4 歲半時完成。實際上，這個時期的兒童同時進行兩方面的發展，小腦和神經系統的發育成熟，還有行動器官的發育成熟。

一個發育正常的兒童，長到 6 個月時就能夠坐起來，到 9 個月時就可以磨練，10 個月左右就能夠站立，12 至 13 個月時開始邁步移動，到 15 個月時，平穩的走路已不成問題了。

與運動有關的神經系統，在學習行走的同時也發育成熟了，如脊柱神經就是在這時形成的。行走依靠脊柱神經將大腦的指令傳達給腿部肌肉，如果脊柱神經不曾發育成熟，則傳遞受限。這對於控制肌肉非常重要，只有各種肌肉運動協調作用，行走過程才能完成。

骨骼發育是行走必需的第三個因素。剛生下來的嬰兒骨質很軟，腿部還不能承受身體的重量，因此，骨骼硬化之後才能開始走路。

此外，在這期間，嬰兒顱骨上的縫隙也已長滿，就算兒童不慎摔倒，也不會傷及大腦。

行走，是由一系列組織協調完成的，需得相關器官協調發展。所以在兒童的小腦、脊柱神經和骨骼發育成熟之前，父母不能教兒童走路。因為走路也是一個自然發展過程，一旦違反自然發展規律，就會給兒童造成危害。所以，必須遵守自然法則。

同樣，如果我們試圖阻止一個發育正常的兒童走路，也是不可取的，因為他的相應器官已經發育成熟，必定會發揮作用。用自然界的話語去理解，「創造」一詞不僅意味著生成了什麼，還意味著生成物所發揮的作用。

任何一個器官一經形成，就要發揮它的作用。在現代術語中，器官的功能性工作被稱為「環境經驗」，如果沒有獲得這種經驗，就代表器官發育不正常，或者發育不夠完全。只有器官充分的實現了它的功能，才表示該器官已經發育完全。

只有從環境中不斷汲取經驗，兒童才能得以充分發展。這個兒童汲取經驗的過程，專家稱之為「工作」，因為它是一種交互作用的過程。

兒童會不停地說話，沒人能夠阻止他們，在他學會了語言之後，要說世界上有什麼事情最難辦，讓兒童保持沉默就是其中之一。兒童行走、說話的要求一旦被妨礙，就會束縛他們的發展，甚至變得畸形。

因此，兒童在獲取行走能力後，獨立性得到了極大地提高。他們要獲得自身的獨立和發展，就需要能自由發揮這些能力。心理研究表明，人的一切發展都不是必然的，都是有前提的，「所有個體行為都源自環境經驗的影響」。

第一章　嬰兒的出生

我們都明白，對兒童的成長，我們無法提供任何實質性的幫助，假如我們認為教育就是幫助兒童發展，那麼，我們就只能為他們獲得的每一點進步而開心。儘管如此，我們對兒童的教育卻存在這樣一個問題——由於環境經驗的缺失，可能會減緩兒童的發展，甚至會逆轉正常的發展。

教育要做的第一件事情，就是為兒童提供學習環境，使大自然賦予他們的能力得以全面發展。這不只是出於我們的愛心，或者討孩子們歡心，更要求我們改變觀念，遵循自然法則，與自然進程協調統一。

這一步跨越之後，兒童還會要求更高層次的經驗。細心觀察，你就會發現，兒童喜歡不斷地擴大自己的生存範圍，不斷地發展自己的獨立性，他們總想隨自己的意願行事，這個東西想要，那個玩具想要，願意自己穿衣服，或者做一些奇怪的事。

大人從不曾要求他們這樣做，完全出於他們的自願。他們如此強烈地希望獲取經驗，以至於總會遭到大人的阻止。這時的我們應該知道，自己阻止的不僅是兒童的行動，更是自然法則的實現，因為兒童的行為是為自然所支配的。

對成人的依賴被逐步擺脫之後，兒童就會要求精神上的獨立。他的個性也就在這一時期得以形成。這期間，他對獲取的經驗開始做思考，尋找各事物間的連繫，建立自己對世界的認識，而不再依賴於人。

社會必須還給兒童全部的自由，使他們獲得獨立，使他們自身的能力得以正常發揮，是目前我們必須馬上去做的事情，而不再是一個理論問題。

我們認為，人類只有透過自由和豐富的環境經驗，才能實現和完善自身的發展。這是基於對生命和自然的科學觀察，基於客觀事實得出的結論，而非一種時髦的理想主義理論。

當然，這裡所說的獨立和自由，與流行的觀念不同，我們不能強加自己的想法給兒童。由於我們對自然缺乏真實的理解，不少人會懷疑，成人是否能給自由和獨立下一個準確的定義。毫無疑問，目前人類對自由的理解存在很大分歧。

透過對兒童發育的研究，人們相信只有在兒童身上，自由、獨立和生命的真實意義才能被反映出來。自然是最公正、慷慨的賜予者，它按需分配給他們自由和獨立。唯有在它的懷抱裡，自由才會成為生命的法則。我們有理由認為，自然界起作用的方式勢必是社會生活的基礎。

這樣看來，兒童好像為我們展現了一個完整的人生場景，而我們只能參透其中的一部分。但我們更應該相信，兒童所展示的是一種事實，透過它，我們可以更加接近真理。因此，兒童成長所獲取的自由，更加拓展了成人的思維空間。

這樣的話，兒童不斷獲取獨立的發展目的是什麼？這個目的來源於什麼呢？這個目的就是 —— 標誌生命不斷完善的個性。但是這個發展目的是自然界內的各種生物都具備的一種能力，都能夠獨自發揮作用，並非人類所獨有。

因此可以說，當兒童遵循自然規律，充分發展自身的時候，他也就實現了自由，而這種自由是一切生物生存的基礎。

生命個體是怎樣實現這種獨立的呢？經過一系列的活動。它又是怎樣獲得自由的呢？經過持續的努力，生命作為一種處於激發狀態的能量，時刻奔湧向前。獨立是一個不斷征服的過程，而不是一個割裂的靜止狀態。自由只能透過強壯的體質和完美的個性來證明，為此需要付出艱辛卓絕的努力。

兒童獨立意識完善自身

兒童會努力實現自身的獨立，如果沒有心理回歸傾向。嬰兒在脫離母體的那一刻起，就如同離弦的箭一樣，朝自身獨立的發育方向奔去。他們將不斷克服在這個發展過程中遇到的各種阻力，全力完善自身，這是由於在兒童的體內具有一種巨大的能力，這種能力在不停地發揮著作用。

生理學家帕西．納恩先生稱這種力量為「具有目的行動」。如果我們想在成人身上找到與此相似的東西，那就有點「主觀意願」了。這是個不大確切的類比，因為主觀意願僅僅是人意識的一部分，且倍受限制，而「具有目的行動」卻是指生命的本能，可以說是生命演進的推動力。兒童成長的源泉完全是基於這種力量的存在，發育過程的一切行為都來自於它。如果發育不受任何干擾，一種「生命的愉悅」就會在兒童身上展現出來，他們就會洋溢熱情和活力，健康快樂地成長。

兒童對獨立的要求，基本展現在這種「自然發展」上。也就是說，只要成人對兒童的自然發展提供必須的幫助，他們就會完成自身的獨立。兒童心理發展是這樣，他們的身體發育同樣如此。因為身體同樣具有使發育完備的推動力，而且十分強烈，唯有死亡能阻止它的前進。

接下來，我們將就兒童「自然發展」的各個階段進行探討。

新生兒脫離了子宮這個「牢籠」，向獨立邁出的第一步。與此同時，出生賦予他強烈意願去認識外在環境，一個嶄新的世界向他敞開，他開始汲取各種知識來完備自己，逐步形成自己的個性。從這個意義上來說，人天生就有「征服世界的慾望」。

生命發展第一階段的標誌，就是這種「征服世界的慾望」，它表明外在環境對兒童具有吸引力。因此，我們能肯定地說，兒童喜歡這個世界。或者套用凱茲的話：「對兒童來說，這個世界具有豐富的感官刺激。」

感覺器官是嬰兒身上最先工作的器官。想像一下，如果這些感官不能汲取訊息，它們還有什麼用處呢？

環顧四周，我們能看見什麼？能看見視野之內的一切東西。側耳傾聽，我們能聽見什麼？能聽見可辨聲域內的一切聲音。人的感知範圍十分廣闊，但人並非天生就能分辨這些東西。從聲音的角度去說，嬰兒最初聽到的僅僅是一種混合的音響，隨著與周圍環境交流經驗的累積，才慢慢可以分辨出聲音之間的差別，這一過程正好合乎完全形態的心理學。

一個正常兒童的心理發展，首先要吸取所有能夠感知的東西，隨後對它們一一加以鑑別。如果情況相反，兒童不但不能體會到周圍環境的美妙之處，反而有一種恐懼感，這時，外部世界就不再是感官刺激的源泉，而是變成恐懼之源。

顯然，以上兩種情況差別很大。研究表明，嬰兒 6 個月左右生長過程會走上正常之路，前提是他開始接受外界的影響，從嬰兒的身體發育中，可以找到證據。當然，還可以進行一些測試，比方說，6 個月大的嬰兒開始分泌胃酸，開始長牙，身體開始發育。如此一來，6 個月大的嬰兒不但能吃母乳，還能吃些與母乳混合的食物，而在此之前，他們無法消化吸收除母乳外的食物。

所以不妨認為，6 個月大的嬰兒已經可以相對獨立，他們好像在說：「我們可以離開母親了，我們能夠獨立生活了。」兒童成長為少年的時候，類似情況還會在他們身上發生，那時的他們將會因自己對父母的依賴而倍感羞恥，並盡力回報父母的生養之恩。

大概在 6 個月左右，有一個重要標誌 —— 嬰兒的小嘴裡終於能吐字發音了，這表明他們順利完成了語言學習的最初階段。之後，兒童的發展將迅速加快，直至他們完全獨立。兒童從他開始說話的那一刻起，就能表達自己的需求，不再依賴於人。從某種程度上說，他已經是人類成員了，因為語言是人類交流的工具，兒童掌握了語言，也就掌握了他與社會的交流方式。

兒童成長、取得獨立的重要一步，就是學會運用語言，開始與他人進行交流。起初混沌朦朧，還什麼都不會的嬰兒，現在不僅可以聽懂他人說話，還可以隨意表達自己的思想了，多麼令人驚訝，就像他們一覺醒來，就同時具備了傾聽和語言表達的能力。

再過 6 個月，兒童就一歲了，他們開始學會走路，兩條腿能夠到處走動，隨意跑來跑去。如果有生人靠近他，他還會躲避，在身體上，他也自由了。由此可見，人的能力是在逐步發展，循序漸進，最終邁向獨立。如今，給兒童提供幫助，並促使他們獨立已不再是問題了，因為，他們已經獨立了。

生命發展的必然結果就是這樣，大自然賦予生命獨立的能力，也就會全力促成這種能力的實現，從而將自由和獨立賜予兒童。

學會行走，對兒童的成長來說至關重要，不是簡單的出於行走是複雜的肌體活動，證明兒童體質發育的完善，還因為行走出現在兒童一歲左右，恰好與兒童的語言學習和汲取周圍環境知識是同時進行的。

在哺乳動物世界裡，只有人不能免除學習行走的過程，其他哺乳動物剛出生就會走動，幾分鐘後甚至還能奔跑。人類則不同，剛生下來的時候，什麼都不會做，必須在襁褓中生存一段時間，並且在這期間逐漸培養這些能力。為什麼會這樣呢？這是因為兒童在站立之前，需要實現身體三個方面的發展。

你可能會認為用兩腿站立和行走非常簡單，其實頗為複雜，需要幾部分複雜的神經結構相互配合。其中關鍵取決於生長在大腦底部的小腦——控制人的平衡和運動的器官。可以這樣認為，兒童能否行走，要取決於小腦的發展。

擺脫對他人的依賴，自行其是，是嬰兒的第一本能。在爭取獨立時，兒童的首要意識就是自我保護，避開外來傷害，避免被他人阻礙，最終實現自己的要求。

一些庸俗之人認為，無所事事是生活的最佳狀態，什麼事也不做，躺在床上，吃飯穿衣都有人伺候。如果事情真是這樣，嬰兒出生前的生活最愜意了，那時的他，待在子宮裡，不需要為任何事情操心，一切都由媽媽料理。但是，想想嬰兒學習語言這一艱難歷程吧，為了學會與人交流，即便是在襁褓中，嬰兒都擔負著繁重的工作。如果無所事事是生命的最佳狀態，那麼嬰兒何必再學習說話，在襁褓裡被人呵護不是挺安逸嗎？學會說話後，還得學習吃飯、走路，還有動腦思考，這些活動都需要不懈的努力。但是孩子們並沒有因此放棄，他們迸發出強烈地進取意識，隨著對周圍環境的不斷熟悉而越發強烈。

兒童不只是向我們證明了知識的價值，還顯示了自然的教育方法是不同於社會教育方法。透過自身的行動，兒童尋求著獨立，他們毫不關心學習以外的其他東西，一心掌握自己需要的知識，汲取周圍環境的經驗。

我們必須弄清楚，給予兒童自由和獨立，如同給予一個永不停歇的工作者自由和獨立，一旦停止工作，他們就不能生存。這種生存規律適用於所有生物，違背這種規律，只能使其發展倒退。

所有生命都以能量的形式表現出來，這種能量精力充沛，所以，只有透過活動生命才能達到完美。社會的活力來自代代相傳的人們。有人企圖自己偷懶，把工作推給別人，這種意圖違背了自然規律，是生命衰退的展現。這種現象開始於兒童時期，根源在於嬰兒出生後的幾天裡，沒有人幫他們去適應周圍的環境，以致他們失去了對這個世界的興趣。這樣的兒童無法離開別人的依靠，他們樂於接受別人的幫助，喜歡睡覺而非交朋友。

這些都是退化傾向的表現，用專業術語來說就是「向子宮回歸的傾向」，這種傾向試圖逃避獨立。但是正常的兒童會逐步走向獨立。於是，另外一個問題出現了，我們怎樣對這些不正常的兒童進行糾正，怎樣治療這種衰退症狀。

這些發展有偏差的兒童，厭倦生活的環境，他們眼中只有困難和障礙，在他們看來，這些障礙很難被克服。如今，這種孩子成為兒童心理學的主要研究對象，產生了兒童精神病理學。在西方國家，還湧出很多兒童心理病診所。為了幫助這些兒童，科學家研究出了很多治療方法，其中的遊戲療法就為我們所熟悉。

兒童的學習環境應該不能有什麼障礙，障礙越少越好，最好完全摒除。重視兒童教育的國家，會提供許多富有吸引力的東西在兒童的生活環境裡，那些非正常兒童的生活環境更應該如此。這樣做的目的是為了讓兒童覺得障礙並不可怕，它很好克服。所以為了幫助兒童發展自身的能力，我們應該盡可能地讓兒童去參加他們感興趣的活動。

兒童生活的環境應多姿多彩，能夠激發他們的興趣，使他們可以汲取經驗。只要我們遵循生命發展的基本準則，就可以使有退化傾向的兒童發生改變。使他們不再消極，熱愛工作；不再萎靡不振，而是朝氣蓬勃；不再因為害怕而逃避，而是熱情開朗、興致勃勃地享受生命的樂趣。

第一章　嬰兒的出生

對非正常兒童來說，從懶惰到洋溢活力是一個治療的過程，這與一個正常兒童從懶惰到洋溢活力是等同的，都不能離開以自然規律為依據的教育。儘管我不打算做理論上的探討，但是在對此進行詳盡闡述前，有必要就「成熟」一詞做一下解釋，因為就本書的內容來講，確切理解「成熟」的概念極為重要。

「成熟」起初是遺傳學和胚胎學的概念，用以表示生殖細胞受精前的發展過程，就是由不成熟發展到成熟。這個概念被借用到兒童心理學後，具有了更多內涵，它表示一種成長調節機制，該機制確保每個器官的發育平衡。雖然哈諾德・蓋塞爾並沒有提出一個精準的概念，但他還是發展了這一理論。如果我領會地對的話，他的意思應該是：生命個體的發展遵循一定的法則，這些法則必須被遵守，因為生命本能支配著兒童的學習過程，生命賦予兒童的某種特性和傾向會引導他們去學習，還有學習什麼、如何學習。我們可以這樣理解，蓋塞爾認為，外在指令根本無法約束兒童的這些功能。

毫無疑問，在兒童身體發育方面，蓋塞爾的觀點是正確的，正如前面所說，在兒童的各個行走器官發育成熟之前，教他們走路是天方夜譚。同理，兒童的心理發育沒有到某種程度之前，也不可能學會說話。

我的朋友都知道我始終堅持的觀點：兒童的成長完全遵循著自然的規律。這些規律被我視為兒童教育的基礎。從生物學的角度講，蓋塞爾的說法毋庸置疑，但對兒童的精神成長來說則未必合宜。比方說，他認為「和身體發育一樣，兒童的大腦發育也是一定發展過程的結果」，這種說法絕對不確切。假設把一個兒童留在荒島上，除了給他必要的食物，其他什麼都不讓他接觸，接觸不到人類，完全自由發展，這個兒童的身體發育可能很正常，但心理發展肯定有問題，那個一度家喻戶曉的「艾維倫野人」男孩就是一個最好的例證。

事實證明，我們不可能憑空造就一個天才，教育能做的，只是促使一個人充分發揮自身的潛力。當然，既然我們承認「生物成熟」的過程，也就應該接受「心理成熟」的過程，因為在胚胎發育過程中，兩者是同時進行的。關於這些，前面的章節也有論述。

目前，人類還無法全過程的認識器官的成長，因為器官的發育是一個無序和波動的過程。胚胎的發育有一些活動點，這些活動點只存在很短的時間，各個器官出現在這些活動點附近，器官出現之後，活動點就消逝了。另外，器官的成長過程中還存在某些敏感期，而這些敏感期極大地影響著動物的行為。對此，荷蘭生物學家德·弗雷斯已經做了不少研究。讓我們感興趣的是，這些敏感期對動物行為的作用與兒童的心理發展是一致的。這就是說，生命發展的規律與人類的本性相統一，兩者彼此適應。

對生命個體來說，「成熟」的過程中不僅取決於基因功能，同時還受到環境的影響，在個體的成熟過程中，環境因素所起的作用非常重要。

心理成熟需要來自環境的經驗。在不同的發展階段，環境經驗也存在不同形態，這是由於在發展過程中，「具有目的行動」時刻轉換著類型，環境經驗也就以不同面目呈現在個體面前。

由於環境經驗反覆不停地出現，一項新的功能在人的意識領域出現了，一個特定模式被建立起來了。當然，肉眼不能看到這些。看上去，外在經驗的重複活動與新生功能之間，並不存在直接的連繫，因為這些功能一旦出現，環境經驗隨即消失了，而新功能一經建立，兒童的注意力就發生了轉移，以便發展另一種功能。要是兒童無法這樣連續地汲取環境經驗，他對環境的敏感性就會失去，從而影響他的發育成熟。

心理學課本這樣定義「成熟」的概念：「成熟，是來自遺傳的結構變化，該變化主要來源於遺傳基因，但在某種程度上，也是生物體與環境之間彼此作用的結果。」

以我們的認識，可以這樣理解，人在出生之時，大腦結構中就存有一種力量——「具有目的行動」。

總而言之，影響著個體成長和心理發展有幾個方面的機制：具有吸收力的大腦、「星雲」、敏感期。這些都是人類的特徵，源於生物種類的遺傳，但是它們的作用，只有透過個體的自由活動，在環境中吸取經驗才能發揮。

為獨立意識提供環境

如果我們想提升人類的精神生活，豐富人的精神生命，就得清楚兒童的大腦具有一種天然吸收力，可以從周圍環境中汲取養分，讓那些養分變成有用的知識，以此促使兒童的成長。所以，為了激發他們敏銳的感受力，我們必須為兒童提供豐富多彩的生活環境，這對初生的嬰兒十分重要。

現在我們已經清楚，兒童的發育過程包含很多階段，在每一個階段，環境都有著重要的作用，最重要的是初生嬰兒的那一階段。關於這一點，能領悟的人並不多，此前不久，人們還不確定兩歲大的兒童是否有精神需求呢。所以說，對兒童精神需求的研究刻不容緩，如果我們繼續忽視它們，將會產生無窮的後患。

在 20 世紀，嬰兒的死亡率得到了極大地降低，這是醫學科技取得的巨大進展，因為人們對兒童成長的研究主要在身體方面。正因為如此，醫療研究忽視了人的精神健康，同時在兒童教育方面，也很難發現有效的理論作為精神健康的依據。

那麼，自然發展史對人類做了什麼樣的表達呢？它告訴我們，嬰兒一出生，精神上就要經歷一個階段去適應外部的環境，這個精神適應階段不只是對兒童的發展至關重要，對其他哺乳動物也一樣重要。

需要明確的是，和其他哺乳動物不同，人沒有與生俱來的行為能力，這需要培養。就兒童的發展而言，關鍵不在於喚醒天賦的精神能力，而是去實現這種天賦的創造力，所以，環境的作用就相當重要了。

另一方面，既然環境有著如此之大的作用，我們就應審視一下嬰兒的生活環境，避免他們和周圍環境產生隔閡，以致出現衰退傾向。我們只有充分保障他們對環境的無限樂趣，才能促進他們的學習發展。

生命的第一年可以分為幾個階段，針對每一階段發育的重點，應給予不同的特別關心。

嬰兒的出生，是第一個階段，時間很短暫。在最開始的幾天，應該讓嬰兒和母親多多接觸與交流。嬰兒出生前生活在母親子宮裡，那裡寧靜、黑暗和溫暖，所以育嬰室的溫度、光線和聲音要盡可能與嬰兒出生前保持一致。在美國，產婦和嬰兒一般被醫院安頓在玻璃房裡，他們的門窗上裝的都是藍色玻璃，光線非常柔和，室內溫度也被嚴格的控制，初生的嬰兒體溫接近母體，隨後慢慢與外界溫度相適應。

人們習慣為剛生下來的嬰兒沐浴，這樣做很不恰當，因為嬰兒會受到太過強烈的刺激；也不能過早地給嬰兒穿衣服，因為嬰兒並非毫無知覺，大人最好少觸摸他們，也沒必要給他們穿衣服。

最恰當的做法是，將初生的嬰兒放進一個黑暗、沒有雜物、足夠溫暖的房間。挪動嬰兒時也要警惕，不要用手臂去抱，最好是用鴨絨被輕輕托住他們，不論抱起還是放下，動作始終要輕柔，避免嬰兒受到傷害。為避免細菌的侵入，進入育嬰室的人都被要求戴上口罩。以上措施不僅是出於對衛生安全的考慮，還是把母嬰看作一個互相交流的整體，如同嬰兒還在母親的子宮裡那樣。總之，我們必須順應自然的要求，輔助兒童適應這個世界。

有一條特殊的紐帶連接著母親和嬰兒，從母親那裡，兒童可以獲得某種力量，以適應外界環境。可以說，出生僅僅是改變了嬰兒與母親的位置，從母親的體內到了體外，除此之外的連繫與交流並沒有改變。對母嬰之間的關係，幾年前的人們還不這樣認為，那時的人們都認為，嬰兒一出生，就與母親徹底分開了。

人們已經普遍認可了上面那些照顧嬰兒的方法，但是實踐顯示，這些方法在整個嬰兒期並不適用。嬰兒出生一段時間後，母子倆就應該回到群體中生活，擺脫這種隔離狀態。不管是兒童還是成人，只要進入社會生活，就會遇到一些麻煩。但是社會環境對兒童造成的影響完全不同於成人。

這種說法似乎很有道理，「大人越富裕越好，孩子越貧窮越好」。通常，富庶人家的孩子能夠得到很多禮物，擁有優越的物質生活，但是母親會為了自己的安逸，一般會把孩子交給保姆和奶媽照顧；貧窮人家則不同，母親對孩子總是親力親為，這種做法才是順應自然的要求。

母子相依階段一過，兒童就能適應新環境了，他們踏上了獨立的征程，從周圍環境中盡情地汲取他需要的知識。

在前面我說過，兒童獲取獨立是一系列「征服」行動，第一步就是運用他們的感覺器官。嬰兒的骨骼還未發育成熟，所以不能自由活動，只能依靠大腦和感覺器官，感知並汲取周圍環境的經驗。

兒童都有一雙閃亮、充滿求知的眼睛，這雙眼睛時刻轉動著，觀察周圍的世界。科學研究發現，兒童的眼睛不僅敏感於光，還能接受各種訊息。

就結構上講，人的眼睛和動物的眼睛都像一個照相機，沒什麼區別，都是吸收光線形成影像。但是人眼吸收的訊息量遠非動物所能企及，那是因為動物並非對周圍的事物都敏感，而只對某些事物敏感，所以動物眼睛使用範圍很狹窄。

夜間捕食是貓的習性，眼睛只適應夜間活動。其他夜間捕食的動物也是如此，它們的眼睛對移動的物體非常敏銳，對靜止的物體反而沒有感覺。貓一旦發現移動的獵物，就會迅速做出反應，卻不會注意到潛伏不動的獵物。部分昆蟲也是這樣，它們只對特定的顏色敏感，因為它們可以在這種顏色的花裡找到食物，其他顏色的花對它而言毫無意義。除此之外，剛出生的昆蟲幼蟲缺乏方向感，它們只能利用本能，依靠用眼睛來確定方位。可以這樣認為，生物的行為被這些本能侷限所控制，而人卻不會被感官所左右。

兒童的感覺器官遵循全然不同的規律，這是人類與動物的區別。貓僅僅對移動的物體敏感，兒童不會這樣被限制，他觀察視野中的所有東西，並從這些東西中汲取經驗。當然，兒童並非在做機械觀察，環境訊息同時導致某種心理反應，影響他的人格。

透過上面的對比，可以肯定地說，一個人的生活，如果像動物一樣，僅僅受本能慾望的驅使，那麼他的心理發育不會完善，肯定會出現許多缺陷。也許，人行為所遵循的規律還存在，但是對他的作用無關緊要。這樣的人如同一臺機器，一個侷限於感官的犧牲品。

需要重申的一點是：對人而言，兒童發展過程所反映出來的規律十分重要，人類必須關心這些規律。

比較動物與人類的感官能力，有助於了解兒童對環境的學習和吸收。我們知道，不少昆蟲善於偽裝，盡可能地把自己混入環境。比如：一些昆蟲依附在樹葉和葉莖上生活，形體也逐漸變得和樹葉或葉莖相像。這種趨同情形也適用於兒童，他們盡力從周圍的環境中汲取養分，努力融入環境中，成為環境的一部分。兒童對環境產生深刻印象，並且他們的生物和心理變化受到環境的影響，進而促使大腦接受的經驗接近環境因素，這裡存在一種趨同反應，導致兒童與生存的環境逐漸一致。

儘管以上只討論了昆蟲，事實上，能夠吸收和適應環境，並且逐漸與環境趨同的這種能力，所有的生物都具有。只是動物的影響在身體方面，兒童的影響卻是在心理方面。

兒童看待世界的方式和成人有區別。成人看到有趣味的東西，會在發表了一聲「太棒了」之後便去做自己的事了，腦海裡只留下模糊的印象。兒童則不同，環境會在他們的心靈中留下深刻的烙印，透過這些經驗，他們塑造著自我，在嬰兒出生初期，這種作用尤為重要。

在嬰兒期，人類的個性特徵逐漸形成，包括語言、宗教、種族等，這些都是透過兒童特有的內在力量吸取的，並且將與人的一生相伴隨。就是透過這種方式，兒童適應著周圍的世界，兒童的大腦在這個過程中也日趨成熟，兒童也越發體驗到生命的愉悅。

不只如此，為適應各種類型的環境，兒童還擁有一種自我調節的能力，以使自己和環境相融合。因此，如果我們打算為兒童提供幫助，就得先弄清楚，給他們提供一個什麼樣的環境才算好。

如果這個孩子已經 3 歲了，他也許會直接告訴大人想要什麼，但是嬰兒沒有辦法表達，他還沒有辦法意識到自己的需求。我們應該明白，玩具和鮮花不是嬰兒所缺少的，我們應該為嬰兒提供他們發展階段所需要的東西，同時也應該清楚嬰兒需要的是什麼，這才是可以激發他們發揮成長潛力的行為的關鍵因素。

這樣的話，人們一定會提出一個問題：我們該為新生兒準備什麼樣的環境呢？這個問題目前沒有答案，因為到目前為止，嬰兒總是在他所經歷的環境中成長。兒童要學會一種語言，就得生活在說這種語言的環境中，否則就無法學會。所以，要想獲得某種精神素養，就得生活在具有這種素養的人們中間，只有從相對的群體中生活，構成人生活的行為方式、習慣和傳統才能獲得。

對嬰兒心理發育所做的研究，極大地改變了人們以往的觀念。以前，人們對嬰兒的關心主要在身體和衛生方面。一貫的做法是：把新生兒隔離，單獨放置在一個安靜的屋子，盡可能地讓他睡覺，彷彿這是一個病號。

現在我們認識到，這種做法有害於兒童的精神健康的。如果讓嬰兒脫離母親的懷抱，單獨放進育嬰房，由保育員看管，他們就感受不到母愛。他們每天面對的只是幾個保育員，還有嬰兒車整天的陪伴，使他們看不到周圍的環境。於是，嬰兒的內心深處，就會滋生一種阻礙他們正常發展的渴望和不滿足。

二戰前，歐美的有錢人家庭大都這樣對待嬰兒，所幸的是，這種情況在戰後大有改觀，貧困和小家庭讓父母回到兒童的身邊。

怎樣對待兒童，在已開發國家已成為一個社會問題。研究發現，一旦兒童能夠走出房門，大人就應該帶他們出去，讓他們觀察外面的世界。現在，嬰兒車和育嬰房也發生了變化，育嬰房不只是符合衛生要求，很多彩色圖片張貼在四周，以便嬰兒斜躺著時能夠隨時看到周圍的一切，再也不必對著天花板發呆了。

嬰兒的語言學習問題就不那麼容易了，特別是在僱傭保姆的情形下，因為通常，保姆與兒童並不屬於同一社會階層。

另外一個問題，就是父母與他人交談時，兒童是否該在身邊？雖然帶著孩子參與社交會帶來諸多不便，父母還是應盡量把他們帶在身邊，方便他們觀察父母在做什麼，說什麼。儘管他們不會懂得所發生的事，但他們的潛意識會吸收許多東西，而這些東西將會對他們的成長造成促進作用。

在戶外活動時，可能說不清楚兒童在關心什麼東西，但父母不能因此丟掉自己的責任，一定要對兒童的行為進行觀察。假如母親對孩子足夠關心，就會發現什麼東西在吸引孩子，最好把孩子抱到這個東西的旁邊，讓他細心地觀察。這時，兒童的臉上會展露了好奇和喜愛的神情。

在幫助兒童發展方面，我們應該拋棄一切的陳規陋習，在思想上進行一場革命。我們一定要明白：正是在兒童時期，透過與環境的適應過程，建立起了決定人一生的性格。所以，應盡量保證兒童與周圍環境有足夠的接觸，要不然，這些兒童長大後，會成為社會的累贅。

生活中出現的很多問題，是因為個人無法在道德上適應社會。這種情況表明，對文明社會來說，對待兒童的態度，照顧兒童的方式極其重要。

關於這些，人們忍不住會問：我們為何一直沒有發現如此明顯的一個事實？那些循規蹈矩的人會反問道：以前的人不明白這些知識，他們又是怎樣過來的呢？有人還會這樣說：人類歷史悠久，千千萬萬的人曾經在這個世界上生活過，他們一樣沒有這方面的認識，不也都學會了說話，適應了那個時候的社會習俗嗎？

但是我們何不打開眼界，看看在其他文化背景下生活的人呢？這些民族培育兒童的方法遠比我們科學，我們以文明人自居，對待兒童的方式卻違背自然。

在世界上的大多數地方，母子緊密相連，是一個難以分割的整體。在整個兒童時期，孩子都有母親的陪伴，他們跟隨在媽媽身邊，一起出門，一起採購家用物品，母親與小販討價還價，孩子也在一旁聽著，將整個過程看得清清楚楚。這不僅增強了母子間的連繫，同時也促進了兒童適應社會的能力。

第一章　嬰兒的出生

如果不是現代文明將這種習慣破壞，母親不會把她的孩子交給他人，因為這種做法違背了自然規律。在傳統關係中，孩子參與著母親的生活，是母親的聽眾，接受她的教導。對孩子，母親總有說不完的話，可能她們太過健談，但這對兒童的發展大有裨益。當然，兒童不能只接收媽媽的愛語，他們有權利聽到大人所有的話語，見證與談話相關的一切行為，即使無法理解，但他們會以自己的方式逐漸領悟。

不同的社會群體、民族，照顧兒童的方式不同。連攜帶孩子的方式，也存在很大差異。說來很有趣，現代人類學曾就這個問題做過專門研究。這些研究表明，不少地方的母親將他們的孩子放在小床上，或者袋子裡，而不是用胳臂抱孩子。一些地方，當母親出門辦事時，就用繩子將孩子和一個木塊連接，然後搭在肩膀上。有的母親把孩子掛在脖子上，有的綁在後背，有的放進籃子裡。總之，不管用什麼方式攜帶孩子，大部分的母親都將孩子帶在自己身邊。

還有一個相同的地方，就是所有母親在帶孩子的時候，都很注意讓他們的呼吸能夠順暢。比如：把孩子背在身上的那些民族，總是把兒童的臉向前，日本母親就是如此，她們將孩子綁在背後，孩子的頭高出肩膀。正因為這個原因，日本人曾一度被稱為「雙頭民族」。印度母親則不同，她們一向把孩子兜在自己的臀部上方。北美的印第安母親則用一個類似搖籃的東西把小孩繫住，背在身後，孩子的背貼著母親。不管怎樣，對這些母親來說，把孩子棄置不管的想法是無法想像的。

人們在非洲見到過這樣的事，一個部落為女王舉行加冕儀式，在整個典禮過程中，這位女王手裡的孩子一刻也沒有被放下過。

還有一個關鍵之處在於，延長嬰兒的哺乳期。母親對嬰兒的哺乳有時至一歲半，有時至兩歲，有的延續至 3 歲，這已不再是一個營養問題，因為 2 至 3 歲的兒童吸收其他食物綽綽有餘。

延長嬰兒的哺乳期，是為了增加孩子與母親相處的時間。根據我之前所做的闡述來看，這樣會在無形之中給兒童的發展提供幫助。只要孩子生活在母親身邊，他們就能最大限度地使自己完善。就算媽媽忙於家務，不理睬孩子，孩子也能與周圍世界作交流。他們跟隨媽媽逛街，可以聽到人們之間的談話，觀察行人、車輛、動物等，這些東西將在兒童的腦海裡留下印記。只要細心觀察就會發現，當母親和小販交流的時候，她背上的小孩聽得是多麼起勁呀！母親的話語和動作，已經讓孩子的產生了強烈的興趣。

有個很有趣的現象，只要孩子沒有生病，他們隨同母親出門的時候就不會哭鬧，他們也許會呼呼大睡，但從來都不哭。

有人說，相對而言，西方國家的兒童更愛哭。我常常聽到朋友責怪自己的小孩愛哭，他們常在一起討論這些幾個問題：怎樣安撫孩子，怎樣使哭鬧的孩子平靜下來，怎樣讓孩子高興。他們也許不知道，現代心理學對此的解釋是：「兒童經常哭泣、性格暴躁、動輒發脾氣，表明他們正處於精神飢餓狀態。」

不管是出於安全方面，還是衛生或健康原因考慮，限制兒童的活動範圍毫無益處，在一種類似囚禁的狀態下生活，兒童的潛能根本無法發揮。世界上的許多國家，人們的生活遵循自然習慣，他們無意識間地採取了正確的育嬰方法。至於西方人，我們必須清楚這個問題，並且有意識地去消除這種不良行為。

第一章　嬰兒的出生

第二章
生命最初的動力

了解孩子早期的生命過程

在孩子 3 歲時，造物主畫出了一條分界線，把 3 歲以下歸為一部分，而 3 歲以上則歸為另一部分。儘管前者很重要，並充滿創造性，但就像孩子出生前的胚胎期一樣，屬於被遺忘的時期，因為孩子開始有意識和記憶是在 3 歲的時候。

在心理胚胎的發育時期，一些活動是分開的、各自獨立的進行，就像語言和四肢的運動，還有在產前時期，胎兒的身體器官一個個接連出現，不過他自己肯定一個都不記得。3 歲以前的孩子，人格還沒有形成，若要使他完美地統一起來，只有等到身體各部分的構築都完成時，才有可能。

由於這個潛意識和無意識的產物，這個被遺忘的生命，好像並沒有停留在人們的記憶中，因此當他滿 3 歲出現在人們面前時，令人覺得不可思議。

彷彿造物主剝奪了孩子與我們溝通的權利，只有我們知道孩子早期的生命過程，或者是我們了解了他的本性，要不然，我們就會不由自主地毀壞孩子已構築好的部分。人們在創造文明的同時已經偏離了生命原有的道路，在文明的洗禮下，人類只重視維護物質利益，卻忽視了對自己的心靈的保護，最終，留給孩子一個困難重重的環境。

只有來自造物主的科學的啟示，才能使孩子擺脫大人的監督而自由地成長的，否則的話，他們只能在成人的極大阻礙下生活了。若要讓 3 歲的孩子順利發展，那麼必須為他們提供一個適應其活動的生存環境。他可以運用 3 年來獲得所有的能力，儘管他對以前發生的事情沒有了記憶，但是他的能力已經滲透到意識的各個層次，這種能力可以憑藉生命的活動表現出來。智慧能夠引導孩子在玩樂的過程中執行心靈的意志。

對孩子來說，3 歲之前探索世界靠的是心靈，3 歲以後探索世界則是憑藉雙手；而他以前所獲得的那些能力，比如語言等，在 3 歲後也將日趨完善。儘管 3 歲的孩子在各方面的發展已經趨於完善，不過仍需繼續擴充內容，直到 4 歲半，心理胚胎期的學習能力他們仍然保持著，而且還是那麼地不知疲倦。這時，雙手就成為直接接觸事物的器官了，而擴充性的發展主要依靠的，就是雙手的工作，而不是用腳四處遊走。3 歲孩子的玩樂能夠持續很長時間，假如雙手在不停地忙碌的話，他反倒有如魚得水般的歡樂。

這個時期，成人稱之為最幸福的玩樂時期。為了迎合這個年齡層的孩子的遊戲需求，市場上設計了許多的玩具，這樣孩子的房間裡便塞滿了用處不大，甚至不利於心智發展的玩具，孩子想要身邊的每一件東西，但大人只給他提供其中的一些，而其他的要求都會遭到拒絕。

其實，孩子最應該觸摸的是大自然中的沙子，很多沒有沙子的地方，沙子也會被有錢人買些回來。對孩子來說，水的確是好玩的東西，不過由於大人擔心水會弄溼衣服，麻煩地去洗，因此只給他一點點。當孩子玩膩了沙子，大人就可以為他提供扮家家酒的玩具了，比如小房子、玩具鋼琴等，不是真正能用的東西，他們發現孩子希望學大人做家事，不過給的東西又都是假的。

當顧不得陪孩子的時候，大人就丟一個洋娃娃給孩子作伴。當然洋娃或許比難得陪他的爸爸媽媽來得實在一點。不過洋娃娃不會說話，也不會報答小朋友給它的愛，僅能勉強作為孩子生活中的代用品。

玩具慢慢地變得重要起來，因為人們開始認識到它對孩子智力發展極為重要。這當然比沒有東西玩好些，但是孩子很快就厭倦了，又要新的玩具。孩子有時故意弄壞自己的玩具，大人還當他喜歡把東西拆得七零八落，或者是他有破壞慾。這是因為孩子缺少合適的東西進行玩樂，這些玩具他並不喜歡，由於它們是假的。這樣孩子就變得無精打采，做任何事，都不會專心致志，甚至會使人格扭曲變形。

其實，這個時期的孩子，為了完善自己，十分願意在各方面認真的模仿大人，不過這種努力總是遭到大人的否定，這就使孩子陷入了盲點。

文明程度越高的社會裡，孩子的處境就越可悲。那些生活在簡單社會裡的孩子反而更加快樂，周圍的物品任由他們使用，那些物品並不昂貴，也無須擔心損壞它。當母親洗衣服或烤麵包時，孩子也可以加入。一旦能找到適合自己的事，孩子就能夠調理自己的生活。

不必疑惑於這個事實：3 歲的孩子必須自己動手擺弄東西了。假如為孩子量身定做一些物品，讓他像大人那樣操作，就會使他的性格變得平和、滿足。

3 歲的孩子對生活環境裡所缺少的東西並不在乎，因為他能夠在玩樂中適應所處的環境，造物主就是想讓他享受一下做成一件事情的快樂。所以，「新的教育方式」提供了符合孩子力量和趣味的理論，如同成人在田間工作或居家生活一樣，孩子也應該擁有屬於自己的田園或家。

不必給他們玩具，應該給他們提供小型工具，讓他們耕耘在自己的園地裡；不必再讓孩子們玩「伴家家酒」的遊戲，應該將一個真正的家給他們；不用給他洋娃娃，最好給他一群夥伴，讓他自己去體驗社會生活，我們應該用這些來取代過去單一的玩具……

只要我們扔掉那些虛假的玩具，將真實的東西送給孩子，他的反應往往會出乎我們的預料。有時孩子們會表現出不同的性格，他們拒絕幫助，並表示要獨立做事，那麼母親或教師就可以在一旁做觀察者，讓孩子成為真正的小主人。

許多年以前，在羅馬，我很幸運地看到這樣一個事實，如果不是由於當時的情形特殊，我是絕沒有辦法看到，假如當時的「兒童之家」是設在紐約的高級住宅區，也許就不會發生值得注意的事。許多貴族學校並不缺少教具，不過其他事，也會干擾那裡的孩子。

當時有利於觀察的三個環境因素。一是學校位於極其貧窮的地區，儘管物質極度匱乏，但那裡的自然環境卻足以讓孩子們的心靈富有；二是這些孩子的父母大多數是文盲，無法提供給孩子實際的幫助；三是教師都是非專業學校畢業的，沒有傳統教育的偏見。

如果是在美國搞這項實驗，可能就不會成功，因為他們要找最好的教師來配合。而所謂的「好教師」，除了一堆對孩子沒有用的東西，滿腦子都是阻礙孩子自由發展的觀念，只會把自己的觀念強加到孩子身上，這就阻礙了孩子的獨立發展。

我們既然希望實驗獲得成功，那就應該以貧窮的孩子為研究對象，給他們提供、前所未有的環境、設計合理的教具，以引起他們的興趣、喚醒他們的注意。40 年前的這個實驗，在社會上引起了極大的反響，因為人們從不知道 3 歲的小孩也能有這樣的表現，然而對孩子來說，專注於一件事只是他最基本的表現而已。接著，實驗一項一項地繼續下去，孩子們沉溺其中、流連忘返。過去的那種環境，孩子們無法滿足，只能不安心地動來動去，不可能專注於任何一件事，現在，我們已經證明，這種情形不是一個孩子應該表現的真正性格。

我們必須清楚，3 歲孩子心裡，一直有一位教師準確無誤地引導著他。所謂的自由的孩子，其實就是那些內心有著強大力量引導的孩子。受心靈的引導，孩子們會把工作做得很徹底。例如：大人原本只想讓他擦擦桌面，但孩子連桌腿、四周邊緣甚至桌子的縫隙都擦到了。如果教師不干涉孩子，任他們自由做事，孩子就會全神貫注地投入工作。

然而，面對孩子，大多數教師往往忍不住會打岔、說教，所以，那些受心靈指引的孩子，與那些愛說教的教師自然無法相處。教師可能認為，孩子的進步應該呈漸進式，應該讓孩子由易到難、由簡單到複雜地學習知識，但孩子可能會喜歡先難後易，甚至表現出跳躍式的進步。

對疲勞的認識，是教師存在的另一個偏見。當孩子對某一事物興趣盎然時，是不會覺得疲勞的，可是教師偏要每隔幾分鐘就讓他們休息一下，反倒使孩子們對所做的事失去了興趣，並感到了疲勞。那些從師範學校畢業的教師，大多數都持有這種偏見，簡直是根深蒂固、不可救藥。如今的大學，大部分也有這種偏見，認為每堂課只能上 45 分鐘，然後就得休息一下。其實，這對孩子來說並無益處。

教育雖得遵從人類社會的邏輯，但自然的心靈卻有其不同的法則。長久以來，人們把心智活動與身體活動割裂開來，認為只有安靜地坐在教室裡學習才是心智活動，而人的身體活動則應該拋開心智。這等於把孩子分成了兩半，讓孩子思考，卻不准他動手動腳，事實上，孩子離開了雙手便無法思考，他甚至還得不停地走動，就像古希臘四處遊走的哲學家一樣，行動與思考得同時進行。

幫助教師脫離這些偏見的桎梏，我們必須做最大的努力，但我們的最大成就也在於此。如果教育體系裡還有足夠的空間加以設想，那些受到過職業訓練的教師也不要太多，我們就謝天謝地了，這就很理想了。當然，新教師也不能什麼都不懂，最基本的還是要掌握的。例如：我的第一個實驗對象 —— 一位公寓管理員，我告訴她，只要告訴孩子教具的使用方法就可以走開，要讓孩子獨立完成操作。這位母親雖然沒有受過高等教育，任務卻執行得很好。可當孩子們做出十分完美的表現時，她感到非常驚訝，以為有一個天使或神靈在幫助孩子們做事。有時，她甚至十分震驚地跑到我的面前來說：「夫人，今天我看到孩子開始寫字了！」那孩子以前從未寫過字，也沒有讀過任何書，可從他寫出的漂亮句子來看，彷彿真有神助似的。

經驗告訴我們，教師只要為孩子們準備好材料就行了，他必須大膽放手，讓孩子自己動手去做。我們的任務就是要讓家長和教師明白，沒有必要對孩子加以干涉，即使是孩子做錯了也不要去橫加指責，這就是所謂的「非干預教學法」。

對於孩子的需求，教師應該能判斷出來，就像細心的僕人為主人準備好晚餐後，只需退下讓主人隨意享用就可。教師還應該謙卑謹慎，不要把自己的意志強加孩子，同時還要保持警覺，隨時關心孩子的進展，為他們的下一步準備好所需的材料。

缺少文化的家長對工作一般都很熱心和配合，當孩子寫出第一個字時，他們常常會高興得把孩子舉起來。那些有錢的家長除了表示淡淡的興趣，可能還要追問學校有沒有教美德的課業，至於孩子寫出第一個字漂亮與否，好像跟他們無關。

有的家長認為，孩子到學校是為了學習，不應該做那些清潔打掃之類傭人做的低賤工作；還有的家長覺得，孩子的年齡還太小，過早學習算術怕用壞孩子的腦子，因而出面干涉教育工作。這樣，孩子的情感往往就會很複雜，他既有優越感又有自卑感，從而影響到心智的健全。

在我們的實驗中，有些事情局外人認為很糟糕，其實際價值卻往往不小，不但能影響孩子的發展，還會使家長有所領悟。在兒童之家，孩子們最初開始練習做家事事不久，就會回去告訴自己的母親，身著髒汙的衣服會有損自己的形象。不用多長時間，他們的母親的衣服就開始變得整潔無比，每次外出也會穿戴地整整齊齊。不少父母還開始學習讀書寫字，因為這些是他們的孩子已經學會了的。因為這些孩子，整個社會的氣氛和環境都隨之開始改變，彷彿被仙女手中的魔杖施了魔法似的。

選擇是一種高智慧活動

世界上一切事物都有特性及其侷限性，人的心理感覺機能是建立在選擇基礎上的。思維過程中，感官對各種訊息進行篩選並進一步的限制，從而形成選擇。由此，人的注意力集中在特定的事物上，再經過意志的控制，就能從眾多可能的行動中選擇必須完成的行動。

高級智力活動也是如此進行的，智力透過人的注意力和內在意志活動，提煉出事物的主要特徵，再透過對意象的聯想，使之形成意念。這一過程中，智力會摒除大量導致事物前後關係混亂的因素。

健全的大腦能去蕪存菁，捨棄多餘的東西，將獨特、清晰、敏感和重要的東西留存下來，尤其對創造有用的東西。如果沒有這項獨特的活動，智力就不能稱之為智力。如果一個人的注意力漂浮不定，他的意志在確定某一行動時，也會遲疑不決；如果一個人的注意力是分散的，他會浮光掠影，對任何事情都不能夠深入鑽研。

第二章　生命最初的動力

生物都具有其特定形式和範圍，這正是世界上最神祕的法則，如果不對所接收的訊息加以限制，我們就無法認識事物，而我們的內在活動能使這種限定更為明確、更加集中，也正是如此，我們才得以掙脫原始的混沌狀態，得到不斷地雕琢和改造。

選擇是人對事物或其概念進行判斷和推理的基礎。例如：我們在觀察圓柱體後中得出結論：圓柱體是一個支撐物。圓柱體有眾多特徵，如它是堅硬的、碳酸鈣組合而成的等，而結論的得出是提取了其中一個特徵，即建立在選擇的基礎上的。只有具備了這種選擇，我們才能進行推理。

正如前面討論過的，培養意志力就是透過訓練使人的內在衝動和抑制力達到平衡，直到形成習慣；同樣，對於智力的訓練，也必須在外力的引導和幫助下進行聯想和選擇，直到人能對各種觀點及選擇加以限定，培養出獨具特色的智力習慣。透過這種內心活動，形成個人的傾向性。

眾所周知，理解或研究他人的推理與自我推理有著本質的區別。根據藝術家對顏色的興趣及表現形式研究其對外部世界的感知，與我們從某一角度觀察外部世界，並在此基礎上進行藝術創作也有著本質的區別。

一味模仿和學習別人的人，頭腦只能儲藏諸如阿基米德（Archimedes）難題的答案、拉斐爾（Raffaello Sanzio da Urbin）的藝術作品或歷史、地理知識等，像商販籃子裡的舊衣服一樣混亂不堪，沒有輕重、主次之分。如果狹小的籃子變成寬敞明亮的屋子，事情就不會那麼雜亂無章——一個條理清晰的大腦正如一間井然有序的房子，各種知識分門別類且用途分明，比一個將知識當作垃圾一樣堆放的大腦儲存更多的東西。別人強加於我們的解釋與我們的理解迥然不同，正如蠟泥雕塑在上與大理石雕塑之間的差別一樣。

一個自主思考的人意識得到了解放，會感覺身體裡有某種思想在閃閃發光。對於這類人來說，理解事物就是認識事物的開始，這會使生活出現嶄新的變化。可以說，人的所有情感中，再沒有比智力情感更為豐富的了。一個對世界有所發現的人，一定能享受到人生的最大樂趣。退一步說，一個對世界有所理解的人，也能比常人獲得更高的享受，以此戰勝人間的苦悲。

誠然，不幸的人若能冷靜找出令自己飽受磨難的原因，他就能夠獲得自救與解脫，能在一片混沌不清的黑暗之中，找到一線智慧之光。一條狗能在主人的墳前悲傷而死，一位母親卻能在兒子死後又堅強地活下去，差別就在於後者有理智的自助。狗之所以會死去，是因為它沒有理智，智慧之光沒有照射到黑暗的心靈世界裡面，以消除狗的悲傷。

智力活動將我們與世界之間建立起連繫，使受創的心趨於平靜。教授枯燥無味的講課中或某位專家的理論並不能使我們真正警醒，他們對我們的困難並不關心，我們只能從崇高的智力活動中去獲取強大的力量。當我們說「理智一些」或「力量源於信仰」時，就是要讓智力永遠處於探索之中，讓它自由地完成塑造和拯救靈魂的任務！

試想，如果我們真的能透過智力活動將自己從死亡的邊緣拉回來，這將是多麼快慰的事！

我們說一個人頭腦靈活，是從他富有創造力的角度去理解的。頭腦開竅的過程伴隨著給予情感更積極的理解，屬於精神活動的範疇。

我認識一個幼年喪母的女孩，她起初對課堂枯燥無味的教學極度厭煩，幾乎到了輟學的地步。這是由於缺乏母愛的生活加深了大腦的疲勞感。於是，她的父親帶她到鄉下過了兩年無憂無慮的生活。回到鎮上後，她的父親請了幾位教授做她的家庭教師，然而女孩還是處於被動的倦怠狀態。

她的父親萬分焦急，經常問她：「你怎麼啦？」

女孩總是一臉茫然地同答：「我也不知道。」

一個偶然的機會，她的父親把女孩託付給我單獨看護，我便用我的教學方法對她進行試驗。當時我還是醫學院的學生，

有一天，我們正在學有機化學，她突然盯住我，兩眼閃閃發光，情不自禁地喊

道：「我明白了！」然後她站起來，邊跑邊喊：「爸爸，爸爸，我開竅了！」她拉著父親的手說：「現在，我可以告訴你這是什麼意思了，我的腦子已經開竅了。」

我並不知道這個女孩的歷史，所以非常驚訝。那對父女當時歡欣鼓舞的情景令我止不住扼腕嘆息：智力若受到壓抑，生活會喪失了多少樂趣啊！

事實上，兒童智力的每個進步都能讓他感到快樂。一旦如此，他們就不會再去喜歡蜜餞或玩具，連虛榮心也隨之消失了。

正是這種變化使得他們在別人眼裡顯得了不起。與一般所見的傻笑相比，這是一種高層次的、有別於動物的快樂，一種可以將我們從悲傷與黑暗的孤寂中拯救出來的快樂。

如果有人指責我們這種提高孩子快樂層次的方法，受傷害的將是孩子，而無損於方法本身。人們之所以會指責，是由於他們不把兒童當有思想的人來看，他們以為孩子的快樂僅限於貪嘴、玩樂之類的事情。而這些快樂其實不可能堅持多久，只有兒童他感受到作為人的快樂時，才會像前面那個女孩一樣，驕傲地向父親宣布，她已經從多年毫無活力的陰暗中走出來，感到生活是十分愉快。

孩子身上看到的這種轉折是他們智力的天才表現，也正是他們發現真理之時！難道這不是自然的心態生活的表現嗎？難道這不是熱情人生的表現嗎？唯有如此，人類才能由個性揭示共性。

我們觀察到，兒童積極塑造個性的道路與我們所熟知的天才所走的道路是相同的，他們同樣地專心致志、全力以赴，以免遭外界環境的干擾，他們付出努力的強度及堅持的時間與精神活動的發展是一致的，這種持之以恆的行為必然不會沒有結果。它是智力昇華的源泉，是拓展思維能力的源泉，也是使外部表現張力勃發的源泉。

所以，在我們看來，天才就是將束縛自己手腳的鐐銬掙脫，使自己享受自由的人，是在眾人面前堅持他所認定的人性標準的人。

要培養專注的精神，我們還必須學會沉思。人們都有過這樣的體會，大量地、連續不斷地讀書反而會削弱思維能力，反覆背一首詩直到將它牢牢地印在腦中，所有這些都不是沉思。

背誦但丁（Dante Alighieri）的詩歌與思考讚美詩的內涵完全是兩碼事。前者給頭腦以裝飾，後者則造成改造和啟迪人的作用。深入品味能使人體質健碩，心靈剔透，思維也更加活躍。

看來，培養兒童的天性沒有比沉思更好的方法，沉思使兒童持久地專心致志，有利於內心逐漸成熟。每個樹立目標的兒童都有一種強烈的內在活動需要，會努力培養和發展這種內在活動直至成為習慣。兒童在這種追求中不斷地成長，其智力得到協調的發展。因此，當他們學會沉思之時，就步入了充滿光明的進步之路。

經過了沉思的鍛鍊，兒童將樂於安靜地練習。他們將努力在行動時不發出聲音，盡量舉止優雅，陶醉於精神集中所呈現的愉悅狀態之中。

這類練習鞏固並加強了兒童的個性，他們將自發地運用這種正確的方法去認識外部世界，觀察、推理和判斷，修正意識中的錯誤。

自此，他們能主動選擇並繼續自己的工作，從周圍環境中獲得專注的能力；他們將按內在動力去行動而不受外界包括教師及比他們年齡大的同伴的影響或干擾，即便有人恫嚇這些剛被引入正途但仍然幼稚無知的學生，他們也不會因此而害怕。

創造是自我完善的唯一途徑

上一章討論了兒童持續到 3 歲的發展階段，這與兒童在子宮的情況相似。嬰兒出生後不記得他在子宮經歷的事情，像大自然畫了一條分界線，一邊發生的事情被遺忘，另一邊才留在兒童的記憶中。我們把忘記的部分稱為「精神胚胎」階段，記住的則稱為「生理胚胎」階段。

在「精神胚胎」階段，嬰兒獨立發展各種能力，如語言能力、手的運動能力、腿的平衡能力等，同時也逐漸形成感覺能力及心理的各種控制能力。出生前的階段與「精神胚胎」階段相仿，但發展的不是精神能力，而是生理器官，我們無法記住這個階段發生的眾多事情，只有各種器官發育完全，才能有記憶，形成完整的人格。

與出生相仿，兒童 3 歲時生命彷彿重新開始，因為這個時期開始出現意識並發揮作用，心理出現明顯的分水嶺，將無意識與有意識區分開來，無意識階段成為過去漸漸被遺忘。3 歲前的是兒童各種功能的建立時期，3 歲後是這些功能的發展時期，在這兩個階段之間存在一條遺忘河。

一個普遍的現象是：人們記不起 3 歲前的事情。心理分析專家一直試圖喚起人們 3 歲前的記憶，但他們的希望落空了，沒有人能做到這一點。這是多麼戲劇性的事情！人經歷了一個從無到有的創造過程，卻對此完全缺乏記憶。

兒童 3 歲之前像是處於無意識狀態的創造者，記憶幾乎被完全抹去；3 歲之後似乎變成了另一個孩子，他們與成人之間的天然紐帶斷了，開始屬於自己。因此，成人應該反思對 3 歲前兒童所做的事情，他們完全依賴於成人，沒有任何的自我保護能力。我們應對自然規律有足夠的認識並自覺地遵循，否則，我們的行為就可能具有破壞性。

兒童在 3 歲後開始具備自我保護的能力。一旦他受到約束就會用言語進行抗議，或搞惡作劇，但他們反抗的最終目的不是保護自己，而是為了獲得自由以了解周圍的環境，促進自身的發展。

那麼，兒童發展什麼呢？答案是前一階段形成的各種能力。從 3 歲到 6 歲，兒童將有意識地介入周圍環境，對它們進行研究，這是一個真正具有建設性的階段。他們依靠意識取得的經驗逐漸展現身上各種潛在能力，這些經驗不是玩樂或盲目行為，必須從環境中獲得。

兒童靈巧的雙手開始從事人類特有的活動，如果說在第一階段，兒童只能被動地觀望世界，默默地打好心理基礎的話，那麼在第二階段，他就能實現自己的意願了。於是，兒童開始運用自己智慧的雙手改造這個世界。

這個新的發展階段是兒童對各種能力進行完善的時期，最明顯的變化是語言。雖然兩歲半的兒童可能已經學會說話，且其自然發展將持續到 5 歲，但語言是在 3 歲後才得到完善的，這時兒童不僅能說單字，還能說一些句子了。

同時，兒童特殊的語言感覺能力並沒有消失，反而有助於加強兒童對聲音的記憶，豐富兒童的語言表達能力。

此時，兒童進行兩個方面的工作：一是在與周圍環境的交流中，增強對自我行為的意識；二是完善已經形成的各種能力。總而言之，3 至 6 歲兒童的發展特徵是：透過行為對自身進行「建設性的完善」。

在上一個發展階段，兒童的大腦依靠感覺能力感知周圍環境，如今這種吸收、學習的能力還在，但脫離了無意識狀態，在自主經驗的輔助下發揮作用，從而更加豐富。兒童不僅感知環境，並且參與其中，手的使用延伸了大腦的功能。以前，兒童只能在成人的帶領下接觸周圍環境，如今他們親自介入這些事物並對它們進行鑑別。所以，這個年齡的兒童總是不停地忙碌，興奮不已。此時，兒童的智力發展由發生階段邁入了形成階段。此外，兒童開始對世界有強烈渴求，所以這一階段還將出現進一步的心理發展。

3 至 6 歲通常被認為是「玩樂的年齡」。這表明，人們過去對此已有所了解，但正式的科學研究才剛開始。

西方國家裡，現代文明使人類與自然之間出現了一條鴻溝。父母習慣給兒童購買大量玩具以希望滿足他們的需要，但兒童最需要的卻不是這些。西方國家的兒童很難觸摸到真實的東西，即使這個階段他們需要如此，很大原因在於父母令行禁止。現在，兒童只被允許隨意觸摸沙子，有時候也被允許玩水，但不能過度，否則他們會把衣服弄溼，或把泥沙和水攪得一團糟，成人多大興趣為他們收拾殘局。

在一些相對落後或玩具業較不發達的國家，兒童反能更好地與外界事物接觸。他們與成人做大致相同的事情，當母親洗衣服或做糕點的時候，孩子也動手參與，儘管只是模仿，但也摻雜了他們的自主選擇，顯示了聰明才智。從教育的角度來看，兒童透過模仿為參與活動做準備，不僅滿足了眼前需要，也滿足了他們發展的需要。西方學校向兒童提供各種與周圍事物相仿的玩具，大小、輕重都根據兒童的特點製造；遊藝室也是專門設計的，兒童在裡面不受約束，自由玩樂。

現代西方人認為以上觀點不言而喻，但當時我倡導這些觀點時，人們卻奇怪地打量著我。我和助手準備了一個遊藝室，這本是一件尋常的事，人們竟然感到不可思議。遊藝室的小桌、小碗碟都是根據兒童的特點製作的，這樣，孩子們可以自己動手擺放桌椅、洗碗盤、清潔打掃，自己穿衣服。這個做法一度引起爭議，人們認為這是一種過於新奇的教育改革。

真正能讓兒童感興趣的是他們即將進入的生活環境，那裡有無盡的靈感之源。對兒童而言，這些模仿生活的東西比玩具更有意義。

美國著名的教育學家約翰·德威教授和我持相同的觀點，他做了一次私人調查，希望在紐約的商店能找到小掃帚、小凳子、小盤子之類的東西，但一無所獲，人們根本沒有想到為兒童製作這些東西。德威教授驚嘆地說：「美國人把兒童忘了！」

事實上，人們不僅在這方面把兒童忘了，他們甚至忘記了兒童的權利。在兒童眼裡，這個世界空空蕩蕩，他們得不到精神上的滿足，只能打碎自己的玩具，做一些惡作劇。

我的學校不存在這種界限。我向兒童提供他們真正需要的東西，希望他們能夠從中得到快樂，然後得到了出乎預料的收穫，兒童的性格發生了很大改變，他們的獨立意識增強了，彷彿在說：「不用你的幫助，我自己能做這件事情。」

一瞬間，這些一向離不開母親的小朋友們獨立了，變成了不需要幫助、獨自完成工作的人，而教師變成了旁觀者，這出人意料。在這個模擬生活的小環境裡，兒童得到快樂的同時也收穫頗豐，他們將逐步適應社會生活。

我堅信大家都會同意這種教學方法比只給兒童玩具更有意義。兒童不僅需要快樂，也需要生活知識。一個人必須在人格與能力上獲得獨立才能實現自己的生活，這就是兒童發育給我們的啟示。

語言對兒童大腦的開發

為了更好地發現兒童的潛在能力，接下來我從心理角度對兒童的大腦進行分析。兒童兩歲左右進入語言發展的第一階段，詞彙組合呈現有序的排列，這個階段兒童使用句子頻率大幅度上升，是一個語句爆發期。即第一階段是詞彙的爆發，第二階段是思想的爆發。

這兩種首先有一個累積過程，這是肉眼無法觀察到的，不用懷疑，但我們從外部已經看到兒童所付出的努力。這個時期，成人不能完全聽懂兒童的話導致他們發怒，這個問題我在前面已經談過，發怒是因為各種努力無法被成人所理解，兒童體內潛伏著很大的能量，需要找到發洩的管道。這是人之常情，就算聾子也喜歡與人爭吵，原因與兒童一樣，他們的語言別人聽不懂。

因此，這一發展階段對兒童來說有一定難度，他們必須克服許多來自環境和自身限制所致的障礙。這是人對環境的適應過程中所經歷的第二個困難時期——第一個是出生時，嬰兒剛剛脫離了母體，必須啟動身體運行機制自我保護。

我們前面已經對此進行了分析，這一階段對於兒童尤為重要，倘若他們不能得到恰當的照顧，就會形成心理創傷，出現成長衰退現象。兒童的語言學習是逐步走向獨立的過程，如果遇到障礙，也可能衰退。

讀者不會忘記，這一創造階段的顯著特點是兒童大腦受到兩種不同的影響，這些影響對兒童心理的作用將永久留在大腦之中。兒童語言發展的每個階段也都存在這兩方面的影響，其中的不良影響可能危害兒童正常個性的形成。

影響語言表述的障礙還有口吃、發音不準等。這種障礙與心理無關，而是語言機制形成時出現的偏差。可見，語言學習的每個階段都有出現不同形態的衰退現象。

第一階段：詞彙機制形成階段，相關衰退：發音不準、口吃。

第二階段：語句機制形成階段，相關衰退：組成句子較慢。

兒童感知敏銳，富於創造力，善於吸取有益的東西，而衰退是他們創造力發展的阻礙，其影響會伴隨他們一生。因此，成人應該時刻關心兒童的感覺，幫助他們走上正確的發展道路。

不幸的是，恰恰是成人經常會妨礙兒童。成人常常無意識地粗魯對待兒童，所以成人必須注意自己的言行，教育孩子要先教育自己。出於這個理由，我認為，對教師個性的培訓遠比理論研究更重要。

兒童的感情十分脆弱，很容易受到傷害。比如：兒童對成人冷冰冰的表情很敏感，有的母親動輒喝斥孩子：「別忘了媽媽告訴你的話！」上流社會的孩子大多由保姆照看，調查發現，保姆常用一種冰冷的命令語氣跟孩子說話，這會給孩子造成不良影響，導致他們性格膽怯、猶豫，甚至口吃。

以前我對兒童要求很嚴格，《童年的祕密》一書中我舉過一個例子：我看見一個孩子把髒鞋放在床單上，就堅決要他拿走，然後我用力撣床單，表示那裡不是放鞋的地方。事情過去兩三個月後，這個孩子只要看到鞋，仍舊迅速把它移開，緊緊盯著床單。

我終於明白，這個孩子的反常行為是對我的抗議。換句話說，當我們傷害了兒童，他們不會說：「不要那樣對我，我高興把鞋放在哪裡，就讓我放在哪裡就好！」對於成人的錯誤行為，兒童一般不會做出反抗。兒童如果對此發怒也許更好些，這表示他們在有意識地保護自己，相反，如果他們以改變性格的方式做出回應，很可能形成心理創傷。成人通常意識不到這點，他們認為只要孩子不哭不鬧、不發脾氣，就可以放心了。

一些患「恐懼症」的成人，經常無緣無故地感到恐懼，這種心理異常現象歸咎於他們幼年遭遇的暴力事件，比如受到動物的驚嚇、曾經被鎖在黑暗的屋子裡……恐懼症有多種類型，比如較為普遍的「幽閉恐懼症」，就是害怕一個人待在屋子裡。

兒童時期心理受創的例子很多，我提到這些，只是想表明這個年齡層的兒童心理脆弱，成人應注意自己對兒童的態度，這不僅會影響兒童的現在，還影響他們的將來。

我們應觀察兒童的行為以了解他們的思想，如心理學家研究人的潛意識一樣。當然這很難做到，因為兒童的牙牙學語時常讓人難以明白。我們必須對兒童有一個整體的認識，至少要對剛發生的事情有所了解，這樣才能幫助兒童。

成人和兒童之間多麼需要一個翻譯呀！我一直在努力，希望自己能夠理解兒童想表達的意思。讓我驚訝的是，每當我靠近兒童，試圖了解他們的時候，他們就會向我求助，如跟我真的能夠幫助他們。

一些人只知道關心孩子的外在行為，另一些人則在努力理解他們的語言。兒童們對後者更有興趣。兒童渴望了解世界，渴望和成人進行交流，他們把希望寄託在能夠理解他們的人身上。對兒童而言，幫助是比愛撫更好的禮物。

我習慣早晨工作，一天清晨，一個一歲的男孩走進我的房間，我問他想吃什麼東西，他的回答令我吃驚，我聽到竟然的是「小蟲」。孩子看出我沒有聽懂，接著說了一個詞「蛋」。我尋思，這孩子大概並不想吃什麼東西，可是到底想要什麼呢？這時孩子說「妮娜，蛋，小蟲」，我一下子明白了。昨天，他的姐姐妮娜用彩筆畫了一個蛋形的圈，他當時想要那枝筆，妮娜不僅不給，還把他趕了出去。姐姐拒絕了他，他不是與姐姐對抗，而是耐心地等待，找機會實現自己的意圖。於是，我給了這個孩子一枝水彩筆，他就高興了。孩子不會用平滑的線條畫圓圈，就改畫波浪形，結果畫出了一些小蟲子。這個孩子為了達成心願，一直等到大家都睡了，才去向能夠聽懂他話的人求助，他信任她。

這個階段的孩子特徵之一是有耐心。一般人認為他們性情急躁易怒，其實他們只有在做出各種努力仍無法表清意願時才會發怒。這個例子還表明，孩子們在努力模仿，如果一個 3 歲孩子在做一件事，另一個一歲半的孩子會去模仿。

我有個一歲半的小鄰居，他總想跟著 3 歲的姐姐學跳舞。舞蹈教師對我說：「這麼小的孩子，我怎麼能教他呢？」我對她說，別管孩子能學到多少，只要盡力教就行了，教師勉強同意了。不料，那個小男孩突然跑上前，對我大喊：「我也要！」

在眾人的要求下，教師只好擺出一個舞姿，可嘴裡還在不停地叨咕，這樣小的孩子不可能學什麼舞蹈。這時候，小男孩突然很生氣，站在那裡一動不動。教師說她早就料到會這樣，但我知道孩子其實並沒有注意教師的舞姿，他之所以生氣，是因為教師把帽子放在沙發上。孩子還不會說「帽子」和「教師」這兩個詞，卻一直氣呼呼地重複「大廳」、「柱子」，他的意思是：「帽子不應該放在這裡，應該掛在大廳的柱子上。」這使孩子失去了跳舞的興趣，他急切要求改變眼前這種無序的狀態。等我把帽子掛在柱子上後，小男孩立刻平靜下來，開始學習舞蹈。這件事表明，孩子對秩序的要求程度強烈於其他方面。

我們透過研究兒童的感覺方式，以及他們對詞彙的運用，發現了兒童內心深處的許多東西，而這些是心理學家無法了解的。

上面兩個關於兒童耐心及秩序感的例子引起了我的興趣，還有一個同樣有趣的例子，我在這裡就不詳述了，但它可以總結為「孩子不同意說話者的結論」。我們從這幾個例子中發現，除了表中列出的情況之外，我們不了解的兒童心理還有很多。

我認為，應該公開發表對兒童心理研究的成果，即使這項研究不容易完成，但這能夠促進兒童對環境的適應，具有重要意義。為兒童早期發展提供幫助是一件不容忽視的事情，對未來的科學工作者來說，這是一項開創性的工作，它將解開人類心理發展和性格形成之謎。為了實現這個目標，我們必須記住以下幾點：

一是最初兩年的發展將影響人的一生；

二是兒童具備很大的心理潛能，而且一直沒有得到重視；

三是兒童極為敏感，任何一點粗魯行為都會在他們的心裡留下陰影，進而影響他們的一生。

想像力對兒童潛能的影響

兒童的天性促使他們不斷地汲取知識，因此，兒童對手的運用不僅具有實踐意義，還有助於他們獲得知識。把兒童放在上一章所說的環境中，他們會發生出乎意料的變化。他們快樂地工作著，興致勃勃、不知疲倦，大腦會更加活躍，對知識的渴求也更加強烈。

這些變化萌生於「書寫爆發期」之後。「書寫爆發期」是一種表徵，猶如「火中的一縷輕煙」，本質上其實沒有爆發什麼東西，真正的爆發是潛在的，只展現於人的內在素養。如活火山表面上看不出動靜，地殼下卻熔岩沸騰，總有一天要猛烈噴發，而專家就可以根據岩漿研究地球內部的變化。

我們製作的那些適合兒童的小物件，帶領他們進入與實際生活相仿的環境，其效果出人意料。因而，我們應對此有所發現，努力實施這種教育。

傳統教育方式未曾取得如此顯著的成績，不過也為我們提供了指導。我們不應設置障礙，而是要盡可能地為兒童成長提供適宜的條件，讓他們自由選擇行為方式，這就是兒童心理研究給我們的啟示。

著名北極探險家派利稱我們的工作是「對人類心靈的發現」，他說，這不僅是在推行一種教育方法，也是在找回人類的天性。

透過研究我們得出了兩個結論：一是兒童對文化的吸收比我們想像的要早，學習方式與運動相關，因為這個年齡層的兒童接受力很強，必然要做一些事展現自己，即透過行為來學習；二是有關兒童的性格發展，這留待以後再做討論。現在就第一個結論進行論述。

我們發現，兒童曾屬於自己的舊物很感興趣，容易把注意力集中在這些事物上。比如：上文提到的「書寫爆發期」的出現與兒童特殊的語感能力有關，這種能力持續到 6 歲左右就消失了。因此，兒童在 6 歲之前對書寫練習熱情高漲，超過這年齡就失去天性的幫助，必須做有意識的努力了。

兒童的書寫能力得益於以前的經歷及練習，而書寫練習的前提是鍛鍊區分能力的手工練習。為此，我要提出一個「間接準備」原則。

存在即是合理，大自然絕不會創造無所用途的事物。同理，第一階段形成的能力必然不會白費，它將在第二階段發揮作用。那麼，我們可以透過了解第一階段，來掌握第二階段的發展。兒童的語言學習的第一個時期可劃分為許多小階段，這一系列發展類似學校的語法教科書。兒童學習順序必然是，先學發音，再練習說出音節，其次區分名詞、動詞、形容詞、副詞、介詞、連詞等。了解了這一規則，就可以對第二時期實施控制，即要先教兒童語法！先教兒童語法？在他們還沒有學會讀、寫之前？許多人覺得不可思議。

我們先來思考語義表達的基礎。語法，不是嗎？我們說話都必須合乎語法，4 歲兒童正努力擴大詞彙量，完善語言機制，如果這時教他們一些語法以便熟練口語，對他們學習語言必定大有裨益。實驗表明，這一時期兒童對語法很有興趣，正是學習語法的最佳時機。3 歲以前的兒童無意識地學習語法，到了 3 至 6 歲就有意識地完善它。此外，這個時期，兒童好像罹患了詞彙飢渴症，對新詞彙的渴求十分強烈，這使得他們無形中具備了一種特殊的感知力，從而加速他們的學習。所以，除了語法，我們也應及時、系統地教他們學習詞彙。

如果以上觀點成立，必將引發另一個問題，即教育的老問題 —— 當今幼師文化程度。幼師把單字寫在卡片上讓孩子們朗讀，卻發現自己掌握的詞彙根本不夠用，他們只知道一些簡單名稱，不能滿足兒童的需求。我教學時不止教一般名詞，還教一些較為專業的詞彙，如幾何圖形的三角形、多邊形、梯形等，之後再教他們一些專業術語，如溫度計、氣壓計；及一些植物學名詞，如花冠、花萼、雌蕊、雄蕊等。兒童對這些詞彙接受能力很強，學會之後又要求我教授更多的詞彙。於是，兒童進行戶外活動時，時常爭先告訴教師一些事物的名稱，教師卻不盡然知道，真是令人難為情。

3 至 6 歲的兒童對詞彙興趣盎然，樂此不疲，這個時期學會的詞彙不易忘記，成長之後也能流利地使用，可是到了下個階段，兒童的發展轉向其他能力，詞彙學習變得困難起來。因而，兒童學習語言的最好時期是 3 至 6 歲。當然，我們教授詞彙強行灌輸，而要與實物結合起來，與實際經驗保持同步。比如：講解花草昆蟲時展示標本，讓兒童看到實物，或者講述地理知識與地球儀相結合。對照實物、圖片、圖表能夠降低學習難度，也有助於單字記憶。

一個 14 歲的男孩不清楚花的結構，一個 3 歲左右的孩子跑過來，指著花壇裡一朵花告訴他「這是雌蕊」。

還有一次，我在牆上掛了一些圖片，向學生講解植物根莖的分類，一個小朋友跑了進來，問我圖上畫的是什麼東西，我就對他講解了一番。下課不久，我們發現花園裡所有植物都被拔了起來，看來，小朋友對植物的根著了迷，將其拔出來看個究竟。事情往往是這樣，如果我堅持使用圖形或實物教兒童學習詞彙，家長可能產生不滿。想一想吧，哪個父母願意看到自家花園的花草都被孩子拔出來呢？

兒童的心理和見到的事物完全吻合嗎？答案當然是否定的。兒童對事物的認識不僅源於直觀感受，還包括豐富的想像力。

我們通常只知道兒童有豐富的想像力，卻無法探究其豐富程度。研究中，我們向 6 歲的兒童講解地理知識，我們拿出地球儀，告訴他們：「這是地球」，而不是從河流、海灣、海島開始講起。

兒童具備的知識還不足以想像世界的樣子，他們對世界的概念只能憑藉想像力來完成。我們展示的地圖上，青藍色表示海洋，發光的碎末表示陸地，此外沒有其他任何標示，但兒童一看見地圖就說：

「這是陸地。」

「這是海洋。」

「這裡是美洲。」

「這裡是印度。」

大多數兒童都在房間裡掛上了地圖，地圖很受歡迎。3 至 6 歲的兒童不僅能區分事物，還能連繫沒有看見過的東西。兒童的心理活動中想像力占有重要地位。成人大都喜歡給兒童講神話故事，好像在有意培養他們的想像力，那麼，既然我們都認為兒童喜歡想像，為什麼只給他們講神話呢？如果兒童透過想像神話，為什麼不能想像美洲呢？何況，與語言交流不同，觀察地圖可以給兒童更為直觀印象。思想不是被動的，它永遠需要靈感的火花。

一次，一群 6 歲的孩子站在地圖前討論著什麼，一個 3 歲的孩子擠過來說：「讓我看看，世界就是這樣的嗎？」

「這就是世界。」6 歲的兒童回答。

3 歲的聽了接著說：「啊，現在我知道了。我叔叔曾經三次環遊世界呢！」

這表明兒童知道這只是一個地球模型，真實世界要大得多，他一定聽說過地球。

我上課時一個 4 歲的男孩跑來看地圖。他仔細觀察了一會兒，忽然問旁邊的學生：「紐約在哪裡？」學生們吃了一驚，指給他紐約的位置，不料他接著問：「荷蘭在哪裡？」周圍的人更加驚奇了，小孩知道了荷蘭的位置後，說：「我爸爸每年都要去美國兩次，住在紐約，他一走，媽媽就說『爸爸現在在海上』，過了幾天，媽媽說『爸爸到紐約了』，再過一些天，媽媽又說『爸爸又到海上了』，當媽媽說『爸爸已經回到了荷蘭，我們到阿姆斯特丹去接他』的時候，我就會很高興。」

顯然這個孩子已經多次聽過美國，當他聽到有人在地圖前談論美國時，就忍不住走過去，彷彿在說：「我已經看見美國了」。

兒童看地圖時需要循序漸進地將符號形象化，一如以前認識物質世界一樣，把抽象詞彙與真實事物連繫起來需要一個過程。

人們認為，這個年齡的兒童熱衷玩磚頭和聽故事，玩磚頭能夠鍛鍊體力，使大腦與外部世界發生連繫，將思想與環境統一起來，有助於他們加快成長與了解世界；而聽故事能夠豐富想像力，兒童透過遊戲把它釋放出來。

另外，這個年齡層的兒童對一切事物都覺得新奇，不停地問東問西並要求得到解釋，接連不斷的問題像空投的炸彈，常常把成人轟得暈頭轉向。只要成人一一給予答覆而不表示厭煩，兒童就會非常高興。不過有一點；成人喜歡嘮叨，兒童卻反感長篇大論。

有個小孩問:「爸爸，葉子為什麼是綠的？」做父親的覺得這個問題很高深，就耐心告訴孩子什麼是葉綠素及植物如何進行光合作用。

父親興致勃勃的講述，被孩子不耐煩地打斷：「我只想知道葉子為什麼是綠的，不想知道什麼葉綠素、光合作用。」

好玩、富於想像、提問是這個年齡層兒童的主要特徵，他們有很多不明白的事情，而他們的問題也不都容易回答。

孩子可能會問：「媽媽，我是從哪裡來的呀？」

聰明的母親會說：「你是我的孩子呀，當然是我生的啦。」

這樣的回答很簡練，也讓兒童感到滿意。但一年，母親說，「我要生另一個孩子了」，出了產房，她讓孩子來看嬰兒，並對他說：「你看，他是你的弟弟，你們都是媽媽生出來的。」

6 歲的兒童可能對此強烈不滿：「哼，我到底是怎麼生出來的呢？你還在哄我，媽媽，我已經夠大了。你一說要幫我生弟弟，我就注意觀察你要做什麼，可是你什麼也沒做呀！」

要滿足兒童的好奇心並不容易，父母與教師都需有足夠的耐心和才智。成人必須放棄所有自以為是的做法，使用一些針對 3 至 6 歲兒童心理的技巧，才能解決兒童的疑惑，而成人恰恰缺乏這種能力，需進行必要的訓練。幸運的是，兒童從環境中學到的東西，遠多於從成人得到的啟示。

迄今為止，我們對很多問題的答覆仍不能滿足兒童的需求，表明我們對兒童缺乏深入的了解，對他們的心理多存疑扭曲，用自以為正確的方式去指導兒童注定行不通。其實很簡單，兒童會透過行為方式帶我們走上了解他們的路途。

研究表明，兒童對事物的渴望還表現為他們想參與其中，由此推斷，兒童有意識形成廣泛興趣，協調自己的運動，最終實現自我控制。

不難發現，兒童一旦被某件事情吸引，就會反覆做它。比如：全神貫注地打磨一件銅器直至閃閃發光。兒童如此投入，如此執著，因而表面的目的僅僅是一個刺激點，這些行為緣於一種下意識的需要，兒童的成長正是這些下意識目的的實現過程。重複的運動協調肌肉和諧性，這屬於後天訓練。同理，成人透過各種遊戲、運動如網球、足球來鍛鍊自己，不只為了從中得到樂趣或提高球藝，也在於提高我們的運動能力。

兒童很多被稱為「遊戲」的活動意義和運動對成人的意義相同，即從中獲得所需的能力。

對所有物種來說，適應生活環境的需求是生命的本能，處於發育時期的兒童必須培養自身的能力，以便更好生存。兒童時期是培養生存能力的最好階段，由此，我們說兒童的模仿能力是他們完成自我建設的先決條件。

兒童完善自身的能力與生俱來。兒童被他人的行為激發出模仿的興趣，從而培養各種能力。那麼，兒童透過行為到底培養了哪些能力呢？

以語言為例，這些能力就像紡織機上的經線，是織布的基礎。形象地說，這些經線上布滿了具有韻律感的聲音，這些聲音如同語法規律一樣有序地排列，經過一系列生活經驗的促動，逐漸織出語言之布。整匹布是在 3 至 6 歲織完的，所以，這一階段非常重要，所培養的能力將伴隨人的一生。

人的走路姿態、處事方式都在這個期間定型，成為個性的一部分，並將決定人的社會地位。不同階層的人的差別也展現在個性方面，就如不同民族的區別也在於語言一樣。所以，社會底層的人要想進入上流社會，先要改變生活習性，擺脫底層生活對他們的影響。

同樣，一個貴族想扮成工人也不容易，習慣與處事方式會暴露他們的真實身分。

兒童發育階段對語言的發展也舉足輕重，因為口音在這個階段一旦定型便終生難改，即使資深大學教授也很難改變幼年形成的口音。另外，高等教育即使能夠大大豐富人的思想，卻無法抹掉嬰兒時期形成的東西。假如兒童遇到了一些障礙導致人格偏執，須在 3 至 6 歲進行補救這兒童心理發展的收尾階段。另外，如果使用科學方法對這個時期的兒童進行教育，縮小不同國家、種族之間的差異，就能使人類更和睦地相處。換句話說，人類創造的文明可以改變人類自己，就像人類能夠改變創造自己的自然環境一樣。

個性也對兒童發展的指引表現為兒童的行為出來，這一點能在兒童的各種活動中發現。

那麼，我們應該如何培養兒童的感覺能力呢？

感知是人與自然的連接紐帶，憑藉感知，人會變得心靈手巧。如同優秀的鋼琴師能在一架普通鋼琴上彈奏出優美的旋律；一個技藝高超的織工一摸布匹就知道紡線的紋路：一個原始部落的土著在喧囂的夏夜能夠聽到蛇在草叢中發出的細微的聲音。

人的各種與生俱來的能力，都要受到日常生活的影響。對能力的教育需與對智力和運動的促進並行。

人的內在因素導致人的不同興趣，繼而形成個體差異。換句話說，人天生就存在某種興趣傾向，它會根據自然規律促使個體的發展，形成不同的個性。

在類似我們學校接受教育的兒童，不僅能夠獲得很強的動手能力，也能夠培養對外部世界的敏銳感知能力。相對而言，這些兒童的世界比同儕更為豐富，他們能夠感覺出事物間細微的差別，而感覺能力未能全面發展的同儕，可能對這視而不見。

為了鍛鍊兒童的觀察能力，我們安排了一些東西，如：顏色、聲音、氣味、大小等。這些東西是文化的一種形式，能夠引起人們對自身和環境的關心。相比之下，語言和書寫最為重要，我們的個性將因之得到完善，能力也隨之而提高。

感官是人識別外界的通道，為了訓練兒童的感覺能力，我們專門製作了一些小物件，以便他們更好地了解事物的細節。

西方學校有一類「物體課」，上這門課時，教師要求兒童舉出物體的某個特性，例如：顏色、形態、紋理等。世界上的事物無窮無盡，特性也彼此唯一，一如單字很多，組成單字的字母卻很有限。我們給兒童許多物體，每個物體具備不同的特性，就像給了兒童一個認識世界的字母表，一把打開知識寶庫大門的鑰匙。兒童由此掌握這些東西的特性，並從中發現事物的發展規律，這一切他們了解世界夯實基礎。

因此，我們的小物件恰如這個物質世界的「字母表」，其價值不言而喻。如前所說，文化不僅是知識訊息的累積，也是人類個性發展表徵。譬如教授受過感覺訓練的兒童與教授沒有受過感覺訓練的兒童完全是兩碼事，差別非常明顯。對於前者，他們對事物的感覺敏銳，一個物體、一種想法都會引起他們極大的興趣，他們能夠區分細小的差別，如葉子的形狀、花的顏色、昆蟲的器官等。兒童的發展前景取決於他接觸的事物，及由事物引發的興趣。就兒童而言，一個有準備的頭腦就是一個優秀的教師，比其他東西都重要。

我們準備的每個物件特性各異，對兒童大腦的條理化頗有幫助。

儘管程度有所差異，兒童隨著年齡的增長漸能區分事物，掌握事物的不同特性，這是自然發展的結果。一個正常人不需任何訓練就能區分不同的顏色、形態及不同物體的性質，這種能力與人類的思維形式有關。人的大腦蘊含無窮的潛能，不僅具有想像力、思維能力，還能從感官傳遞的各種訊息中抽象出「特徵的字母表」，對進行排列、組合、分析、歸納，繼而進行存儲，這便是抽象思維過程。

事實上，字母表的發明也經過了類似程序，單字是口語的主要表現形式，但組成單字的字母卻是一個抽象系統，都來自於字母表。可見，如果一個人不能同時運用想像力和邏輯思維能力，就不可能智慧起來，他的頭腦了也只和其他高等動物相似，被束縛在固定的模式之中，這必將對他的發展產生不良影響。

我們在日常生活中會接觸到各種各樣的事物，要掌握這些事物的特徵和彼此之間的關係離不開抽象思維。人類的思想來源於抽象思維活動，抽象思維越準確，事物的價值也就越大。

想像力和抽象能力是大腦的兩種主要能力，它們提供事物的本質特徵，並對人的心理發展造成重要作用。

語言學習離不開這兩種能力，若想豐富詞彙或者提高語言的實用性，就需不斷地學習新的詞彙，它們依照字母表和語法規則衍生出來，是無窮無盡的。其實，語言構建的規律也是大腦構建的一部分。

生活中，我們也許會聽到這樣的評價，「這個人很聰明，但是思維缺乏條理」，意思是，被評價者有很多想法，卻不能進行區分和鑑別。也會聽到另一種相反的評述，「他的頭腦如同一張地圖，既精確又細密，他的判斷同樣準確無誤。」

鑑於對人類思維條理性的推崇，法國物理學家、數學家、哲學家布萊茲·帕斯卡（Blaise Pascal）將人腦命名為「精確的大腦」。在帕斯卡看來，人的大腦天生就是精確的，人類的知識來源於準確的觀察和細緻的分析。

前面提到，人腦和語言的構建相吻合，語言的基礎是語音和語法規則，大腦的活動也存在一定的規律。人們對一些著名的發明進行研究，發現在開始階段發明家的思想也有一定規律。這並不奇怪，詩歌和音樂創作主要依靠想像力，但由於要遵循一定的韻律和節奏，這個領域也同樣存在規律。

因此，我們必須注意同時訓練兒童大腦的這兩種能力。其實對一般人來說，這兩種能力並不平衡，但必定同時存在，共同發揮作用。如果我們僅發掘兒童的其中一種能力，加劇兩者的不平衡，就會影響兒童的個性發展，成為他們現實生活的障礙。

3 至 6 歲兒童有追求準確的傾向，其表現形式多種多樣。

我們只需告訴兒童怎樣準確地做一件事，單是這種準確性就足以引起他們的興趣。兒童在學校的學習，主要是訓練行為的秩序與準確性。

兒童對事物最感興趣的年齡是 3 至 4 歲，我們製作的小物件有助於幫他們了解生活環境，提高大腦的精確性。

我們的教學方法和一般學校的截然不同。比如：其他學校的數學課對很多孩子來說是一種折磨，不少人甚至因此產生心理障礙。可是，實驗發現，如果兒童大腦受過早期「精確」訓練的話，就不會出現這種情況了。

兒童所能接觸到的生活環境中有樹、花、蟲子，但很少與數學相關，這使得兒童的數學天賦得不到發揮，從而影響以後的學習。我們的那些特製的小物件可看作「物質的抽象」，或基礎數學。對於兒童數學能力的培養和教育，我在另外兩本兒童學習心理研究的書裡進行了多方面的論述。

在第一個發展階段，兒童從物質世界吸收經驗，為將來的發展打基礎，這個階段的發展類似於胚胎，而胚胎的發展過程決定於基因。科學家艾米麗．庫格斯迪（Emily Cogsdill）研究發現，兒童身體器官的發展與人的行為發展遵循相同規律，發展的類型決定於物質世界的基礎。

兒童的另一個發展基礎是語言能力，它由語音和語法系統組成，是一個準確的、固定不變的基礎。這些東西是後天形成的，與特定的群體許多行為規範相關，如習慣、傳統、道德，這些都會成為兒童能力的一部分。進化論者認為傳統意味著對人的某些自然本能的限制，因而「簡化了人們的生活」，而我們認為恰恰相反，人的「自衛本能」不只包括對生命最佳狀態的尋求，還包括文化與道德的需求，當然這是題外話了。

傳統限制自然本能的發展，對生命而言是一種障礙，人們卻還願意犧牲本能去適應傳統。換句話說，人必須犧牲某些東西以在這個特定環境中生存。原始人將限制性習慣作為某種禁忌，人們必須遵守它們，乃至損傷身體。譬如：古人付出痛苦的代價來獲得美：非洲人戴鼻環，歐洲人在耳朵上穿孔等。

也存在對食物的限制。前幾年，印度發生大規模饑荒，餓死了成千上萬的人。然而印度的城鄉村卻牛羊成群，人寧願餓死也不吃這些動物。由此可見，不宰食動物的傳統在印度人思想裡是多麼根深蒂固。

道德是人類生活的共同行為規範，深入人的思想觀念深處。某種意義上，正是由於對這些行為規範的嚴格遵守，人類才傳承、繁衍到了今天。

宗教亦然。宗教偶像是大眾崇拜的產物，受到信徒的認同。對宗教的信仰源於人類共同的精神需要，而不僅僅是對某種信念的簡單接受。起初，原始人對大自然的變化感到驚奇，產生了一種敬畏之情，進而對某些自然現象頂禮膜拜。即使並非所有原始人都被大自然所震懾，但當崇拜行為得到眾人認同後，大自然就成了大眾祭祀的對象。

人類對宗教的崇拜不僅依賴於奇蹟激發的想像力，也在於主觀意識的作用。人的心靈有多個層次，某種意識活動能認識事物的特性，而另一些意識用來建立抽象符號，以表達人類的崇敬之情。思想在信仰中得到滿足，如同進行抽象思維一樣。因此，崇拜偶像要成為一種社會符號在社會群體中固定下來，必須先得到大眾的認可。

幾個世紀過去了，崇拜活動變成一種習俗，宗教信仰也已烙進了人們的腦海，與道德的固定行為系統彼此混淆。共同的信仰把群體聯合在一起，或與其他群體區別開來。人類群體或生物物種之間的差別在於後者源自遺傳因素，前者則形成於一代代人的心理累積。儘管文明包含很多想像的東西，但人類生活的特徵並非完全來自想像力，而是想像力和其他精神活動共同作用的結果。當然，這種抽象活動後來變得單一，形成某種簡化的特定符號，具有精確性和穩定性，便於群體共同掌握這種超現實的想像。

兒童到一定年齡就開始吸收精神層面的東西，但他們到底學到了什麼呢？

在這裡，我要將精神學習與語言學習進行比較。模式具備準確性和穩定性，如果人接受了某種模式，這種模式就成為他的組成部分，發揮創造性的作用，如同基因能決定個體特徵，而神經中樞決定行為。

嬰兒出生後先開始心理發展，此時嬰兒從周圍環境學來的主要是特定模式。也就是說，兒童吸收的不是直接心理經驗，而是一種心理模式。這些模式的集中表現就是日常生活中多次重複的那些行為，這些模式一旦被吸收，就在它們的個性中固定下來。

第一階段之後，兒童開始出現很多個性因素，發展可能沒有先前那麼確定，但仍離不開一定的基礎。與此相似，由於環境改變或文化因素的影響，兒童對母語的學習也會不確定，但必然不會背離已經接受的語音和語法規則，因為這是在胚胎時期就確定下來的。

兒童早期呈現大腦的條理化和精確性不僅表現為他們對行為精確性的要求，也表現為對秩序、規則的要求。兒童對秩序要求很高，他們對對象的擺放是否規則、位置是否得當十分敏感。這一現象表明，兒童在認知周圍環境時，留在大腦記憶中的是具有一定規律的，否則，就無法集中注意力。

透過探討，我們漸漸揭示了兒童心理的基本形態。精神是一個有機發展的整體，它的形成依據一種預定的潛在模式，心理只憑藉思維能力和意志力來發展的說法荒謬至極，因為這些能力都是後天獲取的，並以心理潛能發揮作用為基礎形成的。

就像人無法利用思想創造軀體一樣，人的心理類型也不是由意識創造的。這裡的「創造」一詞，指的是原本不存在的東西突然出現了，並按一定的規律發展，整個事件都不受意識的控制。當然，所謂「突然」是針對人的知覺而言的，嚴格地說，任何事物都有一個起始和形成的過程，不會無中生有。實際上，所有生命都由胚胎細胞發育而成。

同樣，人類的思想觀念也有其形成、發展的具備創造力的基礎。從嬰兒開始的第一個發展階段，人的精神潛能透過對環境的認知、適應逐步發揮作用，在大腦裡形成一個思想的基礎，個體的繼續發展又基於這個基礎之上，最後，個體成為所屬群體的一個成員。種群是一個心理和文化的集合體，具有連續性，一代一代地傳承下去，最終形成人類文明的歷史。

以上論述表明，唯有新生個體具備相應創造力時，才能發展人格所包含的後天能力。這些能力如同社會模式一樣是逐步發展的，整個過程依賴於人對周圍環境的適應。

這就是兒童的生物功能，每個人都要經歷這樣一個創造性的過程，人類的發展也離不開這種人格條件，而成人卻可以對此施加影響或干預、破壞。所以，我們有必要更新自己的教育觀念。

兒童是研究人類的第一個藍本

目前，生物學研究正在轉向。

過去，無論生物學的研究對象是動物還是植物，科學家通常選取成年個體做標本。對人類也是如此，無論是倫理學研究還是社會學研究，科學家都把成人作為研究對象。所有成人都在邁向死亡，所以研究人類時，學者們經常討論死亡問題，沒有人感到奇怪。道德倫理研究，則集中在法律和社會利益關係上。這種狀況現在發生了轉變，甚至與原先完全背離。如今，對包括人類在內的所有生命形態的研究，重點都放在幼年甚至更早的階段，最早的是對生物胚胎及細胞生命的研究。

由此，哲學思想也發生了變化，一門新興的哲學正在興起，儘管目前它還籠罩著一層神祕的面紗。新興哲學不再受限於理性思維，也不再單純由思想家做出抽象結論，從而更具有科學性。

胚胎學把對人類的研究帶回了生命的起點。人們發現，生命的早期階段與成年階段差異很大，這不僅表明了過去思想家對生命的無知，也是兒童性格研究的第一束曙光。

幼體與成體的差異在於：成體走向死亡，而幼體卻走向生命的巔峰。人也不例外，幼兒要把自己塑造成一個完善的人，而一旦完成這個過程，他就不再是原來那個孩子了。所有兒童期的生命是向著完善的方向發展的。

因而，我們可以斷言，兒童很樂意做使自我完善的事情，生命的這一過程充滿了快樂。與此相反，成人的生活卻充滿壓抑和苦惱。

對兒童而言，生活是自身的延伸，他們無憂無慮地遊戲，日漸聰明和強壯起來。而年齡的成長導致的不利是人不能再像兒童那樣完善自己了，也不再有人像過去那樣幫助他了。

兒童的成長離不開成人，並與成人息息相關。嬰兒出生前要在母親的子宮裡生活 10 個月，再前則追溯至父母的結合的細胞。可以說，兒童期的起始與結束連接著兩代人的成熟，一端是被創造者，另一端是創造者，這就是兒童要走的道路。

生命的自然規律要求成人照料自己的孩子。兒童是愛情的結晶，愛情則是他們生命的源泉。孩子一生下來就受到父母的精心照料，父母是孩子的第一道防線。父母對孩子的愛是無私的、偉大的，這是生命的一種本能。正是由於這種本能的愛，父母會全心全意地為孩子服務，甚至不惜放棄生命來保護孩子。父母如此奉獻，卻沒有犧牲感，反會體驗到一種快感。父母為孩子盡心時感覺到快樂，這也是生命的天性，所有生物都不例外。

孩子所能喚起的美好情感，在社會關係中是不存在的。一個商人絕對不會對交易夥伴說：「我放棄這些利益，都歸你吧。」可是，一旦出現食物短缺，他會毫不猶豫地把唯一一片麵包留給自己的孩子。

所以，成人有兩種不同的處世態度，一種是作為父母的態度，一種是作為社會成員的態度，前一種展現了人性美好的一面。

動物也是如此。凶殘的猛獸對待幼崽也會非常溫和，比如獅子、老虎，牠們對幼崽流露出來的溫情，大大出乎人的想像。而那些貌似溫順的動物，比如母鹿，在幼崽受到威脅時，也會表現得異常凶猛。這種保護幼崽的天性普遍存在，動物和人一樣存有一種身為父母的特殊本能。

動物自我保護的本能在幼崽處境危險時會消失殆盡，牠們會奮不顧身地衝上去與敵人搏鬥。鳥類面臨危險會本能地飛走，但要是牠們正在孵小鳥就不會輕易離開鳥巢，而是一動不動待在巢裡，伸開雙翅護住鳥蛋。有些鳥兒則衝出草叢，把靠近巢穴的獵犬引開，儘管牠們很可能被咬死。

研究發現，動物和人具有兩種相同的本能，一是自我保護，一是保護幼崽。法國J．H．法布爾（Jean-Henri Fabre）是世界上最偉大的生物學家，他在結束巨著《昆蟲記》（*Souvenirs Entomologiques*）時說，無論什麼生物都應該感謝偉大的母愛，如果不是母親提供保護，幾乎所有幼小的生命都無法存活下來，因為牠們還不具備基本的生存技能。老虎初生時沒有牙齒無法捕食，鳥兒出殼時沒有羽毛不能飛行，要是生存只依賴自身的強壯，那麼物種早都滅絕了。所以，父母對幼崽的保護，是物種延續不可缺少的條件。

對自然的研究中，最為神奇的就是對生存智慧。自然是多麼奇妙，任何生物都有自己的生存技巧，即使是最溫馴的動物也不例外。而再怎麼低級的生物也都有自我防衛的本能，自然科學家們卻發現，生物的生存智慧集中在對幼體的保護上，用於自我保護行為上的相對較少。法布爾對昆蟲的護幼行為做過仔細觀察，《昆蟲記》第十六章有詳盡的描述。科學家對各種生命類型的研究揭示了生物界普遍存在兩種本能和兩種不同的生活方式。人類是動物進化的結果，應該承認兩種本能的必要性。如果要把這一理論運用到人類身上，就有必要對兒童進行研究，因為成人消除不了其兒童時期的影響。即，人類對自身的研究必須從兒童開始。

第二章　生命最初的動力

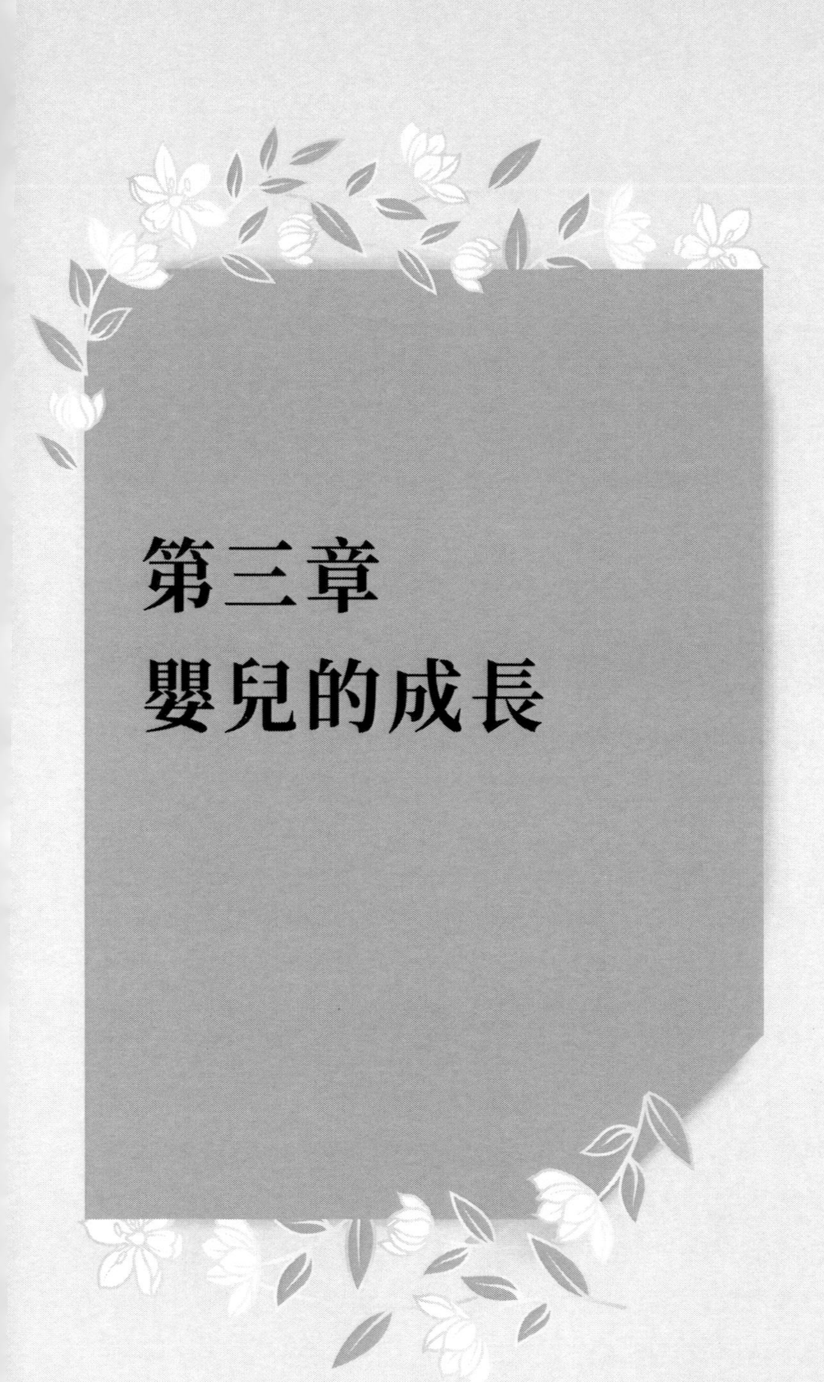

第三章
嬰兒的成長

扔掉捆綁孩子的繩索

在很早以前，生物學就已經證實了環境對自然界生物的重大影響。進化論中的唯物論也認為，環境會使物種繁衍和生物形態產生戲劇性的影響並發生變化，甚至產生變異。當然，我們不可能去驗證所有的理論，但法國昆蟲學家法布爾的研究，恰恰證實了這一結論。

借助對昆蟲生存環境的研究，法布爾讓人們對昆蟲生命的成長過程有了新認知。透過對生物的研究可以確定，對生物進行觀察和研究，一定要在自然環境中進行。否則，我們就無法透徹了解生物。

對於人類和自然環境之間的關係，我們探討發現，與其說是人在適應環境，還不如說是人類改變環境以適應自己。在人們所處的社會環境裡，某些非常重要的精神力量在發揮著作用，它們構成了社會交往中的人際關係。如果一個人沒有在與他相適應的環境裡生活，他就不能正常發揮自己的潛在能力，對自我也不會有太多了解。

新教育理論的核心思想有這樣一條，就是呼籲人們對孩子的社會本能進行有意識的培養，並鼓勵他們常與同伴相處。關鍵是孩子根本沒有一個可以適應的環境。這與他們生活的成人世界息息相關。這種生活環境的偏差，相當程度地影響了孩子在其人格上的發展。

環境失調對孩子產生的重大影響，不僅是在個子高矮的差異上，還因為環境是如此的不協調，致使孩子的動作往往不能運用自如。比如一個技術高超、動作靈敏的雜耍藝人，一旦看見有人企圖學他的動作做，他一定會嗤之以鼻。因為在他看來，根本就沒人能模仿他的高超技藝，假如有人嘗試一個動作一個動作慢慢跟著他學，他一定沒有耐性。

回想一下，我們對孩子的態度是否與這種情況很相似呢？因此，我們建議每一位母親：放開你那 3 至 4 歲大的孩子手腳，讓他們按照自己的喜好去做事，自己梳洗，自己穿衣服，自己吃飯等等。

我們相信，如果讓孩子在我們替他規劃好的環境裡生活一天，他一定會倍感痛苦。他們的全部精力不得不用在辯護自己的行為上，隨後，我們天天會聽到這樣的話：「別管我，別管我！」甚至到最後，他們因為再找不到的維護自我的辦法了，還可能會哭鬧起來。然而，很多媽媽卻抱怨說：「我的孩子太不好對付了，早上賴著不肯起床，中午他連午休都不樂意，成天把『不要，不要』掛在嘴邊。一天到晚都這樣，小孩子怎麼會這樣？」

如果這些媽媽能在家裡打造一個適合孩子年齡，能釋放孩子的精力，同時又能順應他們心理發展的環境，那麼，孩子的自由就可以得到充分的釋放。實際上，這種做法可以引導我們找到解決問題的方式，而孩子們，也就從此擁有了屬於自己的環境。

學校，是為孩子設立的專門場所，學校裡的桌椅和用具在製作的時候，都應該考慮到孩子的身材和氣力。只有這樣，孩子才能夠輕鬆地使用它們，就像大人移動自己的家具那樣。

下面是環境設計的一些基本原則：家具須輕巧，擺放位置應得當，能方便孩子移動。圖片要貼在與孩子視線平行的地方，以使他們輕鬆的觀看。這一原則適用於孩子周圍所有的東西，從地毯到花瓶、盤子和其他類似物品。讓孩子能夠使用家裡的任何一樣東西，並讓孩子參與做日常家務，如掃地、給地毯吸塵、自己穿衣服和梳洗等等。存在於孩子周圍的東西，應該讓他感覺堅實，而又具有吸引力。

「兒童之家」應該顯得可愛又舒適，只有一所美觀的學校，才會讓孩子們開心地在裡面活動和生活。就像成人都明白，一個美好的家庭環境有助於家人的融洽生活。毋庸置疑，舒適美觀的環境與孩子的學習和活動能力有著必然的連繫，在優美環境中生活的孩子，會表現出主動探索與發現的意願。

對環境的美醜，孩子有十分敏銳的直覺。舊金山蒙特梭利學校的一個小女孩，某天到公立學校去參觀。在邁進教室的那瞬間，她看到了那裡的布滿灰塵的桌椅。她一本正經的對旁邊的老師說：「你大概不知道孩子們為什麼都不肯清潔打掃而寧願讓教室顯得很髒吧？因為他們沒有漂亮的抹布可以用。如果我沒

有漂亮的抹布，我也不想去清理衛生。」

供孩子使用的家具一定能夠方便清洗，這樣不只是出於衛生的要求，事實上，這些清洗簡便的家具提供給孩子樂於參與的機會。孩子學著把汙跡清洗乾淨，也學會如何保持環境衛生。長此以往，孩子保持衛生的良好習慣就能自然養成，他身邊的各樣東西也會被洗刷乾淨。

不少人向我建議，不妨貼一層塑膠防滑墊在桌腳和凳子腳下，以減小它們被移動時的噪音。我覺得有點噪音反而會更好，這樣一來，孩子們才知道自己的動作是否太過野蠻。因為孩子的肌肉還沒有發育到可以自如運用的程度，他們操作起來往往毫無秩序可言，也不太懂得去控制自己的行為。這一點是他們和大人的區別。

在「兒童之家」裡，每一個桌、椅發出的噪音都能反映出孩子的每一個動作的用力程度。於是，孩子就會十分的注意自己的身體動作。在「兒童之家」裡，還擺設了一些諸如玻璃、盤子、花瓶之類的易碎物品。一些大人就會質問我們：「為什麼這麼做？三四歲孩子一旦接觸到這些玻璃做的東西，一定會不小心把它們打碎的！」心存這種想法的人，似乎覺得幾片玻璃比孩子還要珍貴，難道對孩子的訓練還不如這幾片玻璃難能可貴嗎？

當孩子身處一個真正屬於自己的環境時，他們會盡量注意自己的言行舉止，並控制自己的行為。這樣的環境，不需被外界激勵，孩子們就能將自己的行為改進。從孩子的臉上，我們可以看到他的喜悅和驕傲，偶爾還會看到他的神情一本正經到無以復加。這表明，孩子天生就會調整自己的行為，而且他們願意這樣。

事實上，一個 3 歲孩子的人生道路上會出現什麼呢？只有成長。為了孩子以後成為一個棟梁之才，我們一定要盡全力去幫助孩子進行自我改進。也就是說，我們必須給他們機會，讓他們學著做自己必須做的事，因為只有不斷的練習，才

能促進發展。孩子喜歡洗手，不單單是因為覺得洗手很好玩，而是出於洗手能令他覺得自己能夠做好這件事。發展孩子全部能力的根本所在，就是盡可能讓孩子自己動手。

在孩子的成長期，在孩子試圖把工作做得更好時，我們應該做些什麼呢？通常我們絞盡腦汁幫助孩子，卻像許多學校把桌椅固定在地板上的行為一樣，恰恰妨礙了孩子們的自然發展。

是的，孩子確實好動，並且時常動作粗魯，但是，孩子從來不會破壞不固定的桌椅。儘管把桌椅固定後看上去井然有序，但這樣一來，孩子的身體動作永遠也無法有序了。也許，我們可以提供孩子一個鐵碗或鐵盤子，以防碗盤摔在地上而破碎。但是，這麼做的效果是適得其反，孩子們會像著了魔似的更喜歡把碗盤往地上摔。其實我們這樣做，只是自欺欺人地把問題掩藏了。孩子還會繼續犯錯，這種人為的設限，勢必成為阻礙孩子自然發展的絆腳石。一個試圖自己動手做事的孩子，往往樂於跟人合作且充滿活力。

在一般情況下，當孩子遇到困難時，旁觀的我們會馬上伸出援助之手。大概我們的腦海裡有一個聲音在提醒：「你要自己梳洗、自己穿衣服嗎？快別費力了，我在這裡呀！我會幫你做好任何你想要完成的事情。」本來，我們以為幫孩子做事是為了他考慮，殊不知，這個被我們剝奪了自主權的孩子變得難於相處，而我們還把他的行為當作是難以教導的表現！

回想一下，孩子是如何度過他生命的最初幾年的。他受控在一個不准打破、不准弄髒身邊物品的家裡，動彈不得，更談不上有機會練習控制自己的身體，也無法學習使用日常生活中必備用品。這樣，就無情地剝奪了孩子許多學習必要的生活經驗的機會，勢必影響到孩子的生命與成長。

有些孩子似乎難以相處，沒有人能夠管得好。他們常常煩躁、不安分或鬱鬱寡歡，總是不願意乖乖地梳洗，他們的父母也只好任由他，不再教導他了。很多人都說這樣的父母真慈善，飽含耐心，能夠天天容忍這樣的孩子。但這種做法真的是對孩子有益的嗎？果真如此的話，那大概是我們對好的標準出現了誤解。

對孩子好，並不是要一味的容忍他所犯的所有錯誤，而是要找出避免他再次犯錯的方法。對孩子好，就是盡量讓他自然地生活與成長；對孩子好，就是盡量讓他成長無所缺。我們應該意識到孩子需要大人的幫助，因為他們非常脆弱無力。只有這樣，才是真正的愛護孩子。

置身於孩子的環境裡觀察他們的行為時，我們會發現，為了把事情做得更加出色，孩子們總是能夠自覺而又專注地進行。從孩子選擇的物品中我們可以看出，他確實處在合適他的環境裡，同時還可以發現，孩子在使用過這些物品後，驗證了自己的對與錯。

那麼，我們該為孩子們做點什麼呢？什麼也不必做！

在我們盡量提供給孩子所需要的一切後，要做的就是克制自己想要幫助他的衝動。要在旁邊默默地觀察他，與孩子保持適當的距離，不用過多的打擾他，當然，也不能聽之任之，完全不加約束。

當孩子在做一件自以為很了不起的事情時，外表沉靜且自得其樂。除了在一旁觀察，我們還應該做什麼呢？這就是我成立蒙特梭利學校的原因。在蒙特梭利學校，當教師以旁觀者的身分出現時，孩子們反而能夠自覺地做自己的事，這點與普通學校的教學恰恰相反。在別的學校裡，教師通常扮演主動者的角色，孩子們則處於被動位置。實際上，孩子成長或發展的越好，教師更應該只是在一旁觀察與聆聽。

這使我想起一件發生在我們學校裡的令人開懷大笑的事情。那一次，校工忘記打開學校大門的鎖，孩子們因為不能跨進校門，情緒惡劣。最後，老師興奮地對他們說：「你們完全可以從窗戶跳進去，但是我辦不到。」然後，孩子們一個接一個從窗戶爬進了教室，老師則興致勃勃地守在門外看著教室裡的他們盡情地玩樂。

因此，我們應該建立一個能引導孩子並提供他們鍛鍊能力相適應的環境，允許教師有短暫的離開。這種環境的存在，就是教育上的一大飛躍。

解放雙手激發腦細胞

有意思的是，心理學家認為兒童正常發展有三個階段，有兩個階段和運動有關，也就是走路和說話這兩項活動。因此，科學習慣將孩子這兩項運動功能看成是「星象圖」來占卜兒童的未來。這兩項複雜的運動，展現出兒童在掌握運動功能和表達的方法上，獲得了第一個實質性的成功。

假設就語言對於思維的一致表現來說，語言是人類特有的個性，行走平凡無奇，它是人與其他動物的共有特徵。與植物不同，動物能夠到處活動。透過一些特別的器官作用，這種運動就產生了，而行走也成為人類一種基本的特性。但就算人有如此巨大的在空間運動的能力，甚至能夠繞行整個地球，也不能就此認為行走是智慧人類獨具的特徵。

與之相反，與人的智慧最密切相關的手的運動，卻是專門為人類的智慧服務。大家都知道，最早把經過削鑿和磨光的石塊用作工具的是人類，這表明史前時期的某些地方已經存在最早的人類了。有機體生物發展史上一個新的里程碑因為工具的運用正被載入。運用手的勞作，把語言刻在石塊上，這時言語才成為人類歷史的記錄載體。

雙手得以解放，是人類的特徵之一，於是，人的手不再只是運動的工具，而進一步成為了智慧的工具。這種功能促使手為智慧提供服務，人類手的進化不僅使人在動物界占據更高的地位，並透過手的運動把人作為一個生命體完整地展示出來。

人手的構造非常精細和複雜，它不止展現了智慧，還使人與環境之間構成特殊的連繫。我們完全可以這樣認為，人依靠雙手去開拓環境，並在理智的引導下改造環境，進而完成改造世界的使命。

所以，我們應該根據兒童最初的現象，即語言的產生和手的運用，來評估兒童的心理發展水準，來思考他們心理活動的發展水準。我們研究語言的出現，研究手在勞動中的功能性作用，絕對合乎邏輯。

心理的這兩種外部表現，能被人的潛意識認識並給予重視。言語和手的重要性展露無遺，人們通常會把它們看成是人類的獨有特徵。此處所指的是一些與成人的社會生活相關的形式。比如：當一對男女結婚時，他們會攜手「山盟海誓」；男人在訂婚時他也會「承諾未來」，在徵詢女人是否願意嫁給他時，他「握住女人的手」；在宣誓時，男人要舉手宣讀誓詞。在宗教儀式中，手被大量應用，這時它強烈地表現出一種自我意識。彼拉多不願承擔耶穌死亡的責任，所以在大眾場合洗手，既是實實在在地也是象徵性地洗手。做一些最莊嚴的彌撒時，祭壇上的神父總是說：「我將在無罪的臣民中洗手。」這不是指他講話的同時還在用水洗手，因為早在登上祭臺之前，他已經把手清洗乾淨了。

這些例子儘管不同，但全都表明人們在潛意識中將手寓意為內在的「自我」。假如事實真的如此，那麼兒童的手的發展，在各種基本的人類活動中，幾乎能媲美任何東西，更令人驚嘆和更擁有神聖感。

所以，兒童第一次朝外界伸出小手的舉動，我們實在是應該充滿真誠的期待。這是兒童的小手第一次富有智慧的舉動，是兒童進入這個世界的宣言，成人應該由衷讚美這種舉動。

有些成人卻反其道而行之，他們擔心孩子的小手伸出去，接觸一些毫無價值或無關緊要的東西，為了避免兒童接觸這些東西，他們想方設法隱藏這些東西。成人一再提示：「不要碰！」就像他一再重複說：「別動！放老實點！」成人的某種焦慮感潛藏在意識裡，並導致他建築起了一道防線，還呼籲他人的幫助來解決這些問題。他們防範森嚴，如同要與侵犯他們財產和安寧的強盜進行殊死搏鬥一般。

兒童起初的心理發展，需要將某些東西放在能讓他看到和聽到的環境中。大人們必須為兒童提供一些能幫助他工作的東西，為他提供「活動對象」，才能使兒童透過自身的運動和手的活動實現自我的發展。

但是，這些需要卻被兒童的處所忽視了，兒童四周的東西都被成人所擁有和使用。兒童禁止觸摸這些東西，他被告知：「不准碰任何東西」。一旦兒童碰了某些不被允許碰觸的東西，就會輕者受責罵，重者受體罰。順利抓到某個東西的兒童，就如同發現了一塊骨頭的飢餓小狗，趕緊的躲到角落裡狼吞虎嚥，企圖從無營養的物體中尋求營養，還會因為害怕有人突然把骨頭搶走而惶恐不安。

兒童的運動並非偶然事件。他在潛意識的指導下，建立起具有協調性、組織性和目的性的運動。他透過無數次的協調實驗，用他的內在精神使他的表達器官和組織相協調。兒童必須獨立自主，單獨完成自己的行動。當他處在塑造自我的過程中時，運動有一個特有標誌，不只是偶然性的或一時衝動的結果。兒童並非毫無目的地亂跑、亂跳，擺弄東西，甚至把屋子搞得一塌糊塗。他是在從他人的活動中獲取啟示，以此產生建設性的行為。他打算像成人一樣去做事情，模仿成人運用東西或工具。所以，兒童的活動與家庭和社會環境直接相關。

兒童會想方設法去掃地、刷盤子、洗衣服、倒水、洗澡、梳頭、穿衣等，這種天生的活動傾向可稱為「模仿」。舉例來說明，這不同於猴子的模仿行為似的表述很含糊。兒童的這些活動源於一種有智慧的心理模式，先有認識，後有行動，兒童的心理活動支配著他的活動。當兒童打算做一件事時，他事先已經知道為什麼才做它，他很熱切期望自己能去做別人正在做的那件事。

從兒童的語言發展上，我們發現有相同的情況發生。兒童從周圍人們的對話中獲得語言能力。他的記憶力幫他把以前所聽到的詞彙存儲起來，於是，他會根據某個特定的時候，去運用這些詞彙。兒童運用詞彙不像鸚鵡那樣，就語言的模仿性質而言，他們兩者截然不同。這是極其重要的區別。因此，我們了解了兒童和成人之間的關係，這種區別也讓我們更進一步地理解兒童的活動。

兒童對細節的感知能力

有充足的證據顯示，並非像機械分析的心理學家肯定的那樣，說兒童智力的發展是在外界條件的催化下逐漸發展起來的。不幸的是，這些機械分析的心理學家的教育理論和教育實踐長遠地影響著我們，從而也影響到我們對兒童的教育。他們的觀點是：外界的影響是透過進入我們的感官而實施的。然後，這些體驗在人的內心裡扎根，且慢慢融合，變得有條不紊，繼而形成了智力。他們先假設兒童在心理上只能被動反應，任由環境的影響，並推斷出兒童的智商是完全被成人控制的。另一個與之相似的觀點認為，兒童不單在智力上屬於被動反應，並且像一個空瓶子，能夠被隨意灌滿。

透過以往的經驗我們完全可以證實，絕對不能輕視環境對兒童智力發展的重大影響。我們都知道，我們的教育體系實在太重視兒童教育的環境了，還把環境當作教育體系的中心內容。我們比以往的教育體系更大容量、更科學地發展兒童的感知能力，但是我們的思想不同於他們。對於那種認為兒童只是一個被動的人的傳統觀念，我們持有不同觀點。我們更多強調的是兒童的內在敏感性。兒童有一個緩慢發展的敏感期，這個敏感期可一直持續到 5 歲左右，我們還認為有必要培養兒童從環境中汲取經驗的能力。

兒童正處在一個積極探索環境的人生階段，他透過他的感官吸取對周圍的感知，但這並非讓他像鏡子一樣通通接收。一個真正的觀察者是出於自身內在衝動的需要，由感覺或特別的興趣來支配行動，從而有目的地獲取經驗。美國心理學家詹姆斯說過，沒有任何人能感知到一個物體的全貌，這同時表達了這樣一種看法：受個人的侷限，每個人只能看到一個物體的部分狀況。也就是說，一個人在描述物體的時候，往往是根據感覺和興趣去思考的。因此同一物體，人們往往會用不同的方式去描述。詹姆斯為此舉了一個精妙的例子。他說：「如果你穿著一套十分滿意的新衣服，你出門的時候就會特別關心別人是否穿著相同款式的衣服。如果你在川流不息的馬路上這樣搜尋著，那就很可能命喪車輪，特別危險。」

大概我們會問，兒童吸取了海量的外部經驗，那麼，他們選擇某種體驗的特別興趣是什麼？詹姆斯所舉的例子不再可靠，因為這時兒童不會受到外界因素的狹隘影響。兒童從無到有的過程，完全依靠自己的力量不斷向前發展的。這就是兒童真實的理性，敏感期就是圍繞它而進行的。但是這種獲取理性的過程，絕對是自然的和充滿創造性的，它透過環境汲取經驗來獲得力量，如同活潑的生命在漸漸成長。

兒童的理性是生命的原動力和能量源泉。各種經驗隨時被整理排序，服務於理性，兒童用他原始的經驗來完善理性。我們甚至可以肯定，兒童需求獲得經驗的慾望如飢似渴，永不滿足。我們早就知道，兒童會被光線、色彩和聲音強烈地吸引，同時興奮不已。但我們還要指出，這個理性的產生是一個自發性的運動過程，是由內部引發的現象。顯然，兒童的心理狀態值得我們特別關心。

兒童從無到有地發展他的理性，這是人獨有的素養。即使在蹣跚學步時，兒童就已經開始沿著這條道路奮勇前進了。

事情的真實情況比雄辯更有說服力。我回憶起一個感人肺腑的例子：一個僅僅 4 個星期大的嬰兒，從未被帶出過出生的房子。有一次，家裡的保姆抱著這個嬰兒走動時，嬰兒看見與他同住一幢房裡的父親和叔叔，這兩個人身高相差無幾，年紀也相仿。這個嬰兒倍感訝異，從此看到這兩個人就覺得恐懼。

他的父親和叔叔聽說了我們從事的職業，就請我們幫忙消除這個嬰兒的心理障礙。我們建議他們兄弟兩個不要同時出現在嬰兒的視線範圍內，保持距離，一個在右，一個在左。於是嬰兒轉頭去看著其中的一個，凝視一會兒後，突然呵呵地笑起來。但隨後他又突然變得憂慮，馬上轉頭去瞅另一個人，瞅過一會兒後，他也會對著那個人呵呵地笑。他把頭左右扭來扭去，臉上的神情時而擔憂，時而欣慰，直到他終於能分辨出兩個人的樣子。

在這個嬰兒看來，這兩個人曾是同一個男人。他們在不同的場合陪嬰兒玩樂，曾經都把他抱在懷中，對著他喃喃輕語。

這個嬰兒起初還以為，有個男人和他的母親、保姆以及家裡別的女人不同，關鍵是他從未看見兩個男人在一起的樣子，因此突然同時出現的兩個男人令他產生了警惕。他的世界中突然出現一個男人，隨後他又見到另一個相似的男人，這時他意識到了自己所犯的第一個錯誤。雖然他剛剛出生 4 個禮拜左右，但他卻真實地體驗到人類理性的謬誤和可笑。

如果這兩個男人意識不到嬰兒從出生起就存在自己的內心活動，他們對嬰兒的幫助將無從下手。了解嬰兒的內心世界，使嬰兒邁出最艱難的第一步，並開始思考，從而獲得更多的經驗，這一點，至關重要！

我還有年齡大一點童的例子：一個 7 個月大的兒童正坐在地板上擺弄一隻繡著花和孩子圖案的枕頭，並興味盎然地用鼻子嗅枕頭上的花，親吻枕頭上的兒童。突然，一位沒受過正確護理兒童教育的女僕闖了進來，她認為孩子喜歡嗅聞和親吻物品。於是，她趕緊給這個兒童拿來很多東西，催促道：「快聞聞這個！快親親那個！」

糟糕的是，兒童幼小的頭腦受到了干擾。孩子正在形成自己的模式，識別圖像，再把它們存儲在記憶中。他正做的起勁，而且思維平靜，這十分有益於他的理性構建的工作。當他嘗試去獲得一種內部秩序，發展神祕工作的時候，卻被一個魯莽的大人擾亂了。所以，粗蠻的成人干擾兒童的思路或試圖分散他的注意力時，就很有可能為這種艱苦的內部工作設置了阻礙。

在嬉戲時，成人牽住兒童的小手，親吻他，或哄他安心睡覺，卻不關心他那特有的心理進程。如果成人不能意識到這種神祕工作的存在，就可能徹底毀掉兒童最初的心理成長過程，就如同海水沖上了沙灘，並席捲了用泥沙構築的城堡，於是沙灘上堆沙雕的人們不得不重新開始工作。因為無知，成人有可能抑制了兒童的基本慾望。

需要銘記的是，兒童應該得到屬於他的清晰體驗，因為只有擁有這些體驗，使它變得深切，並能將之區分之後，兒童屬於自己的智力才能形成。

某位著名的兒童營養專家曾在自己開設的診所做過一個很有趣的實驗。他所做的實驗使他得出以下結論：在食物方面，也必須充分考慮兒童的個人因素。他發現兒童在一定年齡之前，還沒有一種東西的營養價值能替代母乳。因為同一樣東西，對一個孩子來說是好的，但對另一個孩子也許是壞的。在形式上和理論上，他的診所樹立起一個典範。

他的方法應用在六個月以下的兒童身上會獲得理想的效果，但對六個月以上的兒童卻不頂用。這使人疑惑，因為在這個年齡，相比早期餵養，人工餵養要容易得多。

一些家境貧困的母親無法給自己的孩子餵奶，所以去詢問這位專家怎樣餵養孩子。專家為這些母親開設的門診處，就在他的診所裡。奇怪的是，這些貧困父母的孩子並不像住在診所裡的兒童們那樣，在六個月以後出現營養失調。經過反覆的觀察之後，這位專家終於認識到，一定是心理因素的作用導致這個現象的產生。他開始發現，診所裡六個月以上的兒童，「因為心理不健康而出現厭倦情緒」。他給兒童提供了很多消遣和娛樂活動，代替了讓孩子們在診所裡散步，而是帶著幼兒們到相對新奇的一些地方玩樂，結果就是，這些兒童恢復了健康。

大量的實驗表明：一歲以前的兒童能在他們周圍的環境獲得驚人的深切體驗，他們能從一些圖片中認出所熟悉的環境。但之後我們要更加注意，兒童一旦獲得這種體驗，他們就不再有很強的興趣了。第二年以後，即使是漂亮的物體和鮮豔的色彩，也不能再使兒童激動了。

我們發現，這種欣喜若狂正是敏感期的特徵，但是他們開始對我們忽視的小物體發生興趣了。也就是說，他對不起眼的東西或者我們很少關心的東西有興趣了。

第三章　嬰兒的成長

在一個 15 個月大的小女孩身上，我第一次發現了這種敏感性。我聽到她在花園裡縱聲大笑，對一個小不點來說這有點反常。她走到外面，坐在平臺的磚頭上，似乎全然沉醉在一種發現的愉悅中。

原來，小女孩附近有一個美麗的花壇，烈日下，花壇裡的天竺葵看起來非常豔麗，可是這個小女孩並沒有看花，她的眼睛直盯著地面。但地面上沒有任何值得看的東西，我注意到了兒童的一種難以捉摸的奇特興趣。

我悄悄地靠近她，仔細端詳這些磚頭，卻沒有看到任何有趣的東西。但是這個小女孩卻莊重地對我說：「那裡有一隻會動的小東西。」她伸手指給我看，我發現了一隻跟磚頭一樣顏色、小得差點不被人看到的昆蟲，牠正在飛快地奔跑。原來是一個會動、會跑的小生物使這個小女孩暢懷大笑，她的好奇心在歡快的叫嚷聲中得到了滿足，叫聲大大超過她平時的聲音。這種歡快並不是源於太陽，不是源於花朵，也不是源於那鮮豔的色彩。

另一個類似的故事，一個幾乎也是 15 個月大的小男孩使我深深的記住了他，事情發生的情形和前面的故事相似。他正玩弄著母親收集的許多色彩豔麗的明信片。這些東西似乎勾起了這個小孩的興趣，於是他遞給我看。他用稚嫩的話語對我說：「叭叭」，用此代表「汽車」。由此我明白他在邀請我去看汽車的圖片。

他有很多的圖片，都很漂亮，很明顯，他母親收集這些東西，既是為了哄他高興，同時也在試著用這種方式教育孩子。這些明信片上畫著長頸鹿、獅子、蜜蜂、猴子、鳥等各種不同的動物；還有一些明信片上印著討兒童歡心的家畜，如綿羊、貓、驢子、馬和乳牛等；還有一些明信片則包含著各種景物，如房子、動物和人。令我迷惑的是，在所收集的這些明信片中，我看不到畫有汽車的圖片。

我對這個孩子說：「我沒有看見汽車啊。」當時他看著我，從明信片裡並挑出一張，自豪地說：「在這裡！」在這張明信片中央，明顯可以看到一隻漂亮的獵犬，遠處是一個扛著槍的獵人。在一個角落裡，可以看到一座小屋，以及彎彎曲曲的一條線，似乎是一條路，在這條線上，依稀有個黑點。小男孩指著這黑點說：「叭叭」。這個黑點小得幾乎看不見，但是我明白，這個小黑點的確可以表示一輛汽車。汽車被畫得這樣小，幾乎很難被發現，但是這小小的汽車卻引起了這個小男孩的注意，於是他覺得必須指給我看。

我想，可能這個小男孩還沒有發現其他明信片上那些漂亮實用的圖畫。我選出一張上面畫有長頸鹿的明信片，對他說：「看牠的長脖子。」這個小男孩神情憤怒地說：「長頸鹿。」至此，我再也沒有繼續說下去的勇氣了。

可以這樣說，在兒童兩歲時，在幾個階段裡，他的天性會漸漸引導智力，直到他能充分理解周圍環境中的東西，這種活動才會暫時告停。

我還有一些親身體驗過的例子。我曾引導一個差不多 20 個月大的小男孩看一本設計得很精緻的關於成人題材的書。這是由多雷配插圖的《新約全書》（*The New Testament*）。書裡複製了一些名畫，其中一幅畫是拉斐爾的《主的榮光》，上面畫著耶穌召喚小孩到他身邊去的畫面。在我的建議下，這個小朋友看完了這幅畫，隨後我向他解釋：「耶穌的懷裡抱著一個小孩。所有的小孩都將頭靠著耶穌，這些小孩都在仰視他，他愛他們。」

這個孩子的臉上沒有顯示出丁點的興趣。這時，他扭動著自己的身體，好像在說我才不管他。我開始翻書，搜尋另一幅圖畫。突然，這個小男孩說：「他在睡覺。」

對這個小男孩的話，我一頭霧水，問：「誰在睡覺？」

這個小男孩響亮地回道：「是耶穌！耶穌在睡覺。」他示意我把書翻回去。我再次注視這幅畫，畫面上的耶穌基督正站在高處俯視兒童。他的頭低垂，看起來真像在睡覺。這個小男孩注意到的細節讓人慚愧不已，成人可能從未注意到！

我繼續解釋這些圖畫。當講到一幅畫有基督顯聖的圖畫時，我說：「看啊，耶穌升天了，人們的表情充滿驚恐。你看這個小男孩轉動著眼睛，這個婦女伸出了手臂，這不正是這個意思嗎？」我意識到選的圖畫並不合適於兒童，我的解釋對兒童毫無吸引力。可是有趣的是，我發現了對這樣一幅複雜的圖畫，兒童和成人所產生的不同反應。

這個小男孩只是輕輕地嘟一嘟嘴，好像在說：「嗯，往下翻好了。」他的小臉上也並未顯示出有絲毫的興趣。

我繼續往後翻書，看到他抓住脖子上掛著的類似兔子的小飾品，然後他叫道：「小兔子！」我估計，他被這個兔形的小飾品吸引住了。突然，他又示意我把書翻回去。我順從他的意見並把書翻回去，驚訝地發現，在《主的榮光》畫的一側還真畫著一隻小兔子。我卻沒留神這一點。

很明顯，兒童和成人具有兩種不同的觀察視野，這反映出程度的加深範圍由小慢慢擴大。成人總想給三四歲的兒童看一些普通得不能再普通的東西，以為他們從前沒有看見過什麼東西。這種做法無異於一個人認為另一個人耳聾，於是大聲說話一樣。在你做過巨大努力，使那人聽到後，他卻對你抗議：「我又不是聾子！」

成人常常自以為是，以為兒童只對色彩鮮豔的、轟隆作響的東西感興趣。強烈的刺激物，如歌聲、鐘鳴、飄揚在空中的旗幟、炫目的燈光等，這些看似強烈的吸引是外在的，會轉瞬即逝，並不能給兒童的注意力帶來多少好處。我們可以將這種行為方式和我們的行為方式進行比較。假設我們正在饒有興致地讀書，卻被沿街奏樂的管樂隊的響聲吸引了，於是停止讀書，來到窗前，看看究竟發生了什麼事情。見到一些人的這種行為，卻很少被認為是成人容易被響亮的聲音強烈吸引。可是，我們卻很輕易地去推斷兒童，認為一種外部的強烈刺激能夠吸引兒童的注意，這只不過是一種附帶產生的結果，與兒童心理活動的發展連繫不大。

那些被我們忽視的小東西，卻被兒童全身心地凝視，這一現象可以證明兒童心理活動的存在。不是說這些小東西給兒童留下了深刻的印象他們才有這種反映，只是因為他被小東西吸引，並在聚精會神地看著它的同時，顯示出了「愛與智慧」。

對成人來說，兒童的心靈是一個晦澀難懂的謎。這個謎所以令成人困惑，全然是因為他們只看表面現象，並沒有從它的內在心理活動作分析。

我們必須考慮到，在兒童活動的背後，潛伏著一種容易理解的原因。要不然，他就不會無原因，無目的地做任何事情。我們經常認為兒童所有的反應只是一時興起才產生，但興趣不也包含著一些東西嗎？這是一個亟待被解決的重要問題，一個必須發現的謎底。尋找謎底的過程充滿困難卻又十分有趣。成人必須以一種新的態度對待兒童，放棄自己的傲慢，才能發現這些謎底。成人必須做一個學習者，而不是一個專橫獨斷的領導者或偏執狹隘的心理仲裁者。但是，在與兒童的關係上，成人以領導者或仲裁者身分出現的情況屢見不鮮。

我突然想起在一間畫室的角落裡，與一群婦女討論關於兒童書籍的事來。我看見一個一歲半大的小男孩，他安靜地在我們身旁玩樂。我們先從理論談起，隨後轉到更為具體的事情上面去，理所當然地就談到了有關幼兒的書籍。

這時，那位小男孩的母親說：「我有一本名叫《小黑人薩莫》的書。薩莫是個小黑人，在他生日當天，父母送給他很多禮物：帽子、鞋子、長統襪和漂亮的外衣。在薩莫的父母為他準備豐盛的飯菜時，薩莫悄悄地跑出了家門，急切地炫耀他收到的禮物去了。在街上，他遇見了許多動物，他想向牠們表示安撫，就送給每個動物一樣東西：帽子送給了長頸鹿，鞋子送給了老虎……最後，他一無所有，哭著回了家。書的最後一幅畫是薩莫面前擺著豐盛的飯菜，他的父母原諒了他，所以，這個故事的結局是快樂的。」

這位母親提議其他人也看看這本書，這時，小男孩插嘴說：「不，Lola。」所有的人都驚訝了，都在想這也許就是一個童年的謎。這個小男孩反覆不斷地說：「不，Lola」，這令人難以理解。

他的母親繼續說：「曾經看護過他幾天的一個保姆的名字就叫Lola。」這時，小男孩開始哭泣，大叫著「Lola」，情緒似乎非常糟糕。

最後，有個人把書遞給他看，小男孩指著封面背後的最後一幅畫——這幅畫上面的可憐小黑人正在哭泣。這時我們才清楚，他所說的「Lo－la」，是

「llora」西班牙語的意思是他在哭，只是他發音錯了。

小男孩哭訴的理由是這樣的：這本書的結局其實並不快樂，封底那幅畫上的小黑人薩莫正在哭泣。無疑，這個小男孩是正確的，但這明顯被所有人忽視了。因此，當他母親說「故事的結尾是快樂的」時，小男孩表示了抗議。他明明記得書的結尾是薩莫正在哭啊。

相比他的母親，這個小男孩更仔細地閱讀了這本書。雖然他對這些婦女的談話不能完全懂得，甚至還不能確切地表達一句簡單的話，但他顯示出來的觀察力著實讓人驚訝。

兒童與成人的個性在性質上截然不同。因為成人知道選擇，兒童則不能，反倒認為成人似乎有點無知。一個細心的兒童看成人，一定會帶著些許輕蔑。由於我們對細節缺乏興趣，兒童會認為我們遲鈍和麻木。如果兒童可以表達自己的看法，肯定會說出自己對成人的莫大懷疑，正如我們難以信任他那樣。兒童和成人的思維方式存在區別，不能相互理解，所以就會產生問題。

兒童對外部秩序的熱愛和認知

兒童通常是看過外面世界秩序之後才了解他外面的環境，之後才明白自身和外部環境的關係。

熱愛秩序，是幼兒的一個特點。一歲半或兩歲的兒童能夠確切地指出一些東西。值得人們注意的是，可能在更早時候，孩子們就掌握了這種能力，遺憾的是大人們沒有及時引導他們對外部環境秩序的需求。

一個優秀的家庭主婦對秩序的熱愛與兒童對秩序的熱愛是不能相提並論的。家庭主婦宣揚：「我愛我家，我愛整潔的家。」她只是口頭上說說而已，但是孩子卻是真的討厭生活在混亂的環境裡。混亂的環境只會讓孩子心煩氣躁。於是他用絕望的叫喊來表達自己的痛苦，更最嚴重的就是由此急出病來。

嬰兒比大孩子甚至成人更加敏感，更容易覺察到周圍環境的混亂。他的敏感性顯然受到外部環境的影響，因為隨著年齡的增長他的敏感度越差，甚至是消失。生物在其成長過程中的敏感性會週期性的出現，我們稱這種現象為「敏感期」。這個時期充滿神祕，也極其重要。

意外的是，人們認定，孩子們考慮到外部秩序的敏感期是雜亂無章的。產生這種矛盾的原因是：這個環境不只屬於他自己，所以小孩子無法弄懂他在這個環境中的位置；而同一環境裡，強大有力的教師不但不能給予他理解，反而覺得他任性。小孩子毫無理由的大呼小叫，不理會人們的安撫，這種情形經常出現在我們的視線裡。我們不難看出，部分大人不能知曉的祕密，其實就藏在小孩子的心裡。

我們是得給大人一些指導建議了。要不然，他怎麼能及早發現小孩心裡的祕密，察覺孩子是如何用心展現這些祕密呢？

在學校裡，如果我們用過什麼東西沒放回原處，剛兩歲的小孩看到了，都會將它放回原處。學校裡，要盡可能地清理掉不必要的東西，這樣有利於培養小孩愛整潔的習慣。只有在自由中，兒童才會更殷切地嚮往秩序。

在舊金山博覽會的中心大廳，展出了我們學校的圖片。在圖片上，人們看到這樣的景象：放學後，一個兩歲的小孩把所有的椅子整齊地放在牆壁一側。看上去，他是帶著思考完成這些工作的。那天，他對一把靠著的大椅子束手無策，於是他開動了腦筋，將這把大椅子放在平常擺放的位置，這個位置離其他椅子很近。

還有一個故事是：一個約 4 歲大的孩子從甲容器向乙容器倒水時，不小心把一些水灑在了地上，但他自己全然不知道。接下來，有趣的事發生了，一個比他還小的孩子坐在地板上，手拿抹布試圖擦乾灑在地板上的水，4 歲的孩子對此還是沒有覺察到。他停止倒水的時候，坐在地板上的小孩問他：「還有嗎？」4 歲大的那個孩子被問得莫名其妙，甚至吃驚地說：「還有什麼？」

如果環境不匹配，小孩子發現無法表達心中確切的想法，這些神奇的事情就會變得無從解釋，毫無價值，從而令小孩子感覺痛苦。

對孩子的要求給予滿足，你才能發現小孩的這種剛剛顯露的敏感性，這種徵兆被人們肯定是孩子心情愉快的反應。在孩子出生後的頭幾個月，他對秩序的敏感期就出現了。因此大人有必要學點幼兒心理學。一些受過訓練的保姆，知道怎樣按我們的要求去做事情。這些，他們有活生生的例子。

我知道這樣一個例子：一位保姆天天推著一輛嬰兒推車，嬰兒推車裡坐著一個 5 個月大的嬰兒，他們慢慢地從房前的花園裡走過。這個小孩子看見什麼東西會顯得很有興致呢？居然是一塊鑲嵌在灰濛濛的老牆上的白色大理石碑！美麗的花朵開滿園，但是讓嬰兒推車裡的小女孩興致十足的卻是他們走到大理石碑附近的時候。於是，聰明的保姆天天都會讓嬰兒推車在大理石碑前逗留一陣子，她估計讓剛出生不久的小孩得到長久快樂的東西就是大理石碑了。

我們也會感覺到，小孩的挫敗感能清楚地顯示他們的秩序敏感期現象。小孩子時不時得發脾氣，也許多數是因為他們的敏感性引發的。事例是鮮明生動的，我正好能找到許多現實生活中真實的例子。

這件事發生在一個小家庭裡：主角是個才出生幾個月的嬰兒，他總是躺在一張有些傾斜的大床上，這非常方便於他俯視四周。他的房間嚴格按照生理科學原理設計，有一個專門用來盥洗的保育室。房間不像普通房間一樣刷成白色，窗戶的玻璃是彩色的，房間內擺設著一些小家具，一張鋪著黃色桌布的桌子上擺放著鮮花。

那天，有個來她家裡做客的女人，順手把自己的雨傘放在了那張桌子上。小女孩看到雨傘後就開始哭鬧，估計是這把雨傘讓她煩惱、難過了。大人不清楚孩子的想法，還以為是小女孩喜歡這把傘，可是當客人把傘放在她面前時，她卻推開傘，不肯接受它。客人無奈地把傘放回到桌上。

保姆把小女孩抱起來放在桌上，靠近那把傘，但小女孩還是哭鬧不休，掙扎扭動。孩子的母親知道一些小孩子早期的心理預兆，於是她走過來，拿起桌上的傘，並把它帶出了房間。小女孩馬上變得安靜，再也不哭鬧了。

原來，是傘放錯了地方令她煩惱，因為這嚴重地背離了小女孩房間平日的秩序，而這一切的擺放秩序她記得一清二楚。

另一個孩子的事例：一天，我和一群遊客經過那不勒斯（Naples）的尼祿洞穴（Nero Cave），遊客中有位年輕的母親想帶她的孩子走完地下洞穴。但這個孩子太小，大約一歲半，無法自己走完全程。一小會兒之後，小孩子就走不動了，母親只好抱著他走，但她也力不從心。她燥熱難當，於是脫掉外衣，搭放在她的手臂上。她懷裡的孩子卻有了心理障礙，哭起來了，而且越哭越厲害。這位母親想盡辦法使他安靜，卻徒勞無功。這位母親太年輕，又倍感疲憊，因此十分苦惱。

人們見到這種情形，都很想給予她真誠的幫助。年輕的母親試圖透過換手臂抱小孩讓他停止哭鬧，小孩還是哭鬧不休。熱心的大人說話哄他，甚至怒斥他，都無濟於事。

小孩的母親認為，抱抱他應該就可以解決問題了。不過改變抱的姿勢似乎也不管用，因為小孩正在「大發雷霆」。這時一個旅伴伸出了援助之手來說：「我來試試就好了。」他用自己強壯的手臂穩穩地抱著小孩，神情嚴肅。可是小孩絲毫不領情，反而哭鬧得更凶了。

我覺得，這個小孩的反應一定跟幼年期的祕密有關。於是，我自信十足地走上前，對孩子的母親說：「我幫你穿上外套，好嗎？」熱得透不過氣的孩子母親驚訝地看著我，迷糊糊地聽從了我的建議，穿好她的外衣。

太神奇了，小孩馬上停止了哭鬧，變得安靜祥和。他說：「媽媽，穿外套。」他的意思似乎是：「媽媽，無論如何都要穿上外套。」也許是感覺到大家終於肯定了自己的存在，緊急事件結束得非常平靜，小朋友把手伸向母親，開心地笑著。

原來，這位年輕母親身上的混亂、失去秩序的形象，給孩子造成了障礙。必須得把外套穿在身上，而不應該像一塊布片一樣搭在手臂上。

我親眼見過另一家人發生的事情，讓我倍受啟發：這個母親痛苦地躺在保姆放有兩只靠墊的沙發上，因為那時的她身體不舒服。這時候，她剛出生 21 個月的女兒，來到她身邊，想聽她講故事。母親怎麼可以拒絕給孩子講故事呢？儘管這位母親身體很難受，可還是打起精神，準備講故事。小女孩聽得非常入神。但是她實在無法繼續再把故事講下去了，不得不讓保姆扶她到隔壁房間休息。

這時，留在沙發邊的小女孩哭了，大家都覺得小女孩哭泣肯定是因為生病的母親而受驚和難過，於是都去極力安慰她。這時，保姆試圖把放在沙發上的兩個靠墊拿到隔壁的房間。突然，小女孩尖叫起來：「不許拿靠墊，不許拿靠墊。」她似乎在強調：「無論如何，不能把靠墊從它的位置上拿走！」

保姆耐著性子哄著小女孩，把她帶到她母親的沙發邊。儘管這位母親生病了，為了安慰自己的孩子，仍然強自振作繼續講故事。但這個小女孩卻沒有停止哭泣的意思，含著眼淚說：「媽媽，看沙發，看沙發。」此時的小女孩已不再對故事感興趣。小女孩的母親及靠墊都換過地方，在不同的房間裡講同一個故事，使小女孩的心裡發生了戲劇性的強烈衝突。

這些例子全都展現了孩子對秩序的強烈渴望，同樣，兒童的早熟程度也一樣使人訝異。就算一個兩歲的兒童都會主動地維持秩序。

我們可以看到，在現實生活中，學校裡有件十分有趣的事情：假如我們把東西放錯了地方，看到這種情形的小孩就會把這個東西拿起來放到先前指定的地方。成人和更大一點的孩子都注意不到的細枝末節，他卻會注意到。打個比方說，如果有人把一塊肥皂放在臉盆架上卻沒有放在肥皂盒，或是把椅子放得東倒西歪，並未放在原來的地方。小孩子看到了，會很自然地跑過去，把它重新放好。東西擺放得亂糟糟，好像會刺激孩子的神經，使他不安，僅此而已。孩子的一大快樂就是把東西擺放整齊。在我們學校，一些三四歲的小孩會在完成練習或完成工作後把所用物品放回到指定地方，毫無疑問，他們是自覺自願地完成任務。

以小孩子的想法看，秩序就是把東西放在指定的地方。當小孩對那些用品在自己的環境中所應擺放的位置有認知，並記清楚它們的位置時，孩子的秩序就產生了。這也意味著他將會熟練適應自己的環境。我們多希望自己處在這樣的環境啊，那樣，我們就能閉著眼睛四處走動，觸手可及自己所需的東西。想過平靜和快樂的生活，這樣的環境是必不可少的。

顯然，對秩序的熱愛，兒童遠勝於成人，這在那個年齡階段是必須的。小孩子認為秩序的混亂令人痛苦，這是對心靈的深刻傷害。我似乎聽見小孩子說：「沒有秩序，我就無法生活，請把我們的需要放在心上。」對小孩子來說，這個問題甚至關乎生死。但對大人而言，這不過是一個關乎快樂或舒適的小問題。小孩們極盡所能去了解環境的各個組成部分，並依據自己確立的原則去行動。

大自然是無情的，它總是按照一種亙古不變的原則來運行，生老病死是它的準則。對小孩子而言，秩序就猶如動物漫步在大地，魚兒遨遊在大海，小孩子需要在一個環境中獲取相關規則，進而在這個環境中得到更高的發展，這極其必要的。

小孩子在遊戲中早就表現出這種對秩序的熱愛。瑞士心理學家皮郭教授將日內瓦的克拉帕雷德教授的理論作為參照，對自己的孩子做了一些非常有趣實驗。

皮郭在一把扶手椅子的坐墊下面藏些東西，接著，讓他的孩子走出房間。隨後，他將這些東西轉移到這把椅子對面的扶手椅的坐墊下邊。皮郭教授希望他的孩子回到房間後，首先會到第一把扶手椅的坐墊下邊找東西，如果找不到，肯定會到對面那把扶手椅的坐墊下邊去找它們。

可是，他的孩子在第一把扶手椅的坐墊下找完了，就撒嬌說：「找不著。」孩子沒想過要到其他地方繼續尋找它們。皮郭教授將實驗重做了一次，刻意讓孩子見證他從第一把扶手椅的坐墊下取出東西，再轉移到另一把扶手椅的坐墊下面。令人困惑的是，還是像以前那樣，孩子再次找了一遍，依舊答覆：「找不著」。皮郭教授知道了：他的兒子腦瓜不太好使，他幾乎失去耐心了，再次翻開第二把扶手椅的坐墊，說：「我把東西放在這裡，你沒有看見嗎？」小孩答道：「我看到了。」然後，指著第一張椅子說：「但它不是應該在這裡嗎。」

這個兒童根本就不想尋找什麼，因為他認為就算看到了這個東西，跟自己也毫無瓜葛。他最關心的事是這個東西應該被放回原處，同時她認為是自己的父親不遵守遊戲規則。僅僅是把一個東西轉移到別的地方，然後又把它放同它原處，這種遊戲豈非太簡單了嗎？他父親所說的「藏起來」就是這個意思，把東西藏在坐墊下面就覺得是藏在看不見的地方；孩子則在想，東西沒有被放回原處，這個遊戲豈不是很乏味？

當我開始和一些兩三歲的小孩子一起玩捉迷藏的時候，我也覺得驚奇。玩這種遊戲時，孩子們常常很興奮，樂不可支，並充滿了希望。

遊戲是這樣開始的：有個孩子當著其他孩子的面，藏到鋪著長桌布的桌子底下，然後，其他孩子走出房間，當他們再次回到房間時，立刻將桌布掀起。這時，看到藏在桌子下面的同伴，他們就高興地直尖叫。孩子們反覆地做著這個遊戲。他們有次序地輪流說：「該到我藏起來了。」接著爬到桌子下面去。

另外有一次，我見到幾個大一點的孩子和一個很小的孩子一起玩捉迷藏。大一點的孩子知道小孩子藏在一件家具後邊，可是在他們進來時，卻裝出根本不知道。他們假模假樣地搜尋了整個房間裡的所有角落，唯獨不往這件家具後面尋找，他們覺得這樣會讓小孩子覺得更有趣。但是小孩子卻大聲叫嚷：「我在這裡呀！」神情之間很是生氣，他嚷著：「我在這裡，怎麼你們看不到嗎？」

有一天，我特意和他們一起遊戲。幼兒們高興地歡呼，熱烈地鼓掌，因為他們找到了一個藏在門背後的夥伴。他們圍繞著我，熱切地請求說：「我們一起做遊戲吧，請你藏起來。」在我接受邀請之後，他們就都跑到門外面，似乎他們能夠看見我藏身的地方，是件很不光彩的事情。我藏在櫃子的後面，並沒有藏在門後。幼兒們進來後，都跑到門背後找我。我藏了沒多久，發現他們找不到我，於是我從藏身的地方走出來。對於我的突然出現，他們既失望，又迷惑。他們責怪道：「你幹麼不和我們玩？你為什麼不藏起來？」

如果快樂真的成為遊戲的目的，我們就應該了解某個年齡的小孩子以他們在自己指定的地方找到那些東西為快樂。他們覺得把一些東西藏起來就應該是認為這是看不見的。再次發現這些東西意味著一種和諧的秩序感，不管是否看到，東西應該被放在原本放好的地方。他們會自顧自地說：「你肯定不會看到它，只有我知道它在哪裡，就是閉上眼睛我也能把它找到，因為我確定它被放置的地方。」

對秩序的內在敏感性，是自然界賦予小孩子的天賦，這種天性透過自我感覺而形成。這種感覺是對不同物體之間的關係的認識和區分，並非物體本身。因此，小孩擁有看到一個整體環境的能力，並認識到在環境的各個部分是相輔相成不可分離的。只有這樣的環境孩子們才能適應，他們的行動才更具目的性，所以他們非常需要這樣的一個整體環境。只有以此為基礎，兒童才能掌握到組成環境的各部分之間的關係。如果孩子們接觸的周圍環境不是按照秩序組織起來的，則失去了存在的價值。他們會覺得這跟只有家具卻沒有建好放家具的房子一樣。

如果人們只知道區別不同的個體，卻對它們的連繫一無所知，他將面對尷尬：自己處於一種混亂之中，無法擺脫。顯然，兒童具有的工作本能是自然界給予的一件禮物，這幫助他在適應環境的同時在環境中挖掘適合自己的生活方式。

自然界為孩子對秩序的敏感期裡的上了第一堂課，自然界在第一堂課給人們配備好了指南針，以便他在世界尋找方向。同時，自然界還賦予小孩子正確使用語言的技能，而孩子在逐漸長大的同時，語言也得到更大的發展。在敏感期裡打下基礎後，人的心理演化才逐漸發展起來，絕非一蹴而就。

兒童對內部秩序的特殊敏感性

兒童具有內、外部兩種秩序感。外部秩序感是兒童體驗到的他與周遭環境的關係；內部秩序感是兒童認識到的自己身體的各部分和它們之間相對的位置，後者我們將其稱為「內部秩序」。

一些實驗心理學家對內部秩序做了長期的研究。他們認為這存在一種「肌覺」，它使人們能夠意識到自己身體各部分所在的不同位置。這種「肌覺」借助一種特殊的記憶，不妨稱其為「肌肉記憶功能」。這種機械的解釋完全是基於意識活動的經驗得出的。比方說，如果我們伸手拿到了某個東西，這個動作就能夠被感知，還能被存儲在我們的記憶中，並且能夠重現。因為人們具有應用自如的經驗，所以我們能任意活動自己的手臂，朝著不同方向轉動。

但是相關的兒童的實際情況證明，早在他能自由地四處走動和具有任何經驗之前，他已經經歷了涉及身體的各種姿勢的高度敏感期。可以說，自然早就賜予了兒童與他的身體的各種姿勢和位置有關的特殊敏感性。

那些以神經系統機制為基礎的理論，敏感期卻與心理活動息息相關。而意識活動發展的基礎，是敏銳的觀察力和心理衝動，它們是一些基本原則自發產生的源泉。同時，這些基本原則組成心理發展的基本因素，於是，順理成章地為心理發展所需的潛意識和經驗提供了基礎。

我們可以找到一個反面例證，小孩子周圍環境對這種創造性的發展造成的阻礙，恰恰可以證明這種敏感期的存在和它與生俱來的敏感性。當這種情況發生時，兒童會變得特別不耐煩，就如同一種疾病到來的先兆。如果這種不良狀況繼續下去的話，就可能使治癒這種疾病的嘗試變得困難。其實很簡單，一旦障礙被排除，脾氣沒了，疾病自然好了，這不是很清楚地揭露了發生這種反常狀況的根源嗎？

一位英國保姆跟我說過一個好玩的例子。因為她要暫時離開她為其工作的那一家人，她找到了一位能幹的替代者。這位替代者對這份工作有些疏忽，她在照料小孩洗澡時遇到了麻煩。只要她開始幫這個小孩洗澡，小孩就會煩躁和絕望地哭喊，而且試圖遠離替代保姆，把她推開，逃離她的樣子。這位替代保姆想盡了一切辦法，但這個小孩就是厭惡她。後來那位英國保姆回來了，這個孩子立刻就安靜自在地洗澡了。

這位英國保姆從前在我們的一所學校裡受到過相關訓練，知道兒童產生厭惡心理的原因正是她的興趣，所以對已發生的這個現象她很容易明白其中緣由。對於幼兒所說的那種不清楚地語言，她有很大的耐性去解讀。這個小孩把第二個保姆當成了壞人，這又是什麼原因呢？因為幫他洗澡的新保姆是用完全相反的程序做的。於是這兩位保姆就比較了她們給小孩洗澡的方式：第一位保姆用右手給孩子洗頭，用左手給孩子洗腳；第二位保姆的動作恰好相反。

我想起了另一個情況更加糟糕的例子，它似乎預示著一種不能確診的疾病。我不是像醫生一樣直接參與的，只是出於偶然目睹了事情的發生。案例中，一個還不到一歲半的小孩和家人進行一次長途旅遊，他們都覺得小孩太年幼，所以不能忍受長途跋涉的疲勞。但是孩子的母親發現，一路上他們安然無事，旅途非常順利。每個晚上他們都睡在高級賓館裡，裡面有現成的欄杆保護的幼兒床，還特意為小孩子準備了可口的食品。

回家後，他們住在一個空曠、家具很簡單的公寓房間裡。因為沒有欄杆保護的幼兒床，母親帶著小孩睡在一張大床上。從此，小孩開始生病，最初的症狀是晚上失眠和反胃。一到晚上，母親就得把這個小孩抱在懷裡安撫她。像是因為胃痛，他不停的哭泣。

家人請來兒科醫生幫小孩檢查身體，還幫小孩買了一堆好吃的，帶他做日光浴，散步等等，但是這些措施都無濟於事。於是，夜晚成了全家最痛苦的時候，甚至，有時這個小孩會清醒起來，可憐地抽搐著，還在床上打著滾。每天這種情況要發生兩三次。因為年紀太小，小孩無法說出自己的煩惱，所以大家都意識到對他來說是最難以解決的煩惱。

萬般無奈之下，他的家人邀請了一位著名的兒童精神病專家幫他診治。當時我恰好也參與其中。

這個小孩看上去並無大礙，他父母說孩子即使在漫長的旅途中身體都十分健康，怎麼回到家就病了呢？很明顯，他的變化和精神失調有莫大的關係。

看著小孩躺在床上忍受病痛和苦惱，我突然來了靈感。我將兩個枕頭平行鋪開，使它們的邊角垂直，就像一張圍著欄杆的幼兒床的樣子。隨後，我為他蓋上被子和毯子，悄無聲息地把這張臨時湊成的幼兒床緊靠在小孩的床角。小朋友看見了，立馬停止了哭叫，打著滾兒，滾到床沿邊上，躺在裡面，並尖叫著：「咖亞，咖亞，咖亞！」是小孩子用以表示「搖籃」的詞語。不一會兒，孩子就入睡了。此後，他的病症再沒有重現過。

顯然，睡到大床上的這個小孩失去了在幼兒床圍欄中的那種安全感。這種感覺的缺失導致了他內部秩序的混亂和內心痛苦的衝突。這個小孩討厭成人把他從睡慣的床挪動到一張沒有圍欄的大床上，於是採用了他的獨特方法，表示對惹人厭煩的混亂的抗議。這個例子證實了精神的力量在敏感期內所具有的天然的創造力。

小孩子和我們的秩序感有很大差別。經驗使我們愚蠢麻木，一無所有的兒童卻在獲得感知印象的貧乏期中，感到了創造的艱辛。在他們心目中我們如同他的繼承人，彷彿靠艱苦勞動發家的人的兒子，我們毫不顧及他所承受的勞動艱辛。我們冷漠且遲鈍，因為我們對已經擁有的社會地位和擁有的一切很滿足。意識到這些，我們就可以充分利用兒童給我們的啟示了。

兒童的優勢是被日益磨練的意志和日漸發達的肌肉。今天我們之所以能適應這個世界，和兒童期培養的敏感性有密切關係的。正因為我們是兒童的繼承人，我們的生活才會豐富多彩。開始時，兒童一無所有，但卻是兒童使我們能夠創造未來的生活。從無到有，到絢爛多姿的未來，兒童付出了巨大的努力。

孩子們在靠近生命的源泉，大膽的開創。然而，令人惋惜的是，我們常常無法感覺到他們的創造方式，而且無法重拾。

心靈器官尤需母愛的呵護

要想更多了解心靈和智慧的祕密，我們最好研究一下生產前胎兒的活動。

近來生物學研究有一種新趨勢，過去我們研究動、植物，採樣大部分來自成熟個體，社會科學對於人類的研究也是如此。現在，反其道而行之的科學家們則針對幼小的或初始生命進行採樣研究。於是，胚胎學開始倍受重視，它讓我們知道受精卵是兩個成人的細胞結合後的產物。

孩子的生命源於成人，同時也結束於成年，生命的旅程就是這樣。

對幼小的生命，造物主提供了特別的呵護，在愛的氛圍中，孩子來到這個世界。他們是父母愛的結晶，出生後又享受著父母愛的包圍。這種愛並非出自人工，也不是因為理性的考慮，與慈善家、傳道士或社會活動家所提倡的愛不同，它是一種自然而然的情感。只有孩子在成長中所經歷的，一種無私、無怨無悔地奉獻的愛，才是人類愛的理想境界。父母為孩子付出源於他們的天性，付出越多他們就越高興。

事實上，對為人父母的來說，這種付出等同於一種收穫，生命的本性就是這樣。這種生命的相互關係遠比「適者生存」的競爭關係高尚，是一種特殊的本能。所以，法國生物學家法布爾在解釋物種延續的原因時指出：這不單單因為它們具有天賦的自衛能力，更基於它們具有的偉大母性，低等動物在保護脆弱的下一代時所展露的智慧就證實了這一點。

在 19 世紀，科學家一度認為人的每個胚胎細胞內都具有微小的人形，並在逐漸成長。圍繞這個「迷你小人」到底是男是女的問題，他們甚至還展開了激烈的爭論。直至顯微鏡的發明，才讓專家們對這方面的研究有了更大的進展。最後，他們不得不無奈地接受一個事實：胚胎內沒有先天存在人的雛形，而是由受精卵一分為二，再由二分裂四，經過不停歇的分裂繁殖，最終形成了人的胚胎。截至目前，胚胎學的研究結論是：就像建造一棟房屋事先必須先累積許多磚塊一樣，當細胞分裂到一定數量時，就構築起三道牆，繼而開始在牆內構築器官。

這是一種非常特別的器官構築方式。它起始於一個細胞，然後圍繞著這個細胞進行瘋狂、快速的分裂，當這種激烈的活動停止時就產生了身體器官。

發現這種現象的科學家解釋說，每個細胞起初都是獨立發展的，就好像它們各有各的目的。但當它們聚集活動時，就會圍繞著一個中心，看上去非常團結，又似乎充滿幻想。它們不斷地變化，與周圍其他的細胞日漸迥異，逐漸呈現出即將成型的器官。當不同的器官次第形成時，一種力量出現了，並使它們相互吸引和結合，讓它們互相依存，互不分離。就在這時，胎兒誕生了。最開始是循環系統把全身的器官連繫起來，再就是神經系統把它們更完美地連結。這裡所顯示的構築過程全部始於一個基點，由這個點出發，實現每個器官的創造工作。各個器官一經形成，必然緊密地結合在一起，從而顯現出獨立的生命體。一切高等動物都遵循自然界中的這一僅有的原則構築器官。

人類的心靈好像也是遵循這樣的路徑發展的。它開始於虛無，在新生兒內部，其實就是在他的心理層面，起初並無任何現成的東西。靈魂圍繞著一個基點出現，此前，新生兒的身體同樣在不斷地蒐集材料，然後被心智吸收。當這些材料累積到某種程度，就產生了許多基點，其激烈的程度令人難以想像，語言功能的產生就是一例。由基點所獲得的是心靈活動所需要的器官，而非心靈的發展。

同樣道理，心靈器官也是彼此獨立發展的，關於說話、肢體動作、辨別方向及其他協調運動的能力也全都如此，它們都圍繞著某種方向發展，吸引著孩子對某類活動的注意力。當所有的器官全部具備，它們就會結合起來組成心靈的各個部分。

假如我們不了解這個過程及其發生順序，我們就無法明白孩子的心靈是怎樣構築的。有人會說，從前的人不懂這些，不也一樣養育出健康的後代。但我要提醒眾人，在我們現在生活的時代，大自然賦予母親的本能被極大地壓抑，甚至是消失。

以前，母親可以依靠本能幫助孩子在嬰幼時期發展，走到哪裡都帶著孩子，隨時為孩子的成長創造所需環境，並且時刻用母愛保護著他。而如今，媽媽們已經喪失了這種本能，人性也趨於退化。所以，研究母性的本能和研究孩子的自然發展一樣至關緊要，因為它們是相輔相成的。

我們必須讓母愛回歸自然。

事實上，它原本就是一種大自然的力量，科學家們應該對這件事加以重視，最好協助這些母親恢復她們喪失已久的本能。我們還要將這些知識教給母親們學會，讓她們在孩子一出生就給孩子以心靈上的呵護，根本不用把嬰兒交給受過訓練的護士，儘管那種護理十分周到、衛生，但那只是在表面上滿足孩子的生理需要。

事實是，過度依賴護士護理的孩子，很容易會受困於心靈的匱乏。荷蘭某地就曾發生過一件令人震驚的事：有一個機構試圖教育低收入的母親對孩子實行衛生保健計畫。他們將一些失去雙親的孩子安置在極為完善的，配備著科學管理的地方，那裡的食物營養豐富，照顧這些孩子的護士全都受過最新的觀念訓練。但不久卻爆發了大範圍疾病，致使很多孩子死亡。相反，那些由低收入父母照顧的孩子卻沒有生病，比起那些被照顧得完善的孩子，他們更加健康。慶幸的是，該機構的醫生發現了疾病的產生源於他們缺乏某種條件，他們迅速做了補救。於是護士們開始學著像對待自己的孩子那樣，常常親吻孩子，與他們嬉戲。這些原本對照顧嬰兒一無所知的護士媽媽，由發自內心的愛所引導，配合

科學的養育方法，終於讓這些孩子恢復了昔日的笑容與健康。

關心兒童的精神世界

出生後的嬰兒，首先會經歷一段精神發育過程。這完全不同於他們在胚胎裡的成形過程，當然，也有不同於後來要體驗的生活。初生嬰兒的出生只是在肉體方面，而精神方面還處在「形成期」，所以我們將他們稱為「精神的胚胎」。

從某種程度上而言，人類需要經過兩個胚胎期：一個是在出生以前，這和所有動物相同；另一個在出生之後，其實就是上面所說的「精神胚胎」期，這是人類特有的，其他生命都不具備這種能力。

人類有別於各種生物的原因是，各個物種之間存在著差異，一個物種之所以存在，是因為不同於其他物種。一個新物種會繼承同類物種的基本特性，肯定也會具有舊物種所沒有的特性。於是，伴隨著一個新物種的出現，生物界就向前推動了一步。

正因為這樣，鳥類和哺乳動物的出現，使動物界的狀況大為改觀。因為鳥類和哺乳動物不只是源於舊物種的遺傳，而且身上還出現了全新的特性。恐龍滅絕之後，隨即出現的鳥類，帶來了一些新的生存技能，比如他們會保護自己的卵，它們學會了搭巢建穴以保護幼鳥。這些技能恐龍都不會，大型爬行動物經常隨意將自己的卵拋棄。

哺乳動物加強對幼崽的保護，是證明他們是由鳥類進化而來的表現之一。哺乳動物把幼崽置放於體內，用自己的血液滋養牠們，而不同於鳥類動物那樣將卵排到體外孵化。哺乳動物進化的結果是人類。而嬰兒具有的兩個胚胎時期，將這些新的生物特徵推入一個更高級的臺階，這是其他生命所不曾擁有的自然奇蹟。

對人類的這個新特性，我們應加以研究，最好在兒童發育和人類心理研究上找到突破口。假設人類的活動依靠精神和智慧，那麼，這種精神力量和創造性智慧就是人類生存的圓心，其他的行為活動都以此圍繞，人類的發展也以其為前提。

依據印度哲學的說法，人的精神狀態會直接影響到人的活動，部分生理障礙源於心理疾病和精神失常，如今，西方世界也肯定了這些觀點。假如印度先哲的說法是正確的，假如精神對人真有如此大的影響力，假如真的是內在精神控制著人類的行為，那麼，我們就不能忽視新生兒的精神世界，不能像過去那樣僅僅關心他們的身體。

嬰兒不止具有像成人那樣的學習能力，還能依據周圍的環境進行自我塑造，因為他們具有一種特殊的心理類型，這與成人的心理類型大不一樣。正因如此，嬰兒與周圍環境的關係也跟成人不同。

對成人來說，環境是自己需要加以觀察和思考的外部客觀對象；兒童則不同，他們不明白什麼外部環境，他們在記住周圍事物的同時，還吸收所有事物，使其成為心靈的一部分。成人能夠認識外部世界，卻感受不到它與自己的連繫，對此麻木不仁；嬰兒則不同，他們借助對環境的體驗完成了自我的塑造，把對事物的感知吸收成為自己個性的一部分。嬰兒在無意識中完成對環境的記憶，並且具有一種吸收能力，帕西．納恩先生將這種記憶類型稱為「記憶性基質」。

關於這種特殊記憶類型的最好例證，就是嬰兒學習語言的過程。兒童學習語言，不是靠「記住」了話語的發音方法，而是自發形成了發音的能力，甚至能很快地熟練運用語言。成人則不同，他們掌握一門外語要受到艱苦的磨礪，但只要兒童開始說話，就順理成章地遵循語言法則和特殊用法。他們不需要像成人那樣對語言進行研究和記憶，他們甚至未曾想到要那樣學習語言，但是他們卻熟練地掌握了語言，並使之成為自己的一部分。顯然，與通常的記憶相比，嬰兒學習語言的方式完全不同，而這種方式是兒童思維的重要組成部分。

對外部環境，兒童有一種特殊的敏感性，這種感知能力使他可以順利觀察和吸收周圍事物，並且逐漸適應周圍環境。同樣是在無意識中，兒童完成了這個特殊的學習過程。

我們認為，適應過程是生命的第一個階段。與成人的適應行為相比，它們存在很大區別，所以必須確切理解「適應」一詞的含義。孩子的這種特殊適應能力，使他把自己的出生地變成永久的家園，這也好比嬰兒對語言的掌握，因為人唯一能說得順暢的語言就是自己的母語。因此一個成人生活在國外，他自始至終都會有一種陌生感，永遠無法像嬰兒那樣適應一個新世界。傳教士就是最好的例子，他們熱情滿懷，為傳教遠赴他國，如果你有機會見到他們，他們一定會這樣答覆你的問候：「我們身在他國，不過是一個孤單的異國客啊！」由此我們能看出，成人的適應能力多麼的有限。

兒童則不然，儘管他們出生在一個完全不熟悉的地方，但總是可以與之建立密切連繫，不在乎生活有多麼艱難，也不管是生在芬蘭的冰凍平原還是生在荷蘭的海灘，他們總能從中發現無窮的樂趣。

正是在兒童時期，人們培養了這種對家園的深切懷戀與熱愛。當然，成人對家鄉也懷有同樣的情感，他只能愛這塊土地，因為他的成長經歷使他屬於這塊土地，除這之外，他幾乎找不到類似的快樂。

兒童的潛意識活動

19 世紀以前，大多數義大利農夫終其一生都沒有出過遠門。義大利統一之後，大批農夫離鄉背井，奔走到其他省分去謀生。在外地，他們找到了工作，結婚並且定居下來。但是這些人晚年大都患了一種怪病，其病狀為臉色蒼白、憂鬱、虛弱、貧血等，在嘗試了種種醫治方法都無效的情況下，醫生建議他們回家鄉走走，呼吸一下新鮮空氣。意外的是，這些人回到家鄉不久之後，健康基本都得到了恢復。於是這些人說，家鄉的空氣就是最好的治療，哪怕家鄉的氣候可能不如我們所願。可是在心理學家看來，真正將這些病人治癒的是一種平和、愉悅的心態，這源於他們兒童時期潛意識裡對出生地的想念。

這種潛意識的能力，對研究兒童心理教育的人來說尤其重要。人成長的基礎包括這種心理能力，正是在這個過程中，人適應了當地氣候和社會環境。所以，關於兒童教育的研究都應該以此為基礎。

人們對嬰兒學習身邊事物的過程得以了解，依賴於對這種特殊心理能力的發現。在兒童時期，人培養了對生活環境、文化習俗的適應，兒童的行為發展不僅融合當地的時間和地域，還融入當地的風俗習慣，最後，這個嬰兒成長為一個典型的本土人。

印度人非常尊重生命，這在世界各大民族中也是屈指可數。因為對生命十分崇敬，動物也會讓印度人崇拜。在成人身上，是很難培養這種對生命的熱愛之情的。雖然人們常說「要尊重生命」，但類似的話不會讓人們猶如印度人一般崇敬動物。

一些歐洲人也許會認為，印度人的做法是正確的，動物和人類一樣具有靈性，人類應該尊重它們。但這不過是個假設而已，很難在他們心裡激發出相同的情感。比方說，歐洲人永遠無法體會印度人對牛的崇敬心理。儘管歐洲人不屑一顧，但是不管怎樣，印度人都不會改變自己對動物的情感，因為在他們心中，這種情感早已根深蒂固。

我想起在蒙特梭利學校教書時的一件事：那天我走進一個小花園，看到一個大約兩歲左右的印度小孩蹲在地上，手指比劃著。我走上前去細看，小孩用手指在一隻少了兩條腿的螞蟻前面畫線，原來他在幫助那隻螞蟻，輔助牠爬行。我估計，人們會覺得這個孩子如此喜愛動物，完全出自遺傳。從文化方面來看，這種情感確實有歷史傳承的原因，但就個體發育方面來講，這種心理特性並非出於遺傳，而是嬰兒在環境中自學的結果。

第三章　嬰兒的成長

該怎樣對待一隻受傷的螞蟻，不同國家的小孩態度不同。有些孩子也許會把螞蟻踩死；有些會視若無睹，毫不在意地離去；多數人會寬恕這種行為，因為他們對動物沒有感情，認為動物與人不能相提並論。

世界上有很多種宗教，不同地域的人通常尊崇不同的信仰。雖然如此，一旦這些傳統被批判，不管出於何種理由和實際需要，都會導致人們強烈的不滿，其原因就是，這些情感和信仰早已融入了他們的生活中。就像歐洲人常說的：「它在我們的血液裡。」社會規則和道德習慣決定了一個人的個性，培育了人們的特殊情感。正因為如此，才會出現典型的印度人、義大利人、英國人、法國人。這種情感是怎麼形成的呢？它源於心理學家將其稱為「記憶性基質」的東西——嬰兒期具有的一種神祕的精神力量。

嬰兒吸收從環境中學到的東西，並使之成為他們個性的一部分，於是，這些東西會永存於他們的頭腦之中，就算某些在後來的生活中不再使用，但還是會留存在潛意識裡。「記憶性基質」（我們認為它是一種超記憶的東西）不但創造個性，還使這些特性保持著生命力。嬰兒期形成的東西是難以徹底剔除的，將成為他們個性的一部分。

在人的動作、神態、步態方面，「記憶性基質」對人的成長發育的意義都有所表現。不同種族的身體語言、精神趨向都各有不同。比方說，居住在非洲土著部落的人，大都具有一些抵禦猛獸的特殊心理功能，有些部落主要依靠鍛鍊聽覺，於是部落成員的聽覺都異常靈敏。

從人的肢體和器官的行動來看，兒童期學到的東西會在人身上留下永久的印記。於是人們常說，「江山易改，本性難移」。當人們說「這個人沒教養」，或者責怪某人過於懶散時，其實是在提醒這個人要意識到自己的缺點，儘管這樣可能會對他造成傷害，或令他覺得恥辱。事實上，這些人很難徹底戒掉自己的缺點，因為這些缺點和其他個性特徵一樣根深蒂固。

從同一個角度出發，我們就能很好地理解人與時代的連繫。現代人對古人的想法不予認同，古人對現代人的生活也不能理解。初生的嬰兒，能夠很快適應該時的文明，無論這種文明程度的高低，最終，他都會與這種文明協調一致。這也證實了人類個體發展的真正原因是其適應性，個體竭力為自己建起一種行為模式，便於融入這個世界。

現在，隨著對兒童智力了解的深入，將兒童作為連繫不同時代和不同文明的紐帶是有必要的。假如我們需要引入新思想，傳遞文明的火炬，或改善人們的生活習俗，給社會生活注入新鮮活力，就得從兒童開始，因為嬰兒時期是如此重要，而成人難以完成這一任務。

在 20 世紀英國就要結束對印度的殖民統治時，一個英國官員為了讓孩子生活在沒有種族歧視的環境裡，時常讓保姆帶孩子去印度飯店吃手抓飯。不過，印度人這種獨特的飲食方式確實吸引了歐洲人。糟糕的是，不同民族的不同日常生活方式，經常引發出敵對情緒，於是成為彼此矛盾的根源。這個英國官員的做法無形地提示了我們，要想恢復過去的傳統，我們可以向兒童求助。

既然人類改進社會是透過對兒童的影響，那麼我們就不該忽視幼兒園的重要性；既然人類社會的改造始於兒童，那麼我們成人就應該提供他們適宜成長的環境。

兒童的教育應以環境為載體，因為兒童的個性發展是透過對環境的吸收進行的。兒童是前人和後人之間的紐帶，又能成為創造者，於是，他們將帶給人類無盡希望的同時，全新的生活觀念也會被引入。我們作為兒童教育工作者，想把人性帶到一個更高的水準，還需要很多準備工作。這樣的目標，意味著對兒童的教育也應該建立在這樣的基礎上，即把初生嬰兒當作具有特殊心理能力的生命來對待，而不是只需要大人照顧的孩子。事實上，新生兒的心理活動現在已經備受關心，且極有可能因此形成一門新學科。如今，很多醫院已經設立了專門為兒童治療疾病的兒科診室，這不是一個很好的證明嗎？

新生兒具有心理活動，那就說明這種心理活動在他出生前就存在。事實上，科學研究已經證實，早在胚胎期，嬰兒的這種心理活動就已經開始了。人們很快接受了這個事實，之後，新的疑問產生了，從什麼時候起，胚胎開始具有這種心理生活呢？眾所周知，7 個月的胎兒脫離母體，他仍然能夠健康地存活，這反映出 7 個月的胎兒已經具有心理生活。

生物學的研究成果告訴我們相信，所有生命都有一定的心理活動，哪怕是最低等的生物，都具有一定的心理力量和特定的心理反應。如果對單細胞生物進行觀察，就會看到它們能夠保護自己，知道如何尋覓食物、逃避險境，就是說它們一樣有感知能力，一樣有心理活動。今天，生命的這一特性已被普遍認可，但就在此前不久，科學界還認定嬰兒沒有心理活動。

兒童特殊心理能力

近來，世人開始普遍關心兒童特殊心理能力的研究，這些研究證明，我們對此承擔某種責任。對人類出生經歷的新發現，極大地激發了人類的想像力，這不僅展現在各種心理治療上，在文學創作上也能有所作為。如今，心理學家常說的一句話是：「出生是痛苦的旅程。」這話是針對嬰兒所說的，而不再專指母親的妊娠之苦。嬰兒歷經出生的痛苦，卻無法表達和發泄，只能在這個痛苦旅程結束時大聲啼哭。

有人說出生等同拋棄，嬰兒被動地來到一個陌生世界，這裡的環境與他從前生活的地方完全不同，要想生存下去，就不得不適應新的環境，卻又不能表述這個過程的痛苦感觸。嬰兒心理生活的這個重要時刻，心理學家用「出生恐懼」一詞來加以形容。

關於「出生恐懼」，是指一種無意識的恐懼，如果嬰兒能夠說話，他一定大聲質問：「為什麼要把我帶到這個可怕的世界？現在我該怎麼辦才好呢？我該如何去適應這個新環境呢？天啊，我如何才能忍受住這裡可怕的噪音？離開了母體，我該怎樣重獲母親器官曾有的功能呢？沒有了胎盤的滋養，我還能學會呼吸和消化嗎？」

初生兒還不具備明確的意識，他們還不知道出生的痛苦，但心理研究告訴人們，嬰兒的潛意識一定對此有所感覺，他們一落地就大哭，無疑是對這種痛苦的宣泄。有一個現象眾所周知，它十分明顯地反映了初生兒的恐懼感。新生兒都會被放進水盆洗澡，這時可以看見他們似乎害怕自己會掉到地上，手指會做出「抓」的動作，這就是內心的恐懼的反應。這一反應向成人揭示，幫助初生兒適應這個世界是我們的責任。

大自然賜予生命，那麼自然界會極力保護它的孩子嗎？它怎樣幫助這些新生命呢？大自然創造孩子的同時，也為孩子創造了母親，在母親的潛意識裡，早就明白外界對嬰兒的傷害。所以嬰兒一出生，母親就會將孩子抱於胸前，以防孩子遭遇傷害。

在哺乳動物的世界裡，人類母親保護嬰兒的本能並不強烈，並且這種保護本性很難持久。我們通常會發現，母貓習慣把幼崽叼到黑暗的角落，一旦有人靠近，牠就會變得異常凶猛強悍。人類母親這樣強烈的本能反應則不多見，因為現實生活中很少會遇到嬰兒被搶走的情形。母親樂於給孩子洗澡穿衣，也會把孩子抱到陽光下，仔細觀察孩子瞳孔的顏色。看上去，她們更願意把嬰兒當作一個寵物而不是一個人。由於人類理性的發展超越了天性，並且他們一直以為兒童沒有心理生活，所以人類和其他哺乳動物存在這種差異。

對兒童的心理生活而言，出生不過是段小插曲，但是我們應該對此進行獨立研究。生物學告訴我們，哺乳動物超高的智慧源於生命的進化過程，母獸臨產時會脫離群體，單獨完成生產過程，直到幼崽出生一段時間後，母獸才會帶著牠返回獸群。群居動物中這種現象尤為明顯，比如牛、馬、鹿、大象、狼、狗。在母獸與獸群隔離的這段時間裡，新生兒備受母親的關愛和呵護，因為那時的世界只有牠和牠的母親。在這段隔離期間，幼崽對周圍環境的刺激做出反應，並接受母親的訓練，很快就能適應周圍的環境，生存能力的水準接近於與成年動物。於是，當幼崽隨同母親回到獸群時，牠成為了這個獸群中的一員，儘管牠出生只有一兩天，或者只有幾個小時，但無論在心理還是生理上，牠都發育完善，可以稱其為小牛、小馬或者小狼。

不只是野生哺乳動物知道如何保護幼崽，被馴化的哺乳動物也一樣保持著野生狀態時的本能，就如家養的狗和貓，母親都會時刻保護著幼崽，盡力將牠們放在自己懷裡。可見，雖然出生使幼崽脫離了母體，但牠們和母親血脈相連，依舊是母體的一部分。幼崽適應環境，學習生存技能的最佳方式正是這種關係。

如今，對出生這一階段，我們可以做出如下解釋：動物一出生，牠的生存本能就被喚醒了。動物的學習過程，關鍵在於生命本能的自發行為在促進牠的發展，而不是環境刺激牠去適應本能。

這一結論同樣適用於人類。我們討論出生這一時刻，並不是因為這是嬰兒經歷的一道難關，而是因為這一時刻決定著未來。在個體發展的各個關鍵階段，都存在某些顯著的標誌。剪斷嬰兒與母親的臍帶連繫，是出生這一階段的顯著標誌。出生使生命的潛能覺醒，這些潛能促使兒童的「精神胚胎」進行創造性的活動。因此，對新生嬰兒心理的研究，除了要關心「出生創傷」問題，還要對伴隨出生而來的各種本能行為進行研究。儘管嬰兒不同於其他哺乳動物幼崽，不具備遺傳性行為模式，但他們具有一種潛能，這種潛能產生迫切需求，促使他進行生命行為。幫助他在與環境的交流中塑造個性，實現他的成長和完善，是我們的使命。

這種潛能是無形的，但是它的形成要求極為強烈。所有動物都從自己的種屬獲得這種潛能，並運用這個開始生存活動，支配自己的行為，選擇合適的食物，使用特定的防禦技巧，這種潛能就是生命的本質。

動物生活在自然環境裡，而人類卻要生活在社會環境裡，所以在社會生活展開之前，兒童必須開始對生存技能的學習。適應環境，是嬰兒出生後最重要的活動。因為嬰兒出生並不具備先天性行為模式，這些東西需要在他出生後才逐步形成。

人格發展的這一特殊功能非常重要，在這個意義上，我們展開對兒童的研究。事實上，我們相信它是生命的普遍機制。

在兒童身體發育這一漫長的過程中，兒童不斷地完善自己，直至成為一個真正意義上的人。這是因為嬰兒有別於其他哺乳動物，他沒有直接接觸周圍環境，儘管他已經出生，但是胚胎生命的過程還在繼續。恰恰是在這一獨特時期，嬰兒身上將形成一系列的人類本能。

初生嬰兒必須自己構建精神世界，建立對外的表達機制，因為在嬰兒的記憶裡不存在出自遺傳的東西。只要試想一下新生兒有多弱小，就能明白對他們來說，這個任務有多艱巨，這些小朋友還無法支撐自己的腦袋，就踏上了如此重要的征程。一路上，他們將自己學會辨別，學會語言，學會站立，學會走路，直到把自己融入世界中。科學家艾米麗．庫格斯迪發現，在人的胚胎發育階段，神經中樞的形成先於人體器官。這樣看來，在兒童做出某種行為前，支配這種行為的心理類型就已經存在。這也就意味著，嬰兒成長的起點並非在身體方面，而是在精神方面。

人具有智慧是他與動物的最大區別，所謂人的天性是自由，就是說人的活動由自己的精神意志支配，並不依從於本能。所以，嬰兒出生後的首要任務，就是形成自己的精神世界，其他的發展都是次要的。

嬰兒的器官成長緩慢，所以他們需要較長的哺乳期。許多骨骼尚未強健，髓磷脂（Myelin）也沒有完全覆蓋住運動神經，無法將大腦的行動指令傳送出去。因此，嬰兒的身體反應非常遲鈍，從運動機能來說，他僅僅是個雛形。

雖然體質的發育尚未完全，但嬰兒和其他哺乳動物幼體相同，適應環境的活動在脫離母體的那一刻就開始了，而開發智力是他的首要任務，因為這是人體其他器官發展的根基。所以，對人來說，任何事情都不如生命開始的頭一年更重要。

兒童成長發育有許多方面，每個方面都存在著一定的規律。研究表明，嬰兒的腦門軟骨組織是在出生一段時間後，才逐漸合縫並成長為頭蓋骨的。當這些骨縫吻合後，身體結構才開始產生變化，骨骼的硬化進程也慢慢完成。小腦是人體的平衡器官，但剛出生時卻很小，不過發展到這個時候，髓磷脂已經將脊柱神經覆蓋住，小腦也就迅速成長起來，最終和大腦半球構成協調的比例。內分泌腺的形成，是發育的最後階段，與內分泌相關的消化系統也在同期完成了它的發育。

人人都很熟悉初生嬰兒的發育情況，很明顯，身體成熟是一個持續發展的過程，且同步於神經系統的發展變化。比如：如果小腦沒有發育成熟，兒童就不能保持平衡，也無法坐穩和站立，走路更是「天方夜譚」。

嬰兒的運動器官需要慢慢響應大腦的指示，並且嘗試著去運動，儘管這種運動開始很模糊，但卻可以從外部環境中汲取經驗，而這一切都是為了逐漸發育成熟。歷經一段時間的練習後，兒童的運動變得協調，並且最終可以準確地執行大腦發出的指令。針對兒童的教育和運動進行練習，我們不該在這個協調適應的過程中設限。

與動物不同，人類不是一出生就能夠協調運動，初生嬰兒的大腦裡沒有儲備預定的行為模式，他只能自己摸索，去實現這個逐步協調的過程。其他哺乳動物則不然，小朋友們出生不久就能夠走、跑、跳，之後又能學會高難度的動作，假設是擅長跳躍的種族，出生不久的幼崽就可以躍過障礙，迅速脫離險境。

雖然人類不具備動物的這種遺傳能力，卻擁有學習的天賦。經過學習，人類可以掌握各種各樣的動作技巧，於是在我們身邊有體操運動員、飛行員、舞蹈家、鋼琴演奏家等。

但這些技能的獲得源於運動經驗，而不是來自運動器官的成熟。也就是說，這些都是教育的結果，人類的所有成員都要自學這些技巧。

由於人類的發展首先是心理發育，肉體器官的發育在心理發育之後，並受控於人的心理，所以兒童的成長被劃分為幾部分。從人的運動技能角度而言，身體發育是運動的條件，運動需要身體發育成熟，但心理發育並不仰仗身體的發育，並且心理發育會持續很久，而運動器官發育到具備運動能力之後，就不再繼續。

心理發育的能量源於運動中獲取的經驗，需要借助運動器官的使用和技能的發揮。所以，如果限制一個運動器官已經完善的兒童的，只會對兒童與運動相關的心理發育造成阻礙。儘管心理發育依靠運動器官的使用，但是它的發育仍是獨立的，只受到心理未來的作用影響，也就是個體將來要實現的目標。發育中的嬰兒，都擁有圓滿完成這個發育過程的能力，只是因為在「精神的胚胎」階段，所以難以被觀察到。

處在「精神胚胎」階段的嬰兒都極其相似。人們常說：「剛生下嬰兒來都一樣，而且以相同的速度發育。」初生兒的大腦與胚胎相差無幾，細胞的分裂也處在同一的階段，因此他們之間幾乎沒有差異。

胚胎階段的生命基本相同。在胚胎發育開始的時候，人們很難對兩種不同動物的胚胎進行區別，差別發生在後來。原本看上去相同的胚胎細胞，後來卻長成了蜥蜴、鳥、兔子等根本不一樣的東西。可以這樣認為，人類所有成員無不由大致相同的「精神胚胎」發育而來，不管他是超凡的藝術家、偉大的政治領袖，或是一個普通人。普通人同樣擁有自己的個性，在社會中也占據一席之地，儘管他們職位平庸，天天為三頓飯奔波，但是他們遠勝於低等動物，他們行動自由，不為遺傳所限。

顯然，人類無法預知心理後期發展的結果，也無法了解處在胚胎階段的人。在生命的這個發展階段，人類需要做的只是為生命發育提供幫助。這個階段是人類心理發展的開始，如果能依據將來的需要給予相對的幫助，勢必將極大地提高人的能力。

這樣一來，對幼兒進行教育的辦法也就昭然若揭了。假如對初生的嬰兒進行教育，就應該適應該時嬰兒的條件。這種早期教育對所有嬰兒都一樣的，也無所謂社會階層，無論是印度嬰兒，還是歐洲嬰兒。

既然世間的兒童心理需求一致，且在成長中歷經相同的階段，那麼，我們就要尋求一種方法，使之遵循人類的成長規律。我們的教育一定要遵循大自然的要求，因為只有這樣才能使生命的需要得到滿足。這與人類的主觀能動性無關，也不是哲學家、思想家或是某種實驗所能左右的，這是大自然為生命規定的法則，是大自然支配著人類的發展進程。

當然，兒童自身的發展與自然的要求相符。父母眼中的嬰兒，睡在襁褓裡安靜又舒適，事實上，他們正在為自身發展做不懈的努力，成人應該就這一過程進行研究，並且為他們提供服務。

當前，以佛洛伊德理論為基礎的醫療心理學，提出了一個頗具決定性的時段，即出生時期。對這個短暫時期，醫療心理學作了這樣的界定：它處在來自「出生創傷」的「回歸症狀」和成長階段的「壓抑症狀」中間。儘管回歸企圖和外部環境的壓抑是兩碼事，但是這些心理症狀卻顯示出嬰兒的一種傾向，就是停止成長，回到母體中去。當然，這種傾向的存在是無意識的。

精神分析已經告訴我們，「出生創傷」不僅導致嬰兒抗拒和啼哭，還會對兒童的心理發展模式產生影響，進而使兒童向異常方向發展，最終發生一種心理改變，可以說是心理力量的背叛。

似乎所有嬰兒出生時都會覺得不適應，一些回歸症狀會出現在他們的心理上，他們拒絕成為人，試圖保留出生前的狀態。初生嬰兒似乎在心裡呼喊：「我要回到媽媽肚子裡去。」

正常情況下，新生兒的睡眠時間很長，但佛洛伊德認為，睡眠時間過長是失常的表現，他說嬰兒睡眠是出於一種逃避，表明嬰兒對他周圍的新世界有種畏難感。

也許佛洛伊德是對的，睡覺可以被認為是對潛意識的回歸。當人們遭遇無法踰越的阻難時，往往渴望睡覺，因為進入睡眠，就會忘記周圍的現實世界，生活中的困難也都消失了。睡眠不只是人的生理需要，還是精神避難所。只要略微觀察一下嬰兒的睡眠姿勢，就會發現他們睡覺時基本都是兩腿縮在一起，手放在臉的一旁，成人也有很多以這種姿勢睡覺。心理學家認為，這表明他們有回歸子宮的傾向。

嬰兒睡眠醒來後通常會大聲啼哭，這被認為是渴望回歸的另一個症狀，他似乎難以獨自面對這個世界，並且深感恐懼。另外，嬰兒經常做噩夢，這種經歷很多人都有過，這也顯示出嬰兒不喜歡這個世界。

也許人一輩子都難以擺脫這種回歸的渴望。對成人來說，它可能表現為依賴於他人，害怕獨處、黑暗和孤單。成人之間的依賴並不是出於彼此喜歡，和兒童一樣，是由於恐懼；兒童就是這樣，不願意獨處，愛往人堆裡，尤其是喜歡待在母親身邊。兒童討厭外出，寧願待在家裡。多姿多彩的外部世界對那些膽怯的兒童來說，只有恐懼，而不是高興，這個世界讓他們覺得陌生。

如果嬰兒在早期對周圍環境心存恐懼，勢必會影響他的成長。這樣的兒童長大後，通常桀驁不馴，且難以融入現實的生活。這種人將永遠不能正常地學習周圍世界，可以用一句格言來形容他們：「人生而痛苦」。這樣的人厭惡所有事物，他們的消化能力很差，連呼吸都覺得困難，他們所做的事情往往悖於常理。總之，比起正常人，他們需要更多的睡眠。

很容易想像這種人的童年會是怎樣的，這種兒童肯定很懶散，整天悶悶不樂，而且喜歡哭，常常處理不好自己的事情，依賴別人的幫助。這種症狀很難被治癒，通常會伴隨人的一生。於是，這些兒童長大後，多半膽小，怕見陌生人，無法適應社會生活，生存能力很差，很難以離開他人的鼓勵和幫助。

由於潛意識的心理負面作用，導致了這些的人格缺陷。人在自己的記憶之中發現不了這些創傷，它們只存在於潛意識裡。儘管我們對此沒有任何記憶，但是它們一直潛伏於人的「記憶性基質」中，構成人格組成的一部分。最終，這種人格缺陷會造成巨大的危害，對人類生活的發展形成阻礙。

　　這種發育不正常的兒童，長大後不僅難以適應生活，甚至會報復社會，這就使人類陷入無邊的困境。這樣的危險源於我們的無知，比起其他任何無知，這種無知的後果最嚴重。

　　出生對人的心理發展的重要作用倍受心理學家的重視。上面是我們對早期回歸現象進行的討論，下面，我們將探討哺乳動物對幼崽施行保護措施的作用。部分生物學家認為，母親的撫慰與關愛，能將剛出生幼崽的生命本能喚醒。也正是在這個觀點的前提下，我們進行著對兒童心理的進一步探討。

　　研究兒童的心理發育，既要重視出生對兒童的影響，還必須重視他們對周圍環境的適應情況，所以兒童需要特殊對待。臨產的那一刻，母親與孩子面臨不同的危險，但他們要挑戰的難度卻是相等的，儘管嬰兒面臨的身體危險很大，但與心理危險相比，就是小巫見大巫。

　　假設佛洛伊德的理論是正確的，回歸症狀是出於「出生創傷」，那麼這種症狀就是普遍存在的，在所有兒童身上都有反應。於是，我們有理由認為，和人一樣，哺乳動物也經歷了同樣的過程。哺乳動物的幼崽在來到這個世界的頭幾天裡，內心一定經歷了重大變化，激發了哺乳動物的遺傳行為的覺醒，與之相應，兒童身上也會發生類似的狀況。兒童並無遺傳固定的行為模式，但他擁有學習各種行為模式的能力，這種潛能只有透過與環境的交流才能發揮出來。

　　我們借用一個描述天體發源的概念「星雲」，來確切描述嬰兒對環境的學習過程，用它類比嬰兒吸收知識的創造力。

　　星雲是宇宙中的一個巨大天體，它們相隔甚遠，以致天體空間幾乎沒有密度，但對另一個遙遠星體來說，它們是存在著的，且具有一定的密度。兒童學習知識的能力與之相似，儘管表面看來，他們的知識從沒有到有，事實上，創造的能力就潛伏在生命之中。在「星雲」中，兒童受到激發，逐漸形成了自己的語言能力。兒童的語言能力是透過與環境的交互作用逐漸吸收而來的，而非出自遺傳。兒童在語言學習中能夠對不同的發聲加以區別，並逐漸學會使用語言，完全是因為兒童具備這種「星雲」式的學習能力。對社會習慣和傳統的學習，兒童也以同樣的方式進行著。

語言「星雲」也屬於與生活環境交流的能力，而不侷限於兒童對某種語言的學習。在義大利長大的荷蘭兒童，不管他的祖先在荷蘭生活了多久，他能夠熟練運用的是義大利語，而非荷蘭語。此外，人們發現，世界各地兒童學習語言的程序和時間都差不多。

受遺傳作用的影響，動物出生不久就可以掌握屬於它的語言，嬰兒則不同，不經過很長時間的學習他們無法掌握自己的語言。這也是人與動物的本質區別。

顯然，兒童是在潛意識中儲存著學習語言的能力，而不是從遺傳中獲得某種語言模式。這種學習潛能和生殖細胞的遺傳基因相似，遺傳基因精準地控制著整個細胞的分裂繁殖過程，使細胞體形成一個精密的器官，而在兒童對語言的學習過程中，這種語言潛能的作用也是如此。我們將這種能力稱為「語言星雲」。兒童的生命本能裡還潛伏著除「語言星雲」之外的其他「星雲」，比方說，對周圍環境的適應能力、對群體價值和傳統的肯定等，這些反應模式也是源於這種潛能。這就好比現今的文明，它是人類世代創造的累積，而並非來自遺傳。關於這些，心理學家卡瑞爾說：「博學的科學家不能遺傳給兒子豐富的知識，如果把科學家的兒子放置在荒島上，他會變得和克羅馬儂人（Cro-Magnon）一樣原始。」

也許，我談論「星雲」的時候，會讓人產生這樣的錯覺，似乎「星雲」所包含的各種本能力量彼此獨立，不是一個整體。這裡，我有必要澄清一下，所謂「星雲」不過是被我借用而已，事實上，大腦的反應形式完全不同於星體運行，心理活動是一個有系統的整體，從某種角度而言，這個過程是有目的、有意識地從環境中汲取知識的過程，並藉此完善自己。

如果因為某種原因，「語言星雲」停止工作，人就會失去學習語言的能力。我目睹過幾個這樣的例子，專家測試幾個不會說話的兒童，結果發現他們大腦健全，聽覺和發音器官也都正常，但這些孩子怎麼就不會說話，至今都存在爭議。這個現象頗有意思，我認為要找到其中根由，最好是研究一下他們剛出生的幾天，看他們經歷過什麼。「星雲」理論不僅能對以上現象加以解釋，還能解釋其他領域一些難以解答的問題，如社會適應能力的問題。我認為，比起「出生創傷」理論來，「星雲」理論更具有科學價值，因為我相信，很多心理回歸傾向，是由於在兒童時期缺乏社會適應能力的訓練。

兒童缺乏敏感性，就不會再「熱愛周圍的環境」，傳統、道德、宗教等一旦不以正常的方式被吸收，這個人就會變得反常，表現出之前提到過的回歸症狀。正是因為人類具有敏感的創造力，而不是某種遺傳模式。一旦兒童能夠適應生活環境，那麼他的心理生命的基礎，就會在生命的最初幾年裡被奠定。

這裡要補充的一個問題是，為什麼有些人的創造敏感性正在喪失，或者發育遲緩呢？這個問題不容易被直接回答，只有針對那些喪失創造敏感性的人進行研究，才能找到答案。

對此項研究，有一個例子可以提供幫助：有一個相貌英俊，健康聰明的年輕人，他討厭學習，也不乖，而且脾氣很壞，自然人人都疏遠他。對這個男孩的身世，我做過一番調查，發現在他出生後的半個月，由於缺乏營養，導致體重急遽下降，身上皮包骨，以至於護士稱呼他為「皮包骨」。其他的時間裡，這個男孩的發育全都正常，因此身強體壯，但遺憾的是，可能他注定會走上犯罪的道路。

無疑，現在的「星雲」理論還處在假設階段，仍有許多問題有待探討。但有一點可以被肯定，兒童所感知的「星雲」指引著他的心理發展，好比基因控制著生殖細胞一樣。

所以，人類應該學習其他高等動物，在新生命誕生的一段時間裡給予他的孩子特殊照顧。我們的目的不是說要關心嬰兒出生後的頭一年或者頭一個月，也不僅僅要求關心嬰兒的體質，我們真正的目的是要引起人們的關心，進而促使父母重視這個問題，意識到幼兒出生教育的至關重要。

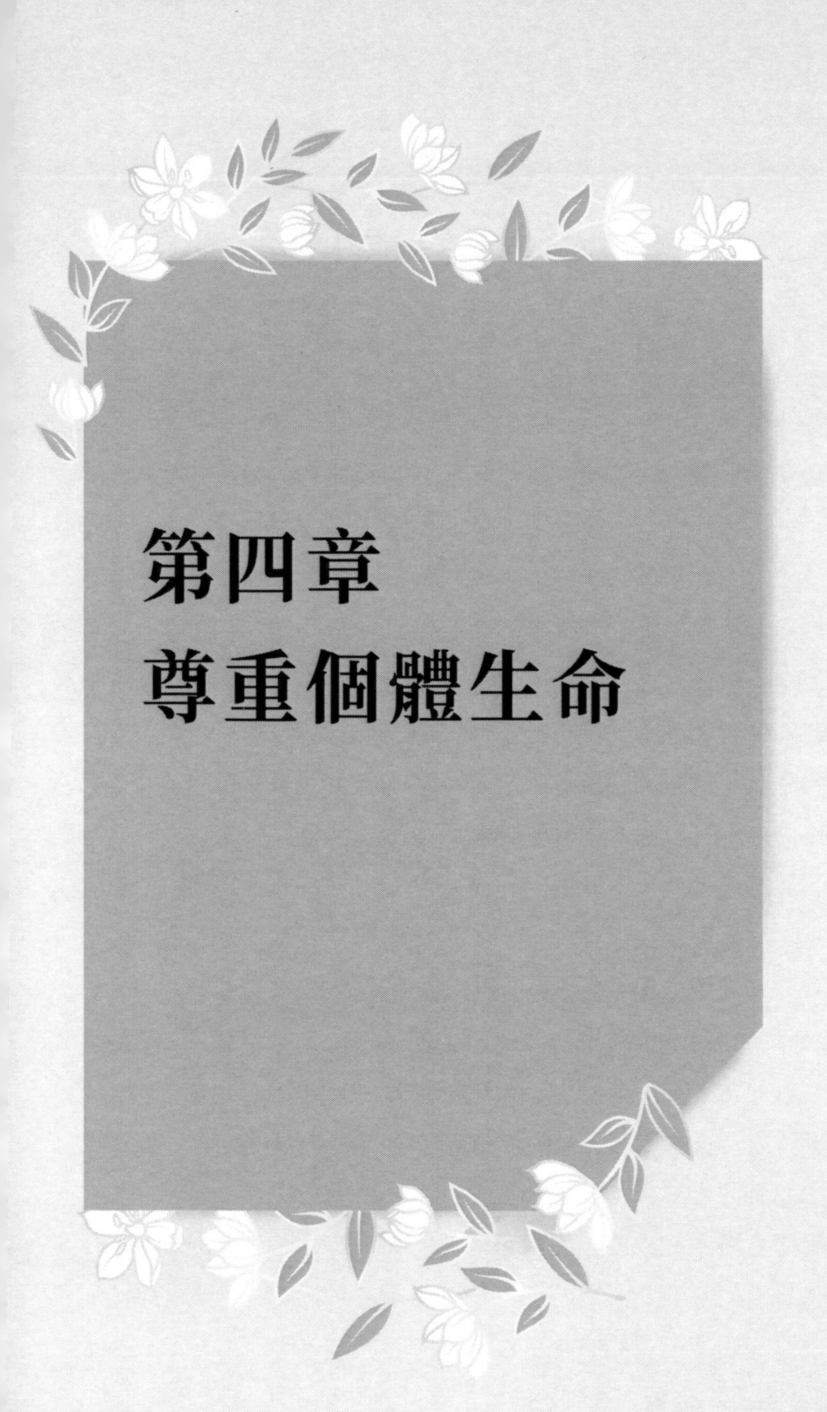

第四章
尊重個體生命

認識你的孩子

有個事實很重要：兒童擁有一種人們尚未注意到的微妙心理生活，它的發展太容易被成人無意識地破壞。

成人的環境對兒童來說是很大的阻礙，不適宜兒童發展。這些阻礙是出於對兒童的防禦而設立的，它容易使兒童受制於成人的暗示，從而性格變得古怪。兒童心理學是兒童教育基礎的內容，但它是從成人的角度而非兒童的特性進行研究的，因此，從根本上對它重新審視是十分必要的。

兒童每一個不尋常的反應都應作為有待解決的問題來研究；兒童的每一次憤怒都是內心思想衝突的外部表現。將其簡單地解釋為對不相容的環境的一種防禦機制顯然說不通，我們應該明白他們是想尋求展示更高的素養。發脾氣就像一場暴風雨，當兒童的心靈受到阻礙，他的祕密曝光了，憤怒就會顯露出來。

兒童的真實心靈顯然為這些偽裝所遮蔽，兒童不能展示他的真正個性，實現自我的努力也被髮脾氣、反抗等反常表現掩蓋了。兒童的個性由眾多特性構成，個性潛藏在互相矛盾的外部表現之後，是從一個精確心理模式發展起來的個體精神胚胎。毫無疑問，充滿活力但未被認可的兒童必須獲得自由。教育所面臨的最緊迫任務就是去深入了解兒童，從所有的障礙中解放兒童。自由意味著能去發現未知的東西，意味著一個人知道自己想做什麼就大膽去做。

已有的心理分析與我們尚未認識的兒童心理之間有著本質的區別。成人的祕密是自我約束的隱匿於潛意識中的東西，而兒童的祕密幾乎完全暴露在他所處的環境中。幫助成人意味著幫他解開在漫長時期形成的一團心理亂麻，而幫助兒童則必須給他一個自由發展的環境，為他的創造和發展敞開大門。

兒童處於從不存在到存在、從潛在性到實際性的創造自我過程中，思想不可能是複雜的。等他們能力日益增強，展現自我就不再艱難。在自由的環境中，兒童的心靈會自動地揭開祕密。脫離這條原則，任何教育都會陷入一種無窮的混亂之中。

發現解放兒童是新式兒童教育的首要任務，其次是改善兒童的生活方式，第三是給日趨成熟的兒童提供必不可少的幫助。

發現和解放兒童就是真正認識你的孩子，這意味著兒童必須處於適合於的成長的環境，我們應竭力把障礙減少到最少，開展有助於兒童能力自由發展的活動以為他們提供援助。成人也是兒童成長環境的一分子，應該主動適應兒童的需要，而不該變成兒童獨立活動的障礙。

別為孩子代勞

成人不僅試圖在行動上幫助兒童，還習慣把自己的意志微妙地強加於兒童。這意味著不是兒童在行動，而是成人在代勞。

夏洛特在一所著名的精神病醫院的實驗研究一度引起轟動，即透過催眠來實現替換歇斯底里（Hysteria）症候群患者人格，這個實驗改變了之前「人是自己行為的主人」的觀念。這個實驗證明，某些暗示可能使被試驗者接受催眠者的人格而失去自己的人格。這些僅在診所進行的少數實驗開闢了一個新的研究領域，即雙重人格。

童年時期，兒童的創造性容易受到暗示，因為這是個性形成的階段，且兒童在這個時期開始意識到自我。成人的人格能在這個時期悄悄地潛入兒童的意識，激發兒童的意志並使其產生變化。

我們發現，如果教師用過度熱情、誇張的動作向兒童做一些示範如何時，兒童根據自己的人格進行判斷和行動的能力就會被壓抑。兒童分離出另一個強有力的自我進行替代，但這個外來的自我並不屬於兒童，它會剝奪尚未成熟的人格。成人這樣做通常是無意的，他並未意識到或希望透過所謂催眠暗示來支配兒童，他們甚至對這種影響的存在一無所知。

我遇見過一些有趣的案例。一個大約兩歲的孩子把一雙鞋子放在乾淨的白床單上，我衝過去拎起鞋子放在房間角落裡，不假思索地說：「它們太髒了。」然後，我又把床單上放過鞋子的地方用手撣了撣。從此以後，無論何時，這個小朋友只要看到鞋子就會奔過去拎起來說：「它們太髒了。」即使沒有放在床上，他仍要把手按在床邊，似乎想把它撣乾淨。

還有一個例子。一位年輕婦女收到一個裝著禮物的包裹。她打開盒子後，立即把裡面的一塊絲手帕給了她的小女兒，並給她吹起一支喇叭。小女孩高興地叫起來：「好聽的音樂！」一段時間之後，小女孩拿到手帕，仍會興奮地說：「好聽的音樂！」

令行禁止容易約束兒童的行動，但對激發兒童的反應時並不奏效。在有教養和能夠自我約束的成人及文雅的保姆身上常發生這種事情。

一個 4 歲的小女孩與外祖母住在一起。小女孩想打開花園裡的人造噴泉龍頭看噴水，但她突然把手縮了回來，外祖母鼓勵她繼續，小女孩說：「我不做，保姆不許打開水龍頭。」外祖母說我允許你這樣做，這是在我們自己的家裡啊。小女孩笑了起來。這表明，小女孩身邊的外祖母的勸說，比不在場的保姆的禁令效力小多了。

還要一個類似的案例，一個大約 7 歲的男孩看到遠處吸引他的東西，準備走過去去的時候又退回來，重新老老實實地坐下。他似乎感到痛苦，因為他無法克服意志的動搖。誰在阻止他自由行動呢？這在兒童的記憶中已消失了，沒有人知道。兒童對暗示的高度敏感緣於一種內在敏感性的擴張，可稱之為「環境依賴性」。

兒童渴望觀察事物並被吸引，但更傾向於關心成人的行動從而進行模仿。成人因此有種使命感：激勵兒童大膽行動，像一本打開的書，指導兒童自己的行為，教他們正確的做法。

但是，成人須始終平靜、緩慢地行動，以使兒童看清各個細節。否則，成人急速有力的步伐可能將他的人格透過暗示強加給兒童，達不到激勵與教導的目的。

如果一些直觀的事物對感官有吸引力，就會如磁鐵吸引住鐵屑一樣，對兒童產生一種暗示的力量。一部記錄了萊文（Levin）教授有趣的心理學實驗的影片，恰能說明這個問題。他的實驗目的是識別相同的年齡和環境下，身心缺陷兒童與正常兒童對同一物體的不同反應。

影片的第一個情景是一張放著各種物品的長桌子（包括我們設計的一些直觀教具），走入教室的第一組兒童很快被眼前的各種東西所吸引，露出充滿活力的微笑。所有孩子都開始拿起某一件東西，把它放在一邊，又拿起別的東西放在另一邊，從一項工作到另一項工作，樂此不疲。

影片下半部是第二組兒童的反應。他們慢慢地踱進教室，不時停下來看看四周，最後只是懶散地站在桌子周圍，很少拿這些物體來玩樂。

猜猜哪一組是身心有缺陷的兒童，哪一組是正常兒童呢？答案出人意料，有缺陷的兒童興高采烈地從一件物體到另一件物體之間匆匆走動與玩樂。看這部影片的人認為他們是聰明的，人們習慣於把活潑快樂的兒童看作是聰明的孩子。

事實上，正常兒童會長時間站著一動不動，注視著一件物體沉思。萊文教授以驚人的方式證明，正常兒童的標誌是有分寸的行動和考慮周到的安排。

萊文教授的實驗結論與一般流行的觀念彼此衝突，因為正常兒童也會做出影片中的缺陷兒童一樣的反應。原來，正常兒童也充滿好奇，但他們的行動被自我意識和理性所指導和控制，才顯得緩慢。有價值的活動應是自我控制和節制的。正常兒童被外界物體激發熱情，同時能自由地運用它們。

因此，真正聰明的兒童不僅會以某種方式四處走走去感知外界，更會掌握自己的運動器官並運用它們。他們有自我指引的能力，不受外界事物支配。我們應引導兒童將其內部注意力集中在一個特定的物體之上。

正常人通常會三思後行，這種表現可稱做「內在秩序」，其外在展現是一系列有條不紊的外部行動，一旦缺乏就會失去控制自我行動的能力，為他人的意志所支配，成為外界環境影響的犧牲品，如同沒有航向的帆船。

人的內在秩序不倚賴於他人的意志，因為外在的影響並不是這種行動的決定性因素，除非此時這個的人格被分裂了。兒童一旦發生這種情況，就失去了發展的機會。如同被氣球托著降落在沙漠的過程中，氣球卻突然被風颳走了，他孤立無援地處於沙漠中，而周圍沒有一樣東西能替代失去的氣球。當兒童陷於這種情景時，會與成人爭吵，隱藏著的兒童心理尚未得到發展，其展現的行為也是無序的。我們說，是成人環境造就了這樣的犧牲品。

切記不要強制

生活總是存在偏見和誤解。比如：很多人看到兒童性格缺陷的一些表面特征，非但不認為是件壞事，反而給予很高評價。他們認為消極被動、缺少活力的孩子才是好孩子；吵鬧不休、胡思亂想的孩子則是天分過人，大有前途。

社會觀念往往這樣給孩子分類：一類是那些不正常的兒童需要進行教育，使其改正；一類是那些循規蹈矩的孩子才是好孩子，是其他孩子學習的榜樣；還有一類是那些性格異常的孩子與眾不同，比一般孩子要強。

後兩種觀念非常普遍，這兩類兒童總能得到父母們的誇獎。然而除此之外，再沒有人喜歡他們，尤其是最後一類的兒童。

我已經多次譴責這種偏見，呼籲大家注意：這種錯誤已經延續了幾百年。在我所辦的學校裡，當孩子們被某項工作吸引後，他們原先與眾不同的性格特徵都消失了，無論這些性格曾受到怎樣的評價。

這個現象說明我們對兒童的性格發展存有慣性偏見。我不禁想起一句宗教格言：「真理只掌握在上帝的手中，我們看到的都是虛幻。」教學實踐中，我們發現兒童很想自己動手，以前人們卻完全忽視了這一點，他們認為兒童只會玩樂，沒有注意到兒童也會有選擇地做一些事情。其實，兒童在心理的支配下，總在忙於做事，他們能夠從中獲得快樂。

成人還忽視了一件重要的事，即這些忙碌的兒童已無形中形成了一定的紀律性，他們能夠自由選擇，集中精力做自己喜歡的事情。如何培養孩子的紀律性而又不傷害他們的創造力，一直是一個難以解決的問題。現在，只要我們給予兒童自由，就能解決這個難題。西方國家 1940 年代對兒童教育的研究已經證實了這一點。老實說，我相信這種情況在世界任何地方都一樣。我們會忽視了這個問題，是因為受到習慣的影響，對兒童的性格發展缺乏應有的關心。

兒童這些變化是自然而然形成的，而非逐漸出現的。對單個孩子來說，他只是在專心致志做自己的事情，不存在什麼群體意識著。當然，但這不意味著我們可以強制懶惰的孩子動手，只需他們放在相對的環境中，讓他們隨性就行了。只要他們專注於某件事，性格方面的缺陷就會慢慢消失，這是說教無法實現的。兒童由此會發生很大變化，被外界活動深深吸引，他們把全部精力投注到這些活動之中，不知疲倦地重複某件事情。

無論從哪方面來看，人都是一個在自然規律的作用下逐漸形成和完善的整體，需要在生活中積極吸取外在經驗。從出生到 3 歲，人的器官獨立發展，到了 3 至 6 歲的時候，手才能夠接受來自大腦的指令開始工作，同時各個器官會合為一個整體，共同發揮作用，完成個體的工作要求。

如果這個過程中，某種外在因素影響了這種和諧狀態的形成，受阻的力量就會在體內單獨成長，破壞人體器官的平衡發展，導致性格缺陷或功能障礙；大腦的活動也將出現問題，手不能有目的的運動，無法切合實際生活；語言則失去實際意義，變為一種自我娛樂活動；身體也隨之變得懶得。這些不良後果是由於各個器官不能形成一個整體，不能實現人體的正常功能，人格發生異常，成為絕望的根源。

解決的方法是使各種功能協調一致，共同為整體服務。如我們學習所做的那樣，兒童只要有一個能夠吸引他們的合適的環境激發出他們的創造性，讓他們專心致志投入某項工作，各種能力就會被結合在一起，性格的偏離也就得到矯正。

不過，需要說明的是，這並非教育的結果，而是兒童個性發展的結果，我們所做的只是讓兒童的個性獲得了正常發展。

我在很多學校都見過這種個性矯正的案例，無論這些孩子來自什麼階層、什麼種族，屬於什麼文明。這就是我們的研究所獲得的最重要結論。

這種轉變要求兒童集中注意力，並且親自動手完成某件事。其實，心理分析學早已用這種方法來治療成人，並用一個專業術語形容這種心理現象——「正常化」。

很多年來，經過無數次實驗後，這方面的成功終於被認可了，《兒童門診指南》便應用了這一理論。這是一本探討「問題兒童」治療方法的書，要求人們給兒童提供一個可以自由活動的環境，使兒童根據自己的喜好選擇想做的事情；他們的選擇應是自由的，不受教師或者其他人的左右。

這種醫療方法叫做「遊戲療法」，是使兒童在模仿遊戲中進行自由選擇，這比他們在家庭中的選擇範圍要廣。

如今，對「問題兒童」的家庭治療已經很普遍了，這得益於上述理論和其他一些理論的發展。這些方法也可以促進正常兒童的性格發展，只要他們在一個群體中生活，和其他兒童一起玩樂。

當然，僅有這種治療的方法是不夠的。對於「工作（有意識地做事情）和自由能夠治療成長中的缺陷」還需要進行深入探討，因為工作和自由這兩個要素是兒童發展的必要條件，但遠不是充分條件。

實際上，兒童的性格缺陷會反覆出現。由於生活環境中缺少正常發展的條件和機會，很多已經痊癒的「問題兒童」回家不久，又出現了性格偏離。

另外，儘管很多學校認跟我們的觀念，並努力創造一種自由氣氛，但他們對自由的理解卻與我們不一致。

他們對自由的理解非常落伍。他們認為自由就是擺脫束縛、不受權威約束等，其實只能說是對壓迫的反抗。假如學校將其付諸實踐，兒童只會毫無節制地發泄情緒。因為他們以前受成人的控制過多，有一種本能的反抗傾向。雖然原則是「讓兒童去做自己願意的事情」，但如果他們缺乏自我控制能力，也同樣無法獲得真正的自由。

許多事情不能只看表面。有人說兒童做事沒有規律，有人說兒童很懶惰，事實是這些人總在強制兒童做一些事情；有人說兒童都不聽話，事實是這些兒童可能一直被強制教訓。

自由是發展的前提和結果，兒童要獲得這種能力，必須先有一個潛移默化的受教育階段。人格的發展具有主動性，離不開兒童自身的努力和對經驗的獲取，是一個漫長的過程。人對弱者進行壓迫以使他們屈服，遏制他們的成長，卻不能強制他們發展。

另外，如果自由被理解成是讓兒童隨心所欲做事，那麼，他們偏離的性格將得不到任何矯正，反而會繼續發展。

我們的觀點是，兒童的正常發展需要把精力集中在工作上。因此，我們在向兒童提供工具和環境時，必須有選擇、有目的，既能激發他們的興趣，又能吸引他們的注意力。既然這些東西能夠左右兒童的發展，我們就該有目的地準備，使之適合兒童的年齡和心理特徵，保證兒童使用起來足夠便利，運動協調能力得到提高。兒童集中注意力去做某件事能夠促進他們心理的發展，提高運動協調能力，並且矯正性格缺陷。這裡，重點在於「集中注意力」，而不是「做某件事」。如果兒童毫無目的，不僅達不到矯正的效果，反而會引起更多缺陷。

激發兒童的興趣能改善他們的個性。對「問題兒童」的治療也需有一個過程，並非一進我們的學校就能夠痊癒。這個過程中，他們接受新環境的影響，充分發揮「行為自由」，個性才能得到發展。只有在環境才能充分展示兒童的天性 —— 自發的紀律、愉快地工作、社會良知、對他人的憐憫等。當這些能力得到正常發揮的時候，自主決定行為就成了兒童生活的規律之一。

我們的原則很簡單，就是讓兒童做他們自己選擇的有趣的事情。這些事情能集中他們的注意力，不使他們感到勞累，提高各種能力，完善他們的心理發展。

成人為兒童提供幫助並不意味著應該隨意給他們任何東西，而是要根據兒童的性格和興趣去選擇。同樣，我們也需要根據兒童心理發展的規律來選擇教育方法。

我們學校的兒童不僅完善了性格，求知慾也增強了。人們可能會說兒童在進行一種精神鍛鍊，尋求一條通向自我完善與心靈淨化的道路。阿拉伯經典作品《吉塔》（*Gita*）中寫到兒童的發展時說：「讓兒童做該做的事情極為重要。因為大腦需要不停地工作，不會停止不動，只有專注地做事，才能發展人的精神。懶惰的大腦容易接受不好的東西，因而懶人不能算作是健康的人。」

這與我們的觀點相同。正如紀伯倫所說，「工作是愛的表現」。

相信孩子的自覺性

儘管兒童行動自由，卻給人一種有紀律性的印象。兒童安靜地專注於自己的工作，取出或歸還教具時走路的聲音很輕，離開教室也只在院子裡張望一下就回來，從不久留。他們對教師的要求執行迅速。

一位教師告訴我：「兒童如此聽話，使我開始注意自己的言行，為每一句話負責。」教師要求兒童安靜地練習，她提出要求之後，他們就會帶頭表率。這種對紀律的服從沒有阻止兒童的獨立行動，也沒有為他們自主安排活動造成障礙。他們各取工作所需要的教具，並保持整潔。如果教師來遲了，或只有兒童留在教室，一切也能照常進行。他們自發地把秩序與紀律結合在一起，這是最吸引參觀者的表現。

他們表現出極好的紀律性，在教師提出要求之前先會服從。原因是什麼呢？兒童工作時，教室裡非常安靜，沒有人試圖破壞這種氣氛，也沒有人透過虛假的形式來獲得這種安靜。可能是兒童找尋到適合他們生命的道路吧，就像星星在運行中不停地閃光一樣。這種自然規律已經和環境無關，成為宇宙規律的一部分。

人們應該具備的觀念是，自然界的規律為諸如社會生活的所有其他形式規律提供了基礎，事實上，能激起最大興趣並為教育理論提供營養的事情，就是闡明了自由只能建立在秩序和紀律的基礎上。很多人很難理解這一觀點。

一天，義大利總理的女兒陪同阿根廷共和國大使來「兒童之家」參觀訪問。大使要求預先不作通知，她覺得耳聽為虛，眼見為實，想要更確切地證實一下。

他們到達之後卻得知那天是假日，學校不開門。院子裡一些孩子馬上走過來，其中解釋說：「雖然是假日也沒有關係，我們都在這幢大樓裡，可以到警衛那裡取鑰匙。」於是，他們把朋友集合起來，打開教室的門後自主工作起來，向客人們證實了他們令人驚訝的自發性行為。

訪問者也包括義大利國王、王后及其他一些名人，他們到院子裡看望孩子，這種前所未有的場面讓住在公寓大樓的人們驚訝不已。孩子們的母親經常會跑到我這裡，高興地反映家裡發生的事：「這些三四歲的小孩會說：『該洗一洗你的髒巴巴的手了』，或者『你是不是該把衣服上的髒東西擦掉？』聽到這些，我們不僅沒有惱火，反而覺得像在夢中一樣。」

如今，兒童使得貧困的家庭變得清潔、整齊。他們清理掉了窗臺上破碎的鍋罐，把窗戶玻璃擦得閃閃發光，連院子花壇中的天竺葵也被弄得花枝亂顫了。

由此，一些婦女經常偷偷把天竺葵放在學校窗臺或地板上，並做一些好吃的飯菜送到教室，以表達他們的感激之情。

恪守教育原則

怎樣才能獲得這個結果呢？下面我將簡要描述一些案例或印象來闡明我所持的觀點。

沒有受到障礙約束的兒童的心理是依其本性而活動，但人們眼裡往往只有兒童，而沒有方法。我們前面所列舉的成功案例根本不是任何「教育方法」的產物，如鳥的羽毛、花朵的芳香一樣是自然發展的。然而，教育所做的是採用一種能夠幫助兒童自然發展的方式去保護和培育他們，因而，兒童的自然特性會受到教育的影響。這類似於培育新品種花朵，園藝學家透過適宜的照顧和一定的工藝，不會改變花朵會開花的基本特徵，但能改良花朵的色彩、香味和一些其他自然特徵。

「兒童之家」的一種現象表現了兒童的某些天賦的心理特徵，但不像植物的生理特徵那樣明顯。兒童的心理活動是多樣易變的，若處在不適宜的環境中，心理特徵就會被其他東西所取代甚至完全消失。所以，在涉及教育之前，我們必須創造一個能促進兒童天賦正常發展的適宜環境，而首要任務就是消除障礙物。這是教育的基礎和出發點，我們應該先發現兒童的本性，才能發展兒童的現有特徵。只有如此，才能促進兒童的正常發展。

透過對偶然引起兒童正常特徵發展的條件的考察，我們篩選出一些重要條件。第一是把兒童安置在一個不會讓他們感到任何壓抑的愉快環境中。來自貧困家庭的兒童一定會發現他們的新環境非常舒適——整齊潔白的教室，特意為他們製作的新的小桌子、小凳子和小扶手椅，以及院子裡陽光照耀下的小草坪。

第二是成人的積極作用。兒童的父母通常沒什麼文化，但教師不因此而像其他學校教那樣存有傲慢和偏見，從而產生一種「理智的沉靜」。人們若早認識到教師必須沉靜，就不會把它視為神經質。更深沉的沉靜是一種沒有雜念的、暢通無阻的狀態，是內心清澈與思考自由的源泉，是心靈的謙虛和理智的純潔，是理解兒童不可或缺的條件。因此，教師準備活動的最必要的部分就是獲得這種沉靜。

第三是給兒童提供合適、引人、科學的訓練感官的材料。兒童被這些用於完善感知的材料所吸引，對運動進行分析和改進；並由此學習集中注意力 —— 這些僅透過教師說教是達不到這個效果的。「說」只是一種外部的力量。

因此，兒童發展需要適宜的環境、謙遜的教師和科學的材料 —— 也即是我們教育方法的三個外部特徵。

現在我們去發掘兒童心理活動的種種表現方式。連續的活動要求手的運動專注於一項簡單的工作上，令人驚訝的是，這像魔杖一樣叩開兒童天賦的正常發展之門。兒童特徵的發展來自於某種內在的衝動，一如他們樂意進行像「重複練習」和「自由選擇」的活動。

我們發現，兒童之所以不知疲倦地從事他的工作，是因為他的活動如與他的生命和發展是息息相關的心理新陳代謝，兒童的選擇將成為他的指導原則。兒童熱情地對諸如安靜類的練習做出反應，他喜愛能導向榮譽與正義的課程，急切地想要學會那些能發展他的心靈的工具，也需要向我們展現秩序和紀律。反之，他厭惡諸如獎品、玩具和糖果之類的東西。但是他仍是真正的兒童，充滿活力、真誠、歡樂、可愛；高興時會叫喊著，拍著手，到處奔跑；喜歡大聲迎接客人，反覆感謝，以呼喚和追隨來表示激動；他友好，喜歡看到的東西，並使一切適應自己。

我們把兒童選擇的東西和自發的表現方式列舉出來。或者，還可以加上他所抵制的在他看來浪費時間的東西。由此我們發現，兒童本身已為構建教育方法提供了實際、明確甚至是已驗證的原則。兒童的選擇是這種教育方法的指導原則，他們的自然本性能夠阻止錯誤的發生。

這些原則在構建正確的教育方法過程中始終發揮作用，長期的經驗也足以證明這一點。我們由此聯想到了脊椎動物的胚胎 —— 其中有一條將變成脊椎柱的模糊的線，線的內部有一些點慢慢發展成互不相連的椎骨。

我們可以進行進一步比較：胚胎分成了頭部、胸部和腹部三個部分，同樣，教育方法的基本輪廓也是一個排列成線狀的整體，它具有一些會如椎骨一樣漸變的特徵。這個整體也包括三個基本要素，即環境、教師和各種教具。

其中的第一項「兒童喜歡的東西」，包括個人工作、重複練習、自由選擇、控制錯誤、運動分析、安靜練習、社會交往的良好行為、環境秩序、個人整潔、感官訓練、書寫和閱讀、複述、自由活動諸項；第二項「兒童抵制的東西」包括獎勵和懲罰、拼字課本、玩具和糖果、教師的講臺諸項。

一步步追蹤這種基本輪廓的演變是饒有趣味的。人類社會最初的工作是受兒童指導的，表明了那些原則最初表現為人們從未料到的新發現。而這種特殊的教育方法的不斷發展被看作一種演變，因為其中的新東西來自生命本體。生命的發展依靠於它所處的環境，兒童的成長環境由此具備了某種特殊性，雖然它是由成人提供的，本質上卻是一種與兒童生命發展新模式的積極互動。

這種新的教育方法很快被應用於不同種族及各種條件下的兒童教育學校，這給我們提供了豐富的實驗資料，我們發現共同特徵和普遍趨勢提供幫助。因此，自然規律應該是構成教育的首要基礎。

仿效第一所「兒童之家」建立的學校採取了同樣的原則：首先期待兒童的自發表現，然後才考慮從外部取一定的具體方法，這一點算是有趣之處。

尊重孩子的本性

我們的教育方法主要強調環境，其次是教師的作用。教師成為兒童活動障礙的原因是缺乏主動精神，過度注重自我和權威。具有主動精神的教師看到兒童獨立活動並取得進步時，會由衷地感到高興，給予他真誠的讚美，最後強調的是尊重兒童人格，但其程度在任何其他教育方法中沒有先例。

以「兒童之家」聞名的教育機構充分展現了這三條基本特徵。我們希望「兒童之家」這個名稱帶有「家庭」的親和力。

如今，新教育方法已受到廣泛地討論與關心。這種教育方法把兒童和成人的角色重新定位，即教師不再是教學的主體；兒童成為活動的中心，他們可以獨立地學習，隨意走動和選擇自己想做的事情。一些把這看作種「烏托邦」，實屬誇大其詞。

我們再來談一談關於環境設施方面的問題。我們為兒童量身設計的一切設施為人們接受與稱道。教室乾淨明亮，低矮的窗戶用花朵裝飾，家具仿製於現代家庭，比如各種小桌子、小扶手椅子、好看的窗簾、自由開合的矮櫥櫃等，櫥櫃盛滿供兒童隨意使用的教具。總之，這一切都是有助於兒童發展的實際性的改進。我相信，方便的外部條件會被更多的「兒童之家」接受並保持，這種令兒童喜悅的改進已成為「兒童之家」的一個主要特徵。

經過長期的實驗研究，我們有必要再次反思「兒童之家」的理念，這將是重新闡釋兒童教育方法的起源。

有人認為，我們是透過對觀察兒童得出「兒童具有一種神祕的本性」這一驚人結論後，才提出建立一種特殊學校並創造相應特殊教育方法的。這種想法純屬謬誤。人不可能透過模糊的直覺去觀察某種未知的東西；更不用說憑空想像兒童具有兩種本性並企圖用實驗把它們展現出來。新生事物具備發展壯大的力量，當它有機會初步發展時，接觸它的人可能會持懷疑的態度，人們對新生事物總有本能的牴觸。但它們並不因此止步不前，而是繼續不斷地展現自己，直至被人們發現、承認並心悅誠服地接受。我們時常認為發現新生事物是困難的，而要相信新生事物更為困難，因為我們感官的大門在新生事物前總是關閉的。但一旦有機會發現並承認它，我們就變成了《聖經》中那個尋找寶珠的商人，為了一顆價值連城的寶珠賣掉所有家產也在所不惜。

我們的心靈像一間不對陌生人開放的貴族畫室，陌生人必須經由熟的人介紹才能進入。人們總是重複從已知到未知的上述行為。未經熟人介紹的人會砸壞緊閉的門窗，或趁其虛掩時偷偷溜入，從而成為一個神奇的人物。伏塔在觀察剝皮後仍然四肢抽動的青蛙時，表情肯定難以置信。他繼續實驗，最終發現了靜電的作用。一個新紀元、新領域有時正是細微事情為開端的。從本質上說，探究者只有深入研究無數貌似毫無意義的細節，才可能前進到一個新的領域。

對新發現，物理學和醫學總是有著嚴格的認定標準。這些領域中，新發現可能是初步發現以前未被認知的事實，們好像未存在過，從而受到人們懷疑。這種事實是客觀的，不依賴於個人直覺。

確認新生事物的兩個步驟如下：一、把它分離出來，研究不同條件下它的狀況；二、使新生事物在研究環境中得到確認，保證其真實存在。必須先解決這個基本問題，然後才能開始研究，在新的起點發現新生事物，為研究者帶來真正的發現成果。然而，很明顯，很少有人肯研究一些自己無法證實存在的東西。探究者得到的可能只能幻象而非真相。但研究方法與發現的再現、保存和控制有關，它不僅不會像幻象一樣消失，反而有真正的更高的價值。

維護孩子的自尊

還有其他的一些趣事。那天，我給兒童上一堂如何擤鼻涕的搞笑課。我講解了多種手帕的運用方法之後，指導他們如何盡可能悄悄地擤鼻涕。我做示範時兒童認真、尊敬地注視著我，沒有一個人笑出聲。我剛示範完畢，他們發出只在劇場中才能聽到的長久的熱烈掌聲。這使我吃驚得不得了，我從來沒聽到過也沒想到這些孩子會那麼熱烈地鼓掌。

隨後我領悟到，我觸及到了他們極其有限的社交生活中的敏感點。兒童擤鼻子經常被成人責備，所以敏感地認為擤鼻子是件很難堪的事。大人的叫嚷和辱罵傷害了兒童的心靈，使他們很難受。為防止手帕遺失，成人甚至強迫兒童把手帕滑稽地別在圍兜上，這造成了進一步的傷害。但沒有人真正地教過他們應該如何擤鼻子。

我們應該和兒童換位思考，明白兒童面對成人的嘲諷很容易感到丟臉。我的教育使他們感受到了公正的待遇，不僅洗刷了他們過去所受的羞辱，還使他們獲得全新的社會地位。

無論如何，以我有長期的經驗為證，我對這件事情的解釋是正確的。我漸漸認識到，兒童的尊嚴感十分強烈，成人卻從未意識到他們很容易受到傷害並感到壓抑。

那天，我正要離開學校，孩子們突然大喊：「我們感謝你，謝謝你上的這一課！」我走出大樓後，孩子們靜悄悄地跟著我一直到大街上，在人行道排成一支整齊而壯觀的隊伍。我回頭說：「回去吧，孩子們，路上小心，不要撞到牆上。」他們才轉身飛快地跑到大樓門背後，全都消失了。我真真切切地感受到窮孩子的人格尊嚴。

「兒童之家」的參觀者發現，這裡的兒童的行為表現得自尊自重。他們熱情地接待來訪者，給他們示範是自己是如何進行工作的。

有一天，一個人提前通知我們，將有大人物要跟這些兒童單獨在一起以便更多地了解他們。我對那位教師只說了一句話：「順其自然！」

然後，我對孩子們說：「你們明天將見到一位客人，我希望你們被他看成是世界上最棒的孩子。」

後來，那位教師向我反映這次訪問成果。她說「我們獲得了巨大的成功。兒童請這位客人坐椅子，非常禮貌地說：『您請坐』，其他兒童會說『早安』。在這位客人離開時他們把頭探出窗口，一齊喊道：『謝謝來訪，再見』。」

我責備這位教師：「我對你說過不要做什麼準備工作，一切順其自然，你為什麼要教他們這樣呢？」

她回答：「我並沒有跟兒童講什麼，他們是自覺地這樣做的。」她補充道，「我幾乎不敢相信自己的眼睛，我對自己說，這肯定是天使製造的奇蹟。」她說，兒童比平時更勤奮，表現出色，來訪者都被震驚了。

第四章　尊重個體生命

很長一段時間我對那位教師的話難以置信。我擔心她強迫兒童做準備工作或排練，再次問起她這件事。最後才意識到，兒童也有尊嚴，他們知道認真工作，真誠友好地接待來訪者，他們以為尊敬的客人示範自己所能做的工作感到自豪。

我對他們說：「我希望你們被看成是世界上最棒的孩子。」但這必定不是他們表現良好的所有原因。即使我只說「有一位客人要來拜訪你們」，就相當於客人已經到了我們學校的會客室。這些自尊自信的兒童非常樂於去接待客人。

原來有些事情看起來簡單，但神奇無比。兒童過去的羞怯一去不返，他們心靈與周圍環境之間的障礙也消失殆盡了。他們的生命如鮮花綻放，在陽光的哺育下茁壯成長，散發濃郁的芬芳。更重要的是他們的發展道路暢通無阻，自己隱藏、畏懼或逃避什麼。

事情簡單得不得了，我們的結論是：他們現在能迅速適應環境。

兒童表現得機靈活潑，鎮定自若，隨時擦出精神的火花，使與他們接觸的成人心情振奮。他們感激所有關愛他們的人，給重要人士留下新的、生機勃勃的印象，他們由此成為了社會的關心點。

一些普通來訪者難以掩飾興奮地心情，十分有趣。例如：一些女士衣著華麗、珠光寶氣，像去出席招待會一樣，當見到活潑、天真、謙虛的孩子們時，欣喜異常，大加讚美；年幼兒童致歡迎詞時，她們高興極了。兒童玩著女士們漂亮的衣角，拉住她們美麗的手，相處融洽。

有一次，一個小男孩感動了一位沮喪的女士。小男孩走到她面前，小腦袋緊靠著她，把女士的一隻手放在自己的雙手上，撫慰她的悲傷。後來，這位女士非常激動地說：「這個孩子給了我前所未有的安慰！」

放開孩子邁出的腿

成人需要遵循的行為方式是放棄自己的優勢，與成長中兒童的需要相協調。

動物適應於幼崽的需要的前提是具有本能。當母象帶領一頭小象進入成年象群時，龐大的長輩們就把自己的步伐減慢，和小象的步伐一致。當小象疲勞停下來時，牠們也都停下來等牠休息。各國對兒童的照顧與此類似。

一天，我看到一個日本父親帶著幼兒散步，突然這個大約一歲半的小男孩用手臂抱住父親的腿。父親站著不動，任把自己當作遊戲的道具，圍著他的腿轉圈。小孩做完遊戲後，兩人又開始了緩緩的散步。一會兒過去了，小孩坐在路邊，父親站在他身邊不動。這位父親的表情是嚴肅而自然的。父親帶著兒子散步，父親沒做任何不尋常的事，很奇妙。

兒童外出散步適宜他們學習協調不同的動作以獲得平衡感，這是我們必須認識到的。

人類肢體與動物肢體的區別是，人必須用兩條腿而非四肢行走。人是唯一完全依靠兩條腿來走路的動物。猴子的手臂很長，輔助牠們在地面爬行。四足動物走路穩重，牠們抬起斜對的兩條腿，讓另兩條腿著地，交替輪換著行走。人走路必須先用一條腿支撐自己，再換另一條腿支撐。大自然透過這個方法解決行走運動的難題，動物透過本能學會行走，人卻要付出主觀努力才能學會。

兒童要透過學習獲得行走能力，並不是傻等著這種能力的到來。父母看到孩子邁出第一步時欣喜不已。這是征服自然的第一步，標誌著兒童從一歲進入了兩歲。學會走路對於兒童如同第二次誕生，他從不能自主行動變成了有行動能力的人。心理學中，這被認為是兒童正常發展的一個主要標誌。

但這僅僅是第一步，之後他仍然需要經常實踐，優美從容的步伐是個人持續努力的結果。兒童初學走路時有種不可抑制的衝動，表現得勇敢無畏，甚至有點莽撞，就像一個不管遇到什麼困難都勇往直前的士兵。因此，成人設置障礙物把他們圍起來。兒童的腿已經強有力了，成人仍把兒童關在保護設施裡；即使能夠走路了，成人外出時仍把他們放在手推車裡推來推去。

兒童的腿比成人短小很多，缺乏走長路耐力，必須主動適應那些不會減慢步伐的成人。保姆帶兒童外出也是如此，保姆推著手推車像在市場買蔬菜，她只按自己的速度徑直走到戶外活動的目的地。除非到了公園，她不讓小孩走出手推車，等她坐下，才允許兒童在她的注視下在草坪上走動。她僅僅是為了避免讓「植物似的」兒童發生危險，她哪裡管得了兒童心理生活發展的基本需要呢？一歲半到兩歲的兒童可以做爬斜坡、梯子等有難度的動作，甚至可以走好幾英里。但是，這與成人行走的目的截然不同。成人要去某個地方，直接走到那裡就可以了，兒童雖有自己的步伐，但幾乎是被機械、盲目地帶著前進。兒童的行走是為了完善自己，發展征服自然的能力。幼兒的步伐是緩慢的，沒有節奏與目的地，他的行走是被周圍物體吸引的結果。如果成人要幫助兒童走路的話，就必須放慢自己的步伐，放棄自己的目的。

我曾在義大利那不勒斯目睹一對年輕夫婦和他們一歲半的孩子的故事。他們去海邊必須經過一條陡峭、大約一英里的下坡路，任何運輸工具都無法透過。父母把小孩抱在懷裡實在太累了，後來，孩子自己解決了這個問題，他能走完這段路。他一會兒停下來看花，一會兒坐在草坪上，一會兒站著看動物。他凝視一頭驢，呆呆地站了將近 15 分鐘。之後，他每天往返於這條漫長艱難的道路而不知疲勞。

在西班牙時，我見過兩個兩至三歲的孩子，能夠行走一英里左右，另外一些孩子能在窄陡的梯子上，連續一個多小時地上上下下。

有些母親將孩子爬梯子與「不聽話」連繫起來。一位母親告訴我，她的小女孩幾天前才開始學走路，不管任何時候，只要一看到梯子就高聲歡叫，如果有人抱她上下樓梯，她簡直激動得要發瘋，甚至眼淚汪汪。這位母親不知道孩子為什麼激動，這太不可理解了，最後她只好對自己說這不過是一種巧合罷了。其實樓梯的臺階對小孩有一種天然的吸引力，孩子想在樓梯爬上爬下，把手擱在臺階上，或乾脆坐上去。在曠野上時小孩的雙腳掩在草叢裡，沒有地方放手。允許孩子行走的只有這些地方，而且成人還要牽住他們的手，把他們囚禁在嬰兒推車裡。

兒童喜歡行走和奔跑，他們總是把滑梯擠得滿滿的，爬上滑下、坐下起來。窮孩子在街上跑來跑去，很容易地就能避開車輛，甚至能毫不費力地穿過汽車和卡工廠的縫隙。這雖然危險，但也能讓他們不像富家子一樣，因羞怯而遲鈍甚至懶散。事實上，兩類兒童都未得到真正意義上的指導。街上危險的環境使窮孩子不安全，而太多的東西的包圍使富家子處於過度被保護狀態，遠離了危險的環境，卻也產生了副作用。

處於成長、壯大、成熟的過程的兒童，就像彌賽亞所說的那樣，「無處容身」啊。

第四章　尊重個體生命

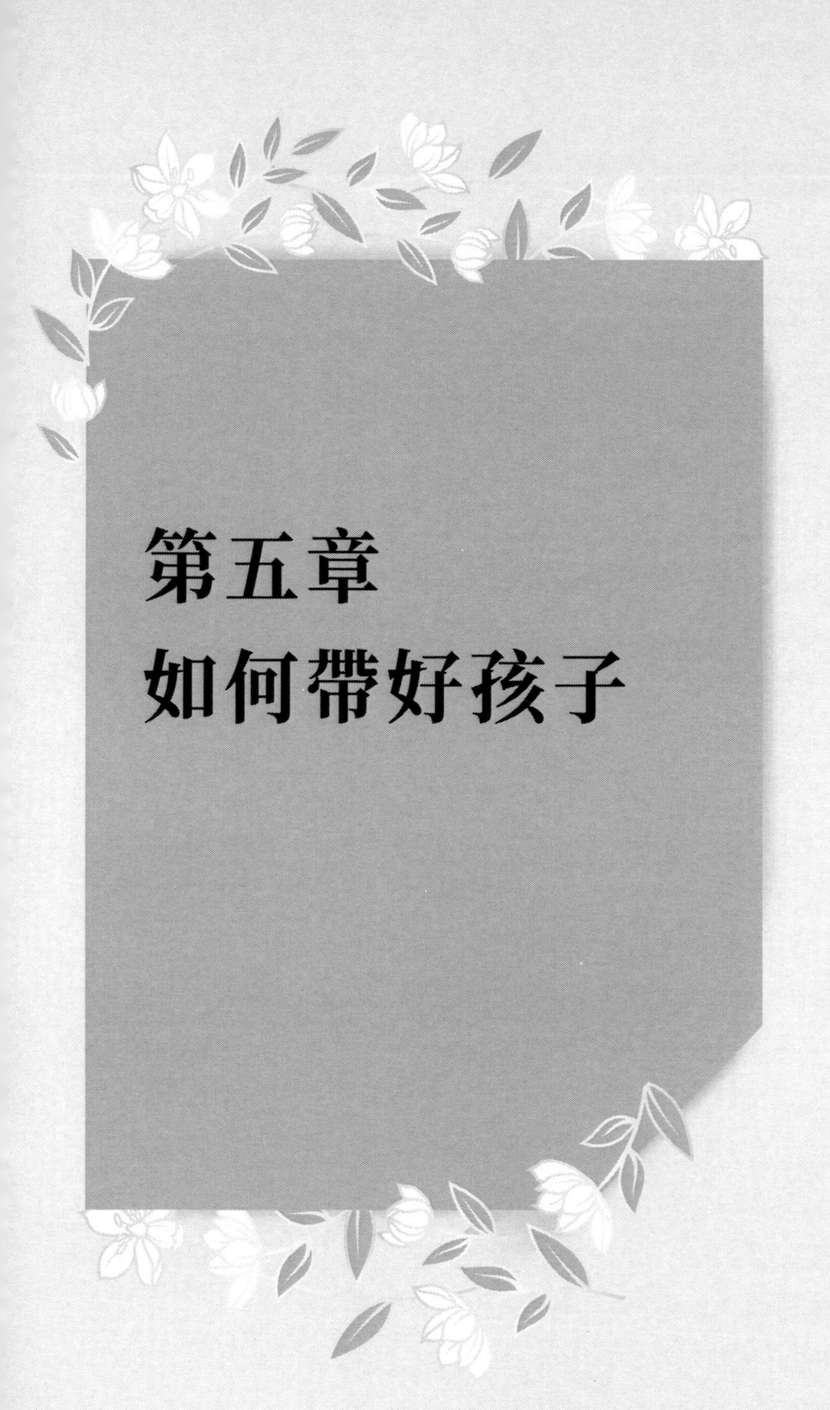

第五章
如何帶好孩子

讓孩子安然睡去

成人習慣專制地說：「小孩子不要亂跑，不要大喊大叫，不能動大人的東西，要多吃，要多睡。」或者最好到戶外去玩樂，與陌生人在一起也沒關係。懶惰的父母總是選擇最輕鬆、最簡便的辦法 —— 打發孩子上床睡覺。

雖然兒童很快地服從了，但他們根本就是喜歡睡大覺的人。誰說兒童不需要睡覺呢？但他需要也應該得到正常的睡眠時間，我們必須知道適度的睡眠和人為制定的時間表的區別。

眾所周知，強者不用說什麼就可以把自己的意志強加於弱者，而強迫兒童服從和遵守他的睡眠時間表的成人，正是在透過暗示不動聲色地把意志強加給兒童。

沒有受過教育的母親會直接要求孩子去睡覺，鄉下農夫準備一種枕頭延長孩子的睡眠時間。但無論博學還是孤陋的成人，無論無知的父母還是嬰兒的保姆，都有一個殘酷的意識，就是讓這個生機勃勃的孩子去睡大覺。

富裕家庭的兒童都被強制過度睡眠，反而是貧困家庭的孩子不被要求去睡覺，整天到處奔跑。這些貧家子弟往往要比富家子更安靜。

人們認為兒童「長時間睡眠」像吃飯和呼吸一樣重要，他們在某種程度上造成「兒童的類植物生活」。

曾有一個 7 歲的男孩對我吐露，父母總是一入夜就讓他去睡覺，他從來沒看過星星。他說：「我盼望晚上爬到山頂，躺在草地上看星星。」許多父母讚揚孩子一到黃昏就去睡覺的習慣，其實是在為他們自由時間找藉口。

有一種裝有圍欄的可移動兒童床，比成人寬敞的大床更為柔軟、美麗而舒適。成人根本沒有考慮兒童的心理，他們沒想過兒童在小床上像個被監禁的小囚犯。這是成人建造的監牢，只對成人有好處，因為兒童受到的限制越多，成人的自由也就越多。

事實上，兒童擁有的只是缺乏溫暖、被監禁、被束縛的生活。兒童床像建在高處的鳥籠，成人照管孩子就不必低頭彎腰，離開時也不擔心孩子掉下來。兒童的哭聲不會驚擾大人難受，窗簾遮住陽光，清晨的陽光也不打擾他的睡眠。兒童必須在傍晚睡覺，以給父母晚上自由的時間；早晨又應該晚醒，以免打擾睡懶覺的父母。

給兒童一架合適的床與適當的睡眠，是幫助兒童心理發展的方法之一。兒童應該享有決定是否睡覺的權利：他想睡時才去睡，不想睡就起來玩樂。家長應該遵從我們的建議，革除兒童的小床，給他們一個貼在地板上的矮床，讓他們隨心所欲地玩樂。貼近地板的小床經濟實用，有利於兒童的心理成長，並能克服一些看似很難的問題。

兒童的發展不該被複雜的東西阻礙，這對他毫無促進作用。一些家庭開始把小床墊放在地板上，蓋一條又大又柔軟的毯子以改善兒童的睡眠。這樣的效果是，晚上兒童與成人互道晚安後，獨自去睡覺，早晨起床時也不彼此打擾家人。這些例子表明現行的教育方式存有很大的盲點。成人把意志強加給兒童，也把自己弄得精疲力竭。受這種自私心態的影響，成人往往違背兒童的天性，而我們應該克服這種防禦性的心理。

綜上所述，成人只有努力了解兒童的心理需要，給兒童提供滿足他的適宜的環境，才能開創一個新的教育局面，為兒童提供真正的幫助。

成人絕不能再把小一些的兒童當成小件東西隨手提拎，把大一些的兒童當作服從自己的應聲蟲，必須認識到自己在兒童的發展中只能起次要作用。若想支持和幫助兒童發展，就必須努力理解他們，這也是兒童的母親與教師的共同願望。兒童比成人弱小，要幫助他們發展個性，成人必須控制自己的影響，努力領會兒童的表示。成人應該把這自己能夠理解和追隨兒童當作是一件重要和光榮的事情。

用你的愛心培養孩子的愛心

事實上，孩子對成人的一舉一動都很在意和敏感，他們也很想聽從成人的每一個指令。成人絕對無法想像，孩子的特徵之一就是他們已經準備好了服從我們，而且意志是那麼堅定。

舉個例子吧，有一個小孩把拖鞋扔在床上，他的媽媽生氣地說：「不可以這樣，拖鞋太髒了！」然後一邊生氣，一邊用手把床單上的灰塵拍掉。這件事過去後，無論何時，只要這個孩子看到拖鞋就會說：「好髒哦！」然後跑到床上去拍灰塵。

我們該怎樣做呢？孩子是那麼敏感，又那麼容易受到我們的影響。因為我們做的每一件事以及說的每一句話，都會在孩子的腦海裡留下很深的烙印，所以我們應該注意自己的一言一行。孩子是完全服從成人的，服從就是他這一階段的生活內容。孩子對指引他的生活的成人是又愛又崇拜。我們應該意識到，如是孩子行為上稍有一點偏差，就表明他們的情緒不大對頭，就得引起我們重視。

事實上，孩子隨時會對我們付出愛和尊重，並聽從我們的教導。孩子是愛爸爸媽媽的，因此，我們必須了解他們。但我們卻總是說，爸爸媽媽和教師是多麼的喜愛孩子，甚至有人主張必須教導孩子愛他們的爸爸媽媽和教師，甚至愛每一個人。可是，誰是教會孩子愛的導師呢？不是那些總是阻止孩子活潑好動的人，不是那些只會懲罰孩子的人，以井底之蛙的眼光來看待比自己更廣闊的世界的人，更不配成為孩子的愛的導師。

孩子確實深深地愛著他的父母，我們都知道，每當孩子睡覺的時候，一定要他的媽媽陪伴在身邊。可是孩子所愛的人卻以為「要制止這種無理取鬧的行為，如果孩子睡覺的時候我們還得陪在身邊，一定會把他寵壞的」。與此情形相同的還有家人一起吃飯的時候，有的父母會說，如果孩子要求和我們一起坐在餐桌前吃飯，當我們不讓他過來他就哭鬧的話，最好假裝自己還沒到吃飯的時候。雖然孩子太小，不能吃成人的食物，但在，孩子只要在成人吃飯的時候在場就會心滿意足。一旦孩子被帶到餐桌前，就會停止哭泣。當然，假如沒有人理睬孩子，他也許坐在餐桌前還會繼續哭。孩子是多麼想成為團體中的一員啊！

沒有誰會像孩子一樣，在我們吃飯的時候都那麼想和我們在一起。等到將來有一天你會感嘆：「現在可沒有人在睡覺前還哀求我陪他，每個人在睡覺前只會想到自己，只記得今天發生了什麼，就是沒有人想到爸爸媽媽。」那時我們會有多麼的失落！只有孩子每天晚上臨睡前還記得說：「不要走，陪我吧！」我們可不要失去了人生中這個不復重來的機會。

有時，孩子一醒來就會把睡意正酣的爸爸媽媽喊起來，這讓父母們抱怨不已。實際上，父母們都應該和這個溜下床的天真的小朋友步調一致。早晨，太陽出來的時候，是鍛鍊身體的最佳時段，但父母卻還在睡。孩子悄悄來到爸爸媽媽床邊，像是在說：「爸爸媽媽起床嘍，我們要學習過健康的生活，早晨的太陽在向我們招手呢！」孩子們並不是想當教師，因為他愛你們才會早上一起來就不由自主地想跑到你們身邊。你看他走得跌跌撞撞，但經過沒有什麼光線的走廊，他一點也不怕黑，他推開半掩的房門，走到爸爸媽媽床邊，撫摸他們的臉。爸爸媽媽常常會說：「不要一大早就把我吵醒」孩子也許會這樣回答：「我不是來吵你們的，我只是想親你們一下！」可是爸爸媽媽還是會找到別的理由來教訓孩子。

想想看，在我們的生命中，有誰一睜開眼睛就想著和我們在一起？有誰如此不怕麻煩，只因為想看看我們或親親我們，而小心翼翼地很怕把我們吵醒？這樣的事情在生命中又能有幾次呢？而我們竟然會覺得這是孩子的壞習慣，並試圖將它改正過來。我們對孩子的愛的表現竟然如此無動於衷！

孩子很早起來是因為他不僅是喜愛美麗的早晨，更深愛著總是睡過頭、渾渾噩噩的爸爸媽媽。孩子喚醒了我們的知覺，用另一種方式使我們保持清醒，他的到來給了我們一個新的開端。每天早晨孩子用與我們不一樣的方式，出現在我們面前，好像在說：「你們可以過另外一種健康的生活，完全可以過得比現在還好。」

我們的惰性使原本可以過得更好的生活顯得平淡無奇。孩子是可以促使成人積極進取的人。如果成人不願意去改變，就會遭遇失敗，以致慢慢變得頑固起來，變得麻木不仁。

讓孩子自己做主

我們要在本章探討的，是一些不曾被仔細研究或者說是根本不受重視的兒童特質。

這裡所要說的人格特質不單指道德方面的行為，而是要從廣義上強調孩子有多重性格。它既包括智力上和外貌上的特性，又包含了孩子將這兩者結合以後的表現，這種綜合表現是無法從心理學的角度進行分析的。

讓我們將孩子的活動過程用曲線圖來表示一下。在紙上畫一條水平線，表示孩子正處於休息狀態，水平線以上表示有規律的活動，水平線以下表示隨意玩樂或沒有規律的活動，而曲線和水平線之間的距離表示活動的程度，曲線的方向表示時間。我們可以用這樣的方式將孩子每一個活動的時間和規律，用圖形顯現出來，而圖上畫成一道曲線就是孩子活動的全過程。

我們用這種方法測量一下一個孩子在「兒童之家」所做的活動：

通常，當孩子們進入教室後，先是安靜一會兒，然後才開始找事情做。這一段時間孩子是在有規律地活動所以，曲線是先向上畫出。過了一會兒他玩累了，活動開始變得有些混亂，這時候我們把曲線畫到水平線以下，並一直下降到他的活動沒有規律的部分。接下來，孩子會換一種新的活動，舉個例子，如果孩子在開始時先擺弄帶插座的圓柱體，然後拿起蠟筆，認真畫了一會兒，然後就去逗弄坐在旁邊的孩子，這時的曲線就必須第二次畫到水平線的下方。接著，孩子和朋友鬥嘴，這時候的曲線應該繼續停留在活動沒有規律的部分。再以後他覺得累了，便隨手拿起幾個小鈴鐺放在秤盤上，可能是覺得挺有趣，他漸漸專心地玩了起來，他的活動曲線則再一次攀升到水平線上方有規律的部分。等到孩子玩膩了，不知道接下來要做什麼的時候，他就會煩躁地走到教師身邊。

我們的活動曲線圖當然不能顯示出孩子是怎樣玩每一種東西的，這個問題我們將另章論述。大多數不能專心的孩子，他們的活動都與上述曲線所描述的相吻合。這些孩子常常漫無目的地從一項活動轉換到另一項活動，原本準備在半年的時間使用的教具，他們在幾個小時之內就玩遍了。他們的這種毫無章法的行為是很普遍的，這樣的孩子往往無法把注意力集中於某一件事情上。

我們還可以從曲線圖上明顯地看出孩子的活動狀況。他看起來沒有很嚴重的無秩序現象，但是離完全有規律的要求還有一段距離。也就是說，孩子的活動曲線大致保持在有規律和沒有規律兩者之間。

這個類型的孩子趨向於做比較容易的事情，在進入學校以後，他也許能夠從教具裡找出一些他已經熟悉的東西，重複練習他已經學會的內容。一段時間後，孩子看上去有些疲倦，好像不知道該做什麼了，他的活動曲線就下滑到代表休息狀態的水平線。

以上活動模式，不只從一個孩子，甚至全班孩子身上都能展現出來。碰到這種情況，一個缺乏教學經驗的教師是怎麼處理的呢？他也許會認為：孩子們在做了日常生活練習，又花了很多時間擺弄教具的情況下，一定是累了。既然孩子是因為自己玩累了才沒有辦法專心，所以教師也無能為力。

一個容易心軟並且對當今盛行的心理學理論有所了解的教師，他會理所當然地認為，孩子做了那麼多的事，一定很累，因此教師會打斷孩子的工作。為了讓他們透透氣，教師會帶著孩子們到操場上去玩。等孩子們在操場上玩命似地跑了一陣子後，教師才把他們帶回教室。

此時，孩子們比沒出去玩之前更好動，更不可能專心。孩子們會連續從一項活動轉換到另一項活動，這種「假累」現象會持續下去。

根據以上情況，教師們往往會得出錯誤的結論，他們認為孩子對他們選擇的工作會感到滿意。孩子做事情隨興所至，一會兒之後他就開始煩躁起來，教師為此用盡各種辦法讓孩子們休息，換一個地方玩等。可是沒有一個辦法管用，孩子不僅無法繼續原來的事情，也沒有平靜下來，對此他們常常感到無可奈何。

雖然這些教師在非常用心地鑽研著教學方法，但是他們對孩子缺少應有的了解，所以教師們不能尊重孩子的自主權。

由於這些教師已經習慣於干預和指導，即使教師竭盡全力對每一項教學意見和教學計畫都非常在意，也還是干擾了孩子的自然發展，妨礙了孩子原本應該得到的啟迪。

其實，孩子只有在找到自己心靈深處尚未被發現的潛能時，他焦躁不安的心情才會得到平復。這就要求教師能夠尊重孩子們的自由，樹立對他們的信心；要求教師能夠把他的思想觀念暫時放置一邊；要求教師能夠謙虛一些，不把他的指導當作是必要的；要求教師耐心等待，他一定會看到孩子們所發生的全新轉變。

但是，如果孩子重新選擇了一項比以前更為容易並且能吸引他的所有注意力的活動，他不安的心情就可能得到平靜。在做這項活動時，孩子必須全神貫注，同時，孩子還應該不會受到身邊事物的影響。

當孩子完成他的重要工作之後，臉上顯現出的表情和看起來很累的「假累」完全不同，現在他的眼睛閃閃發光，他的身上似乎有了新的動力，並且充滿了朝氣。我們稱之為工作的循環，包含兩個部分：第一部分是單一的準備工作，它引導孩子接觸事物，並且帶領孩子進入第二部分，進行真正重大的工作。

孩子在完成了他的工作之後，會顯得非常平靜，並且也只有在這個時候，孩子才會顯現出真正的平靜。從孩子平靜安寧的樣子裡，我們清晰地了解到他已經找到了新的真理。這時候的孩子不但不疲勞，反而充滿活力，正如我們剛剛享用了一頓美食，或是洗了熱水澡一樣舒服。

我們都有這樣的經驗，吃飯和洗澡是兩種費力氣的工作，但它們不但不會讓人覺得累，反而會使人重新充滿活力。

了解了孩子能夠從完成工作中獲得平靜，我們就應盡可能地讓孩子有接觸重要工作的機會。

在這裡，我們來探討一下「休息」的真正含義。我們的看法是，休息並不意味著完全鬆懈。當我們靜止的時候，全身的肌肉都比較僵硬，只有放鬆時，我們的身體才能得到歇息。那麼，我們只有從大腦智慧的勞動中，才能得到精神的平靜。

人的生命真是神奇，有位教師說：「為了讓孩子精力充沛，我讓孩子做各種各樣的事情。」這才是了解孩子的最好方法。他的這一說法應該得到大家的尊重。

我們要想幫助孩子選擇他真正需要的工作，只有聆聽孩子生命活動的聲音。因此，這位教師尊重孩子神奇的生命過程，也深知他必有信心等待，這就足夠了。

只要學習環境中沒有壓力，孩子就會顯得快樂而且友善，他甚至十分自信地想和教師聊聊。孩子想找教師說說話，表明他的心靈之窗打開了，因為孩子已經看出教師是聰明和優秀的。從前孩子熟視無睹的一切東西，好像都在向孩子招手。現在你會發現，孩子的感覺變得敏銳了，生活也豐富起來了，對團體活動更加感興趣了。面對如此多生活上的新事物，孩子儲備足夠的精力是非常有必要的。

教師的教學對一個精神不振、感情貧乏的孩子是不會有什麼效果的。這樣的孩子既不懂規矩也沒有自信，就算能教會他一些東西，也會讓大人感到筋疲力盡。

上述教學理論中，我們得承認一個不爭的事實，那就是以往我們教育孩子的方式實在太糟糕了。要求孩子必須服從某個成人，這不是孩子內在發展所需要的行動表現。我們一再要求孩子遵從這些外在的東西，不給孩子發展其潛能的機會，這樣孩子就不能真正成為自己的主人。

第五章　如何帶好孩子

我們必須要做的是，引導孩子找到那條通往內心世界的道路，而不能一再使孩子的發展受挫。

孩子在工作時越專心就越是安靜，也越能心甘情願地遵守紀律，在教學上認識到這一點的教師，都會創造出一套特殊的溝通方式。

比如：一位教師可能會問另一位教師：「你們班上的孩子表現得怎麼樣？他們都有組織、有秩序嗎？」那位教師可能回答：「嘿！你記不記得從前那個很淘氣的小男孩？他現在變得自覺了。」

用這種方式與孩子們溝通的教師，他對孩子們接下來的發展通常早已心中有數，對孩子的教育也就自然而然地開展起來。

一件簡單的事情就能讓孩子變得遵守紀律，這個自律的孩子就這樣走上了自然的心理發展之路。自律的孩子會認為工作是一種享受，如果無事可做他會很不習慣，甚至在等人的時候他都閒不下來，這樣的孩子充滿了活力。

孩子只要能夠自律地工作，「假累」的時間就會縮短，工作結束後得以平靜的時間就會延長。因此，讓孩子有比較多的時間沉浸在他已經完成的工作中是有必要的，這個安靜的時刻對他來說有著特殊的意義。雖然工作好像告一段落了，但是另一項觀察外部世界的工作才剛剛在他腦子裡開展。當孩子的內心安靜下來，他就開始注意觀察著周圍正在發生的事，他會思考一些細節，還會從中有一些新的發現。

怎樣才能達到專心的目的呢？需要經歷三個步驟：第一步，準備好有具體目標的工作；第二步，滿足孩子的內在發展要求；第三步，使疑問得到解答。

當孩子心裡的疑問有了答案時，外在表現會有所改變，因為孩子領悟到他從來沒有經歷過的事情。孩子變得十分聽話，而且他所表現出來的耐心幾乎使人無法相信，更讓人驚訝的是，在這之前我們並沒有教給孩子要聽話或有耐心。

如果一個孩子不能掌握平衡，他可能就會因為怕摔倒而不敢向前邁步，也不太敢隨意揮動他的手臂，這樣的孩子走起路來常常是深一腳淺一腳的，並且隨時可能摔倒，一旦他學會了保持平衡，就能跑善跳。

同理，一個精神上不平衡的孩子是不可能專心思考的，他也就不能控制自己的行動，這樣的孩子怎麼可能不跌倒呢？所以，孩子不能夠按照自己的意願行事，他就不能夠聽從其他人的意見。

服從既是一種精神上的敏感，也是心靈平靜的結果，更是內心力量的表現。用什麼詞來解釋服從力量最好呢？是適應。生物學家認為，一個人需要用極大的力量來適應環境。這裡所指的適應環境的力量，就是一種讓人順應自然規律，試著融入周圍環境的重要力量。實際上，這種適應的力量並不是要用時就會有的，它要求我們事先就準備好，是在發生作用之前早已存在。

孩子要有力量服從，就應該得到健全的發展，達到精神上的平衡和協調。同自然界中只有強者才能夠適應環境的道理一樣，只有在精神上堅強的人，才懂得順應和服從。

要想孩子能夠茁壯成長，我們必須盡可能地按照孩子的天性來讓他發展。只要能夠健康成長，孩子以後的成就遠比我們所期望的大得多。

孩子的精神即專注能力自由地發展到了什麼程度，就代表這個孩子發展到了何種程度，接下來的一切行為也就理所當然，他會控制好他的身體，既行動自如，又學會了小心謹慎。我們可以從孩子能夠完全安靜下來這一點上看出，他已經能夠做到專心致志了。孩子做事的專心程度往往比成人還強，但是我們不要忽略了孩子是怎樣達到這一程度的，也不要忘了環境在孩子發展中所扮演的角色。

我要再次提醒讀者，事情之初，我並沒有對整套原則有完善的想法，並根據這套理論來制定教學方法。恰恰相反，透過觀察自主權得到尊重的孩子才有所了解。實際上，某些內在規則有它的普遍價值，這正是孩子憑藉他們的本能，發現了自己的出路。

讓孩子在高層次上服從

意志和服從是性格培養主要涉及的兩個內容。很多人將之視為兩個相互對立的概念，這些人對教育有著雷同的觀點，認為教育就是約束兒童的意志，或者是兒童對教師無條件地服從。換句話說，他們不認為兒童有獨立的意志，而是將教師或是其他教育者的意志強加其上。

接下來，我們將用實際情況來說明以上問題。在此之前必須指出的是，我們對意志這個領域的認識並不統一，存在各種各樣的觀點。前文我們曾提及一種理論，大意是一種宇宙力量支配著人的意志。

宇宙中有一種與宇宙萬物相連的生命力，這並不是物理意義上的力量。它促進生命的演化，使宇宙中形成各種形式的生命，可以說是生命的原動力。人的生命也是這種力量的一種形式，生命的演化受自然規律的支配，人的行為當然也受它的支配。

這種力量早在兒童還不能進行有意識的行為之前，就已經在他的意識中發揮作用了。不過，人的意志並不是天生就具備的，而是成長過程中，在獲取實際經驗的基礎上逐漸形成自己的意志。就是說，宇宙和自然的規律的影響和支配著人的意志發展，意志是自然的一部分。

有些人認為，兒童的意志就是無法無天地胡鬧，甚至有暴力傾向。這種觀點的依據是，兒童通常不聽大人的話，不服管束。其實，兒童的這些行為並不能稱為是意志的表現，因為這不是「有目的行動」。就像我們成年人發怒時，因為心理失去控制，暴跳如雷，這並不是一種理智的行為。孩子的執拗也是一樣，都不是有意識的行為。而我們正常情況下的行為都是有一定目的的，為了解決某個問題而有意識地控制自己的意志，使其符合自己的主觀意願。同樣，我們為了使兒童符合自己的意願，總是把自己的意志強加於兒童。

不過，人的主觀意志並不一定導致負面影響，只是在情感波動時可能會出現混亂和暴力。大多數情況下，意志總是驅使人去做對自己有益的事情。因為偉大的自然在創造了生命的同時也就賦予了它成長的使命，兒童的意志一定會促使他在成長過程中發揮自己的天賦，逐漸形成獨立健全的人格。

如果兒童的行為和意志相符的話，表明他的意識已經開始發揮作用了。孩子們做他們喜歡做的事，樂此不疲地一次次重複，逐漸理解了自己所做的事，開始可能只是本能的衝動，現在正在變成有意識的行動。

我想，這兩者的區別兒童也能感受到。我始終記得一個小男孩曾經對此作過的精彩陳述。一位貴族小姐參觀我們的學校時，因為不清楚學校的情況，她問一個小男孩說：「小朋友，告訴我，這就是指導你們活動的學校嗎？」

沒想到這個小男孩卻答道：「不，女士，這不是指導我們活動的學校，是我們做自己喜歡的事的地方。」這說明，他已經清楚地知道到這兩者是不同的。

應該指出的是，意志是一種能力，和人的其他能力一樣，只有不斷的實踐，意志才能得到發展。意志這種能力是需要我們努力培養，而不是抑制的，因為這項能力非常寶貴的。它的形成是在長期不斷的實踐中逐漸發展起來的，得來不易，而毀滅卻極為容易，頃刻就能辦到。試想，一個建築物在爆炸或者地震中幾秒鐘就完全毀滅了，可是建造它的就難了，需要設計、材料、藝術等很多方面的知識才能完成。

沒有生命的死物建造尚且如此困難，可想而知，看不見的心靈培育起來是多麼不易。都說教師是人類靈魂的工程師，其實，真正造就兒童心理的既不是母親也不是教師，而是具有豐富創造力的大自然。在創造生命和幫助其發展的過程中，母親和教師們只做了一些輔助性的工作，當然這些工作是必不可少的，而且母親和教師們必須好好做這些工作，否則會不小心毀了兒童的意志，這就是起反作用了。

以上是我們堅持的觀點。當前，兒童意志發展的問題上有著嚴重的爭議，其中很多看法是有害的。我認為必須澄清這個問題。

第五章　如何帶好孩子

比如一個最普遍的現象，許多教育工作者認為，教育可以透過說教和樹立榜樣完成，也就是在兒童用耳朵聽，眼睛看，然後去模仿的過程中實現。其實事實並非如此，完善的個性需要兒童在自由的行動中使各種能力協調發展。

從古至今，人們錯誤地把兒童看作被動的接受者，而不是主動的學習者。比如講神話故事來鍛鍊兒童的想像力，世界各地的教育者都用這個方法來激發兒童的想像力，但是事實上，他們僅僅是聽到了一些故事。

這種用外力干涉兒童意識形成的錯誤觀點，對意志力的危害更大，一般學校根本不懂得應該訓練兒童的意志力，而是直接告訴學生該做什麼，不該做什麼，一有反抗行為就被認為是有害社會準則。可以這樣說，就摧毀兒童意志力而言，每個教育工作者終生都在不遺餘力的進行。言傳身教，除了說教，教師們還要讓兒童們以自己為榜樣學習。

這還有想像力發揮的餘地嗎？還有意志力活動的空間嗎？答案是沒有。學生們只要照著固定的標準，看和聽就行了

我們必須拋棄這些錯誤的觀點，要有實事求是的勇氣認識我們的真實情況。

按照傳統方式教育的教師歸納了一句看似挺有道理的格言：「教育兒童，我自己要先抓好自己。如果兒童聽我的話，以我為榜樣，那就什麼都好辦了。」在這裡，教育者的金科玉律就是服從。曾經有一位我忘記了名字的著名教育家說：在兒童具有的諸多美德中，最重要的一個就是服從。

教育因此而變得異常簡單，這些變得傲慢、狹隘的教師們內心可能認為：「我受教育的時候就什麼都沒有學到，我當然也要這樣教育他們，使這些孩子與我一樣。」所以，這個教師就這樣進行他的教育事業，像《聖經》中的上帝那樣，「按照自己的形象來造人」。

成人總是把自己當成兒童的上帝，這時，他們忘記了《聖經》上所說的魔鬼。上帝身邊的大天使，妄圖取代上帝的位置，結果墮落成了魔鬼。兒童並不是只需要大人照料就可以，孩子們身上進行著比教師、父母所能做的更為重要的活

動，這是一種創造。不幸的是，這種創造如果不被教師和父母理解和認可，兒童就可能失去自然發展的機會。

幾千年來，教師習慣用教鞭將自己的意願強加給兒童。直到一兩百年之前，人類進入文明社會，心不甘情不願地放下教鞭的教師們還進行過抗議，「如果放下了教鞭，我們就沒辦法進行教育了。」智慧的所羅門，不是也說：「父母不用棍棒是錯誤的，那樣孩子就會下地獄！」就這樣，恐嚇和恐懼帶來了紀律。不聽話的就是壞孩子，聽話的就是好孩子，就是對這種教育方式的高度概括！

幸好，現代社會崇尚民主、自由和人權，這種舊式的教育被淘汰了，誰還願意接受獨裁者的教育呢，除非他們能夠在教育中加入一些想像和自由。只是還有少數舊式學校的教師仍然抱殘守缺。獨裁者的暴力與教師的暴力有一點不同，獨裁者透過暴力企圖做某件事，而教師使用暴力直接毀滅人。

之所以說這種教育極端錯誤，是因為它以摧毀學生的意志為使其服從的前提，這導致教師還沒有向學生傳授知識，就先毀掉了他的思想。

與之相反的是，正常的意志發展並不拒絕服從，在自由發展的空間裡，人的意志力得到長足發展，他們會自由選擇值得服從的對象。這種服從包含著尊敬的認可，而不是被迫屈服。在這樣的學校，教師的自尊心一樣可以得到滿足。

這就是說，意志力和服從意識是可以相互協調，共同發展的。服從是在意志力充分發展的基礎上所做的選擇。這樣，「服從」這個詞的含義，不再是被動地聽人的指使，而是一個人自由意志的表現。

實際上，服從展現在人類社會的各方各面，可以說是人類的一種自然特徵。當然，兒童形成服從意識需要一定過程，是隨著人的成長和成熟，慢慢出現的。

如果人性中沒有「服從」，人類在進化中也沒有形成這種素養，那人類的生活會變成什麼樣？社會生活中處處昭示著人類的慣於服從！但是這種服從可能是人類毀滅的導火線。盲目的、奴隸式的服從，已經不止一次導致一個民族、一個國家崩潰了。人類並不是缺少服從，而且是太習慣於服從了。問題是，我們真正需要的是，有意志力控制的服從。

透過對兒童發展過程的觀察，我們發現服從意識的形成是人類的一個重要特徵。這讓我們找到了研究方向。觀察表明，服從意識與個性發展在兒童成長過程中基本保持同步。剛開始這種意識受本能衝動的影響，隨後進入意識層面，最終進入意志控制的領域。

接下來，我們來探討「服從」這個詞的真實含義。過去，服從就是兒童必須按照教師和家長的意願去做事。但是，我們對其深入研究後發現，服從並非如此簡單，它的發展要經歷三個階段。

第一個階段，兒童的表現是很任性，他們有時聽話，有時不聽話，沒有什麼理由。這種狀況需要進行一番研究。

服從並不一定都是出於「好的願望」，相反，兒童在第一階段的行為是受本能支配的，從胚胎發育到一歲之間尤為明顯。從一歲到 6 歲，這種無意識的狀態慢慢改善，逐漸能有意識地控制自己的行動。在這個階段，兒童所具備的能力決定了他的服從意識，因為服從一個指令需要有完成它能力。比如：我們不能讓人用鼻子走路，因為這個指令是不可能完成的。同樣，不識字的人也無法完成寫信的指令。所以，這個時期兒童的服從意識取決於他的能力。

兒童在 3 歲之前心理發展是不完全的，他們還不能有意識地選擇。如果成人給他們的指令不合心意，他們是不會服從的。這一點很明顯，成人們不會要求一個兩歲的孩子完全服從指令。我們很清楚，要禁止 3 歲以下的兒童做某件事情，只能透過強制性的喝斥。

不過，服從並不代表總是要否定自己的意願，也可以是主動滿足他人的意願。兒童在 3 歲以前服從需要一定的能力，3 歲以上的兒童在具備相應能力時會服從命令。但是我們知道，兒童的內心的成長要經歷一些階段性的過程，在這個人格成型的過程中，兒童服從某些要求，並不意味著他們已經具備了服從意識，而是表明他能夠使用自己具有的某種能力。不過，這種能力還需要很長一段時間的實踐才能完全掌握。

就像兒童學著運動時一樣，一歲左右開始學走路，起先是努力站起來，蹒跚著邁步，然後摔倒在地，他會一次次重複這個過程，直到不想再嘗試。不過，在他們完全學會走路之後，也就可以任意使用這種能力了。

3 歲以下兒童的服從意識取決於他所具備的能力，但是同一個命令他們並不是每次都會服從。這時候教師總認為這是兒童在故意反抗，因此對兒童加以訓斥責罵，這樣反而會影響兒童的正常發展。

提到兒童的反覆無常讓我想起了一件趣事。瑞士教育家帕斯塔羅維奇是教育界的權威人物，他曾經提出了「父愛教育理論」。帕斯塔羅維奇同情兒童所面臨的困難，要求教師諒解兒童的錯誤行為，但是帕斯塔羅維奇不理解兒童的反覆無常，他認為如果兒童第一次接受了他的指令，說明他們已經具備了執行這項指令的能力，那就應該一直如此。正是因為帕斯塔羅維奇不能接受兒童的反覆多變，他的「父愛教育理論」也就成為空談了。

想想看吧，斯帕塔羅維奇這樣的大教育家尚且如此，那麼教師怎麼能理解呢。在兒童的能力成型時期打擊他們的積極性是最嚴重的錯誤。如果兒童不能按自己的意願行動，連自己的意志都無法滿足的話，如何還能服從他人的要求去滿足他人的意願呢？兒童的反覆無常究其原因，是因為還沒有熟練掌握自己的能力。成人也有類似的情況，比如一位樂手，有些表演場次彈奏的很好，有些場次演奏得非常差，他並不是有意識地想要這樣，而是彈琴的技巧不夠嫻熟。所以，兒童服從意識發展的第一階段也是一樣，有時而服從，有時不服從，很不穩定。

第二個階段，兒童控制自己的能力有了很大進步，既能聽從自己的意志，也能隨時服從他人的意志。這時候，兒童能夠理解他人的意圖，並且能做出與之相對的行為。教師們認為這就是他們所希望的，服從的最高境界。

但是，兒童的意識發展並沒有就此結束，而是繼續向著更高的水準發展。這種意識的發展將進入第三個階段。

第五章　如何帶好孩子

儘管兒童在成長中學會了很多能力，並且已經能按照自己的意願使用這些能力，但他們的發展並沒有停止，還要向更高的層次發展。教師對兒童來說確實是一種標準，但並不是教師們所希望的那種高高在上的榜樣，而是出於一種平等的願望，對於兒童來說，向心目中強大的、有智慧的、有能力影響自己的人看齊，這種感覺能讓兒童覺得快樂，也能激發他們的學習熱情。因此，他們會期待教師下達命令，而且越多越好。

我們常常會看到一個有趣的現象，一群孩子們圍在教師身邊，睜大著渴盼地雙眼望著他，等待執行他的命令。這和狗的表現多麼相似，狗總是敬畏地看著主人，等待他的命令。牠會靜靜地蹲在主人身旁，注視著主人的動作，一見主人拋出手裡的球，就會立即衝過去把球叼回來，很有成就感地等待下一個命令。很明顯，狗是樂於執行主人的命令的，牠在執行命令時得到很大的樂趣。兒童服從意識的第三個階段也是如此，他們等待著執行教師的命令，期盼從中獲得成就和快樂。

有這樣一個有趣的例子，一位已有 10 年年資的女教師，她的班級總是管理得很好。一天，她對自己的學生說：「把你們的東西收拾好，在下午放學之前。」不料，她剛說了前半句，所有孩子就開始收拾東西，直到她說出後半句，孩子們才停下來。可見這些孩子是多麼樂於服從，而且反應迅速。這種情況下，教師應該這樣下達指令：「今天下午放學之前，你們要把東西收拾好。」

據這個教師說這種事情很常見，因為兒童們喜歡服從她，而且常常迅速做出反應，所以她說話前總考慮一下，怎樣說才合適。別的人通常以為，教師可以隨便對孩子發號施令，可是，這個女教師卻不這樣認為，學生的尊敬給了她一種必須謹慎的壓力。有一次，她路過自習室，聽見學生們在吵鬧，就想用粉筆，在黑板上寫「肅靜」這個單字，沒想到只寫了第一個字母，整個教室就已經悄無聲息了。

作為一名教師，我也有過這樣的經歷。我認為，兒童們這種整齊劃一的表現，展現的是這個整體對我的認同。在這裡，服從這個行動具有更深的含義。

我稱這種現象為「靜穆遊戲」。這種情況下所有人都必須保持安靜，也就是說，所有人都意識到應該保持安靜，並且同時做出反應，這就產生了一種群體意識感。並且隨著多次進行，這種群體意識會得到加強，孩子們保持肅靜的時間也就更長。於是，我在這個基礎上又增加了「點名遊戲」，就是在群體保持肅靜的同時，我輕聲地點某個學生的名字，這個學生就盡量安靜地站起來，而其他人繼續保持同一個姿勢不變。可想而知，最後被點到的學生要堅持靜穆多長時間，這些孩子的意志力已經發展到了很高的程度。我們之所以做這樣的遊戲，就是為了提高兒童對自己行為的控制，以此鍛鍊他們的意志力。透過這種練習，孩子們的群體意識和服從意識得到提高，因為在群體意識中包含了服從意識。

意志力發展的第三階段，兒童從具備服從能力開始逐步形成服從意識。學校的教育就是證明，兒童們服從意識很強，不論教師命令做什麼，他們都會馬上去做。就是因為這樣，我們提到的那個女教師才會覺得自己在教育中一言一行都必須謹慎，以免因為疏忽傷害了孩子們的意志。正是這種意識促使她逐漸獲得了一名教師必須具備的一種可貴的素養 —— 責任感。

正確看待孩子犯的錯

上面提到，在我們的學校裡，孩子有隨意活動，不受任何限制的自由，但是這並不是說他們沒有組織。其實，組織仍然很重要。

想讓孩子們自由地「工作」，前提必須給他們做些布置，包括適宜的環境以及孩子們所需要的經驗，這些都是必不可少的。如果能讓兒童集中精力，投入自己的「工作」，他們就會表現得很積極，這個時候教師不再是教育中的關鍵人物。實際上，在我們學校，教師更像是旁觀者。

如前所述，在這樣的群體活動中，兒童能更好地融入其中，形成一種社會關係。這讓我們不禁想到，如果這些可愛的孩子永遠不受成人的約束該有多好！

第五章　如何帶好孩子

孩子們在這種群體氛圍中成長的情形，就像嬰兒在胚胎中的發展一樣奇妙。我們應該做的不是干涉他們，而是為他們創造這種生活所需的條件。

人類社會需要重新認識教師和兒童的關係，這方面的問題我們將另行論。不過，有一點必須指出，教師不能用任何方式和任何藉口強制干涉兒童的成長，無論是誇獎、懲罰還是糾正他們的錯誤，都是極端有害的。

對此，有很多人不理解，他們認為：孩子錯了就應該糾正，如果放任不管，怎麼能讓他們學會做正確的事呢？

人們普遍都這麼想，甚至很多教師也是這樣，他們認為教師的天職就是管教孩子的錯誤，不管是學習上的還是人格修養上的，應該一律予以糾正。這些教師認為，教育兒童就是獎賞和懲罰！

若是教育真的只能用誇獎和懲罰展現，那說明我們的孩子已經沒有自我約束的能力。但即使如此，也不應該在孩子們進行「工作」的時候加以獎賞或懲罰，這是對兒童精神自由的嚴重干涉。我們崇尚自由發展的教育宗旨，我們的學校杜絕使用獎賞和懲罰的教育方式，孩子們可以自由地做自己的事情。

也許人們會提出異議，不對兒童進行獎賞，這樣教育行嗎？但是，我們的教育是有道理的，這樣做不需要付出多少代價，對孩子也沒有太大的影響，卻能夠獲得更好的效果。因為很多教師在教育孩子的時候，並不是合理的運用獎懲原則。比如：給學生的作業上打了 0 分，然後讓他們修改，作業的分數從 0 分變成了 100 分，這樣孩子的缺點就被改正了嗎？

然後教師常常會說：「為什麼你總犯這樣的錯誤呢，我講的東西你好像總聽不懂，這樣下去，你考試能及格嗎？」

教師的這種態度，只會打消兒童對學習的熱情和積極性。很簡單，你對一個孩子說他很笨、是個搗蛋鬼，那不是幫助他，而是傷害他。想讓孩子少犯錯誤，就必須幫他熟練掌握所學的知識。在他已經落後的情況下，又得不到鼓勵和幫助，怎麼能夠提高呢？過去，教師們動不動就用揪耳朵、打手心的方式懲罰學生，因為他們寫不好字。這種做法現在看來多麼可笑，用這種方式就能讓他們變聰明嗎？把手指打腫了，就能夠寫好字了嗎？

兒童能力的提高必須透過長時間的練習，不斷累積經驗，想讓他們聽話只有讓他們和其他孩子一起工作，訓斥是不起作用的，我們對他們說，「你很淘氣」，說他很笨，缺少做某些事情的能力，他只會這樣回答：「還用你說嗎，我自己知道！」

是的，這只說出了一個事實，算不上是糾正。只有透過能力的發展，也就是透過兒童主動的活動來實現對他們本身缺陷的修復。

當然，有時候兒童並不知道自己犯了錯，但是這並不代表必須有人指出他們的錯誤，因為沒有人能永遠不犯錯誤。

教師也一樣，可是他們潛意識裡總是迴避這一點，他們希望自己永遠正確，永遠是孩子們的榜樣，在他們的心裡，教師的尊嚴就意味著自己必須永遠正確，所以即使犯錯誤，也絕不肯當著學生的面前承認。當然，教師的標準不同於學生，要高得多。同時，這些問題源於一整套錯誤的教育觀念，不完全是教師的責任。

每個人都會犯錯誤，世界上沒有十全十美的人。這是我們應該且必須承認的事實。所以，我們應該以正確的態度面對錯誤。錯誤作為生活的一個組成部分，也有它存在的必然性。許多時候，錯誤只是不夠成熟的表現。

隨著人的成長，許多錯誤都會被改正。跌跌撞撞的孩童最終學會了走路，這是透過成長過程獲得的。以為自己完美無缺，那只是自欺欺人而已，因為成人也和嬰兒一樣，只是處在較高級的成長階段而已。

事實上，成人在生活中經常犯錯，而且很少想到改正。一個從不正視自己的錯誤，認為自己很完美的教師，絕不會是一個好教師。只要我們經歷各種未知的事情，就可能與錯誤不期而遇，如果我們渴望完美，就必須認識到自己的缺點，並努力改正它，才能提高自己。

第五章　如何帶好孩子

我們應該清楚地知道，錯誤是不可避免的。在數學、物理、化學這些要求精確的學科裡，錯誤不但是不可避免的，而且有著重要的作用。很簡單，科學的發展是離不開錯誤的。

人們之所以把科學和錯盲點分開來，只是因為科學能夠對錯誤進行衡量。科學在衡量錯誤的過程中，需要兩個要素，其中之一是精確的數據，這個數據並不一定絕對準確，其誤差有一個允許的範圍。因此科學的成果也並不絕對正確，一定存在某種程度的失誤。

比如：抗生素的有效率是 95%，既然這樣，知道有 5% 的失誤，在醫療過程中至關重要。尺是測量的工具，它也只能精確到一定的單位。世上沒有絕對精確的數據，一個科學結論的真實性和它的誤差緊密相關，如果沒有這種不確定性，這個數據就是不嚴謹的。錯誤在科學中如此重要，對人們的工作也一樣有著重要作用。

總之，錯誤和事情的其他要素一樣，是必不可少的組成部分，它的特殊性在於，我們只有透過了解它，才有可能改正它。

根據以上規律，我們得出一個結論：想要通向完美，就要「控制錯誤」。

教師、學生都難免犯這樣或那樣的錯誤，既然錯誤不能根除，我們就此制定了一個原則：重要的不是改正錯誤，而是認識到自己的錯誤。每個人都應該反省自己做的事情是否正確，但是發現錯誤之後不必為犯了錯而萬分苦惱，而是應該就犯的錯誤深入思考。

一般的學校裡卻不是這樣，孩子們不知道自己犯了錯誤，即使錯了也無所謂。他們對錯誤沒有正確的認知，因為覺得糾正錯誤是教師的事情，與他們無關。這與我們崇尚自由、理性的理想相距多遠呀！

如果我們不能自己改正錯誤，就要依靠他人幫助。但是那怎麼比得上我們自己認知到錯誤然後改正呢？自己才更了解自己的行為。

能夠自行改正錯誤是一種重要的能力，在性格的形成中有著關鍵的作用，缺乏這種能力會使人變得極度自卑。

透過「制止錯誤」的方法我們能有效的鑑別對與錯。比如日常我們難免遇到一種情況，想去甲城市，卻不知道該怎麼走。這時人們或者是看地圖，或者尋找路標。假如看見路標上寫著「甲城 —— 2 公里」，就知道沒有走錯路；相反如果路標上寫著「乙城 —— 50 公里」，那很明顯，走錯路了。如果出門沒有地圖和路標，就得不停地問路，而且得到的回答可能完全不正確。可見，一個可靠的方向指示是多麼重要。

由此可見，早期教育中就應該培養日常生活的必備常識，以使孩子有認識自己錯誤的依據。學校有必要給學生提供這方面的幫助，就如同向他們提供學習資料一樣。

是否向著正確的方向發展決定了發展的動力和結果，所以應該時刻注意自己發展的方向是否偏離軌道。如果能夠在教育中實現這個原則，那麼，教師和家長是否完美對兒童的成長就不會有太大的影響了。

這樣，成人犯了錯誤不但不必難堪，反而能引起兒童的一定興趣，因此而拉近了兩者之間的距離。因為對兒童來說，犯錯誤是很自然的事情，當他們認識到人人都會犯錯誤時，一定會對他們產生很大影響。

錯誤能使兒童和大人之間的距離感減少，從而成為朋友。假如兩個「完美」的人在一起，肯定爭吵不休，因為他們都以為自己是正確的，當然無心理解對方，也難以忍受對方。

孩子們最初都會喜歡堆積木。在這個遊戲中，他們從認識了不同的幾何物體到學會用自己的手去堆積木。當孩子們用雙手將一個個積木堆積成型的時候，他們經常會發現自己犯了一個個錯誤，或者擺得太鬆，積木很快垮了，或者某個圓柱體太大，不能插進下面的積木孔裡。於是，孩子們會認真研究自己的作品，找出原因，努力解決這個問題。

這時候，他們的神情是專注的，因為這個錯誤引起了他們的興趣。就這樣，他們會一次次重複這個遊戲，如果失敗了就再來，直到成功為止。

透過這種遊戲，既可以鍛鍊孩子們的思維能力，還可以提高他們對錯誤的控制能力。

我們學校的玩具都是專門為孩子們設計的，使他們能很直觀地看出錯誤在哪裡。這些玩具不只是 3 至 6 歲兒童喜歡，就連兩歲的孩子也能玩。透過它們，孩子們在成長中能很快學會發現錯誤，然後改正錯誤的方法，進而走上不斷完善的道路。當然，學會改正錯誤，並不代表兒童已經完美了，還必須認識到自己的能力，才能激發他們工作的願望。

兒童可能會說：「雖然我還有很多不足，還有很多需要學習的東西，但是我知道自己能做什麼。儘管我會犯很多錯誤，但是我已經能夠改正了。」

這種能正確的評價自己、相信自己的性格，正是我們希望孩子們具備的，有益於他們健康成長的。要把兒童引導上這樣的成長道路並不容易，對於一個孩子，說他是機靈或懶惰、聰明或蠢笨、好孩子或是壞孩子都沒有用，甚至可能會起反作用。我們不但要教育他們，而且應該為他們創造一種正確認識自己錯誤的條件。

現在我們來看一些在我們學校學習了較長時間的孩子的情況。比如教師布置了一些數學題，他們在得出結果後，總喜歡把結果再檢查一遍，對這些孩子來說，檢查行為比結果的對錯更有吸引力。還有一種很受孩子歡迎的遊戲，就是對號入座，把卡片放到相對應的物體下面，他們會對擺放的結果反覆檢查，如果發現擺錯了，往往樂不可支。可見，孩子們從發現錯誤的過程中獲得很多樂趣。

為了訓練孩子們認識錯誤的能力，我們還在教學中安排了一些明顯的錯誤。如果兒童能夠養成經常檢查自己行為的習慣，對他們今後的發展將有很大幫助。一次，我們安排做「執行指令」遊戲，一個小女孩得到的指令是：「到教室外面，把門關好，然後回來。」小女孩想了想，然後依照指令行動，可是剛做到一半，她就跑回來對教師說：「如果我把門關上了，怎樣回來呢？」

教師對她說：「你說得很對，是我的命令錯了。」接著，教師重新寫了一個命令。女孩接過來看後說：「好，現在我能夠完成了。」

我們說過，對錯誤的認知有助於拉近人與人的距離，增進關係。錯誤會使人產生隔閡，但是透過對錯誤的改正又會把人結合到一起。人非聖賢，孰能無過，只要抱著正確的態度，那麼，錯誤就不再是一件難以忍受的事，反而會成為一件有趣的事情，因為在發現錯誤、改正錯誤的過程中我們也能得到樂趣。

在孩子們眼裡，犯錯誤很正常，只要教師能正視自己的錯誤，犯錯誤也可以看作教師和兒童的共同點，成為師生交流的一個紐帶，這樣教師不會因為承認錯誤就失去尊嚴，兒童也不會因為教師出錯就不再尊敬他。錯誤不單是個人的事，還是人與人交流的橋梁，每個人都有必要認識自己的錯誤，改正錯誤。

就是這樣，一些日常小事開始變得很重要了。

父母是孩子的第一任老師

現在，我們已經認識到大多數兒童教育是建立在對孩子偏頗的、先入為主的成見上的。很多人在深入觀察之後得到的結論公布於眾，已經有許多經過長時間觀察研究後設計出教學方案在實施後獲得了成功，兒童教育的方向已有很大改變。

任何先進的教育方法，都是在實施以前，對孩子們的情況進行實際觀察，不斷研究總結而成的。最終，這些先進的教育方法應該進入每個家庭，那時，不但可以培養出優秀的孩子，爸爸媽媽也會因此而受益。

到目前為止，我們的家長教育孩子無非是糾正他們的錯誤，告訴他們什麼是對和錯，而能將自己所說的東西身體力行的家長卻很少。他們大多只是用一些大道理來勸說和訓誡孩子，一旦發現孩子做不到就加以鞭打責罵。在這個熱愛和平、自由與平等的社會，只有父母有權力用體罰的方式來教育孩子。

然而，擁有這種權利也讓家長背負了雙重責任：一是在沒有抵抗力的孩子面前，家長必須樹立他們的權威性；二是家長應該在行為舉止方面做孩子的典範。

家長們很清楚自己對於孩子的成長有著關鍵作用，正如一句諺語所言：「那雙推動搖籃的手，掌握了整個世界的未來。」然而，一個童年時只需要靠練習和耐心便可順利學會簡單工作的母親，是無法用同樣的方法來教育孩子的。而一個很早就獲得成功的父親則無暇考慮培養孩子人格的問題，也不會用心觀察自己的孩子。結果，不管是因為疏忽或者是有心無力，又或是缺乏相對的經驗，做父母的往往放棄了自己的重大責任。

自純真無邪的嬰兒誕生起就慣於互相指責對方缺點的父母們，突然之間被要求做孩子模範的典範，當然會比較困難。忽然之間他們面前多了一些完全陌生的義務——做個完美的典範、教育自己的孩子、改正他們的缺點並且讓他們進步，最重要的是透過自己的良好示範來教導孩子，這些都是加在父母身上的任務。還有很多因為日常各種矛盾和困難使父母們不得不面對的問題，我們無法一一詳述。

我們先來看看「說謊」這個問題。一個合格的母親最重要的責任之一，就是教育自己的孩子做個誠實的人。

我認識這樣一個母親，她為了教導小女兒要誠實，向她描述了許多說謊的卑劣行徑。同時，她還在小女兒面前對那些即使經受磨難、做出犧牲，也堅守誠實的勇氣和堅定意志的行為大加讚美。她用盡心思想讓女兒懂得，一個再小的謊言最後也會讓人犯下一連串的錯誤，就像一句諺語所說：「說謊會使人失去理智。」她還特別對小女兒強調，一個出生在幸福的家庭受到良好教育的人更應該做到這一點，為那些因為家境貧寒、沒有辦法得到良好教育的人樹立典範。

可是這位媽媽自己是怎樣做的呢？一天，她的一位朋友打電話邀請她去聽音樂會。這位媽媽不想去就藉口推辭說：「啊，對不起，我頭疼得很厲害，實在沒有辦法去。」她的電話還沒講完，就聽到隔壁房間傳出來女兒的尖叫。她立即跑過去，卻看見小女孩用雙手捂著臉，跌坐在地上。「親愛的，出什麼事了？」小女孩啼哭著回答：「媽媽在說謊！」

就這樣，這位媽媽親手毀掉了女兒對她的信任，從此母女之間產生了隔閡。孩子對大人的社交產生了疑惑，社交在孩子心目中不再是一件神聖的事。她不厭其煩，終於讓孩子養成誠實的習慣，而她卻從未反省自己在日常生活中的習慣。

那些費盡心機想讓孩子誠實的大人，卻常常把孩子包圍在謊言裡，這些謊言既是有預謀的，且都是專門欺騙小孩子的。

談到欺騙，我想起一個關於聖誕節和聖誕老人的故事：一位媽媽對孩子說世界上真的有聖誕老人存在，然後又為欺騙了孩子而感到愧疚，於是決定告訴孩子真相。孩子知道了聖誕老人只是個謊言之後非常失望，整整傷心了一個禮拜。他的媽媽在跟我說這件事的時候難過地流下了眼淚。

但是，同一件事也不一定都是一樣的結局。比如：有一位媽媽也向她的小兒子做過類似的事，不同的是這個小男孩聽了媽媽的坦白後馬上笑了起來，他說：「哦！媽媽，我早就知道世界上沒有聖誕老人！」「可是你怎麼不告訴媽媽呢？」「因為媽媽每次聽了這個故事都很高興呀！」在這個情況下，父母和孩子的角色好像換了過來。孩子是敏銳地觀察到了事實真相，只是為了讓爸爸媽媽高興而順從並取悅他們。

很多父母認為，孩子如果愛他們，就應該毫無異議地聽他們的話。在這方面，孩子也常常成為自己父母的老師，因為孩子們非常單純，他們的思想中有著令人意想不到的正義感。

有一天晚上，一位媽媽出於關心讓孩子早點睡覺。小男孩請求媽媽允許他把事情做完再睡，可是媽媽卻不肯讓步。小男孩無奈只好乖乖地上床了，可是過一會兒他又悄悄爬起來，想把事情完成。小男孩的媽媽發現後，就狠狠地罵了他一頓。小男孩哭著對媽媽說：「我沒有騙你啊，我跟你說過我想把事情做完的。」媽媽不再和他說下去，就讓小男孩道歉。但是這個小男孩還想繼續辯解，他並沒有欺騙媽媽，他已經堅持說要把事情做完。小男孩解釋，因為他並沒有說謊，所以他不明白為什麼需要道歉。「好吧！」媽媽說，「我明白了，原來你一點也不愛媽媽！」小男孩回答道：「媽媽，我是很愛你的，可是我並沒有做錯事，為什麼一定要道歉呢？」聽起來，孩子說的話才像個大人，當媽媽的反而像孩子一樣無理取鬧。

還有一個例子，一個小女孩的爸爸是個牧師，她每個週末都會到教堂去幫忙，一次，她聽到自己的爸爸在布道，主題是耶穌的同情心。牧師說：「我們所有的人都是兄弟姐妹，窮人以及受苦難者也是耶穌的子民，如果我們要獲得永生，對窮人和苦難的人就必須愛護。」小女孩被爸爸的講道深深感動了。

回家的路上，小女孩看見路邊有一個渾身是傷的小女孩在乞討，看起來非常可憐，她跑過去憐惜地擁抱並親吻了小女孩。牧師和他的太太卻很吃驚，連忙拉著他們穿戴整潔漂亮的小女兒遠離那個小乞丐，並且責罵她。回到家以後，牧師太太趕緊幫小女孩洗了澡，當天穿過的衣服全都換掉。從那以後，小女孩對於聽爸爸布道，就像聽別的故事一樣，不會再當真了。

這種例子還很多，生活中有許多父母與子女的衝突，或者說是成人與孩子之間的不和諧。

大人們自以為是的態度和言行不符的行為，都深深映在孩子們心裡。這些隱藏著的矛盾總有一天會爆發。孩子和成人之間因此有了一道不可跨越的鴻溝。儘管在孩子和父母的衝突通常是以父母勝利告終，但是父母們依仗強權所取得的勝利，並不能夠使他們的小對手信服，因為大人的確是做錯了。

家長們為了維護自己做父母的威嚴，他們還會採取高壓手段，強迫孩子服從自己。為了確保自己的權威，父母往往讓不服氣的孩子閉嘴，這才保證了「和平」。可是，父母在贏得勝利的同時，卻輸掉了孩子對他們的信任，以及他們之間的原本融洽的情感。

如此一來，孩子感到失望卻缺乏慰藉，可能會使人格向不良的方向發展。為了適應成人的不當行為，孩子不得不經常壓抑自己，因此可能患上各種疾病。這種傷害會誘發孩子做出一些不良行為，而被成人當作是他們固有的惡習。其實，這是孩子的自我保護機制。比如：他們以羞怯的姿態或說謊來掩飾自己不乖的行為，孩子的恐懼感也和說謊一樣，是因被迫屈服和順從強權而引起的。

這種情緒對兒童的傷害比其他情緒嚴重得多，它很容易讓孩子把想像與感覺混淆在一起。缺乏內在發展機會的孩子，最容易出現這種情緒混亂。

除了上述種種缺憾外，孩子們還有一種「被動模仿」的弊病，孩子總是模仿別人的行為，這與其說是在自我改進和成長，還不如說是通往墮落的道路。

進步是一種自我、內在的工作，放棄自我、被動地學別人是不可能進步的。孩子們內心的期望不得不深埋起來，就像地底的礦物被隱藏起來的話，我們永遠也無法估量它們的真正價值。因為期望永遠無法實現，也不曾有機會控制，而這種希冀時刻存在心裡，一點點地吸引著孩子，並且不斷誘惑著他。

成人壓制了孩子的自然衝動，使他們無法發揮自己的潛力和做正確的事。換句話說，在孩子自由成長的道路上，成人成了絆腳石。這讓孩子們在學習上也走了許多冤枉路，陷入一大堆毫無意義的學習中，在玩具裡打轉。原本具有的克服困難的能力，不知不覺中消失了，孩子只好認命，任憑大人擺布，所有的事都索然無味。

孩子本來是擁有羽翼的，卻在振翅欲飛時被強行折斷了。長期接觸不到自己感興趣的東西，孩子的想像力就會失去自覺性，在物質世界漫無目的地尋找。沒有了對現實生活的親身體驗，孩子逐漸遠離真實的世界，生活也變得不太正常，陷入無益的幻想世界中。

靈魂雖然弱小，但是仍然會抗爭，為了保護自己，他們用躁動、任性、生氣、哭鬧和耍脾氣來消極反抗。孩子故意調皮搗蛋實際上是另一種表達憤怒和反抗的方式，無謂地消耗了精力，在貧乏的想像力下表現出邪惡的言行以及惱人的搗蛋行為。而且，他們不僅讓教師們束手無策，使人疲於管教，還可能成為其他孩子的模仿對象，而大人們卻用對付一個漠視法律，闖入聖地的敵人一樣的辦法，來對待這些孩子。

和家長的衝突中，首先受損害的是孩子的神經系統。現在許多醫生發現，孩子情緒失調的主因是他嬰兒時期受到的壓抑。孩子在嬰兒期就會表現出徵兆，比如失眠、做噩夢、消化不良和口吃等，這些都是情緒失調常見表現。

父母把對孩子的壓制當作是愛的表現，卻忽視了孩子真正的需要。等到孩子出現了不良表現，父母就會努力想辦法治療他們的情緒疾病，竭盡全力彌補孩子的心理缺陷，儘管心力交瘁也無法根治，這種傷害還是將伴隨孩子一生。

我們一定要解放孩子長期以來的壓抑！這樣才能真正治好孩子的病症，當然那些天生的疾病是無法治癒的。人性的缺點之一，是人們總覺得應該有一個絕對正確的人，來告訴大家必須怎麼做，以便指引人們走入正途。

克服了以上問題，還要防止走向另一個極端。年輕的父母千萬別以為讓孩子自由發展就是完全放縱，不去改正孩子的缺點。如果爸爸媽媽這樣做，孩子將會感到自己的行為被忽略，因此而產生情緒上的問題。在這裡我不想再制定什麼原則，只是歸納了一些結論。在應用這些理論之前，我們應該先弄清楚孩子真正需要什麼，然後再想對應的辦法，這樣才能滿足孩子的心理需求。

現在的媽媽都掌握了許多照顧孩子的技巧及健康知識，知道應該保持營養均衡性，知道如何讓孩子適應環境，還知道讓孩子在新鮮空氣中玩樂有助於他們吸收更多的氧。但是，兒童並不是小動物，只需要好好餵養就可以。他們從出生就具有了精神靈魂，不是照料好他們的身體就能讓他們健康成長，還需要為他們開闢一條適合精神發展的康莊大道。從孩子出生的第一天開始，我們就應該尊重他的精神活動，並且尋求幫助他們的方法。

照顧孩子的身體健康，有明確的準則可以遵照著做，但是怎樣維護孩子的精神健康，則沒有確定的原則，而且至今仍有許多盲點。至少可以肯定，孩子絕不是只要吃飽肚子就行了，在不受大人干擾的情況下，靠自己的能力做好一件事以後，孩子們流露出的驕傲和高興的表情，就是再告知我們他豐富的內在潛能和表達的需要。我們應該引導，並創造機會讓孩子更好地開發潛能，而不該阻礙他的活動。

現在市場上的玩具大多缺少刺激孩子精神發展的功能，我相信這類玩具終將被淘汰。過去幾年來玩具製造業者對玩具的改進僅僅是加大玩具的尺寸，他們把布娃娃做得幾乎和真的小女孩一樣高，相關的產品如床、衣櫥、爐子等，也緊跟著變大了。可是這樣做並不能讓小女孩滿意。

要讓孩子生活在能夠自己掌握的生活環境中。這個環境包括一個屬於孩子的小小盥洗臺，幾張小椅子，一個他能夠打開抽屜的櫃子，一些能夠使用的日常生活用具，一張睡覺用的小床，一床可以讓孩於自己疊好的漂亮毯子。必須讓孩子處於一個既能居住又可以玩樂的環境之中。在這樣的環境中，孩子的雙手不停地做各種事，忙碌了一天後，晚上只想趕快換上睡衣，然後爬上自己的小床乖乖地躺好睡覺。他們還會清潔自己的家具，自己穿上衣服，還會養成健康的飲食習慣，自己照顧好自己。這樣孩子會變得安靜又懂禮貌，也不調皮搗蛋，多麼溫順的好孩子呀。

這種創新教育不僅給孩子們提供了適合他們成長的環境，並且發現孩子們喜歡自己動手做事情，還有很強的秩序感。因此，強調我們有認真觀察兒童的必要，以便能在兒童的精神成長過程中覺察他們的需求。

創新教育期望將已有的人體保健知識，妥善運用於教育，並從中取得新的進步。對我們來說，孩子心理的健全發展是最重要的，這也是創新教育的基礎所在。

接下來，我將列出幾條原則，希望媽媽們能透過這些找到適合自己孩子的方法。首要的一項原則就是，尊重孩子所做的事，相信他是有理由的，並試著了解他們的目的。

孩子內在的潛力，是他向各方面努力發展的動力，但是生活中我們對孩子表現出來的潛力視而不見。一提到孩子們的活動，我們腦子裡浮現的只是曾經觀察到的某件特定的事，之所以注意到它，也許只是因為孩子的這一行為引起了我們的特別注意。浮現的也可能是孩子讓我們領教過的調皮搗蛋的舉動，或者是孩子在長久的壓抑中爆發的心理偏差。其實，孩子做一件事的目的不一定是一目了然的。我們應該相信他們本質善良，然後滿懷愛心地去發現孩子善良的本質。

真正了解了孩子，我們才能對他做出正確的評價。如果父母想要了解自己孩子的行為，就應該按照以上的建議去做，隨時準備發現孩子美好的一面。

以下是我在孩子身上觀察到的一些情形。

我把焦點放在一個 3 個月大，生命才剛開始成長的女嬰身上。我觀察了嬰兒發現自己雙手的全過程。小女嬰努力想要仔細看看自己的手，可是她的手臂太短了，必須竭力轉動眼睛才能看見。儘管身邊有許多東西可以供她觀察，可是她最感興趣的還是自己的手。小女嬰的這種努力是一種本能表現，為了滿足內在需求而甘願放棄舒適。

又過了一會兒，我拿了一些東西給她觸摸玩樂，可是她不感興趣，對我放在她手上的東西看也不看，張開小手，讓東西從手上掉下去了。

但是從那時開始，她每一次試著要抓起什麼東西的時候，不管那東西離她很遠還是很近，也不管自己能不能抓著，都會露出燦爛的笑容。

小女嬰總是滿臉疑惑地不停看著手，那表情好像在說：「咦！為什麼有時候我可以抓住東西，有時候卻不能？」學著使用手這件事吸引了女嬰的注意力。

當她 6 個月大的時候，我給了她一個銀色的玩具搖鈴。我手把手地教會她怎麼玩，剛開始她學著搖出聲音，可是幾分鐘之後，她就把搖鈴扔到了地上。我把搖鈴撿起來重新放回她的手裡，可是她又把它丟了。這樣你扔我撿地重複了好幾次。

她像是有意把搖鈴扔到地上，好讓人給她撿回來。一天，當小女嬰手裡又拿著搖鈴的時候，卻不像以前那樣直接放開五指讓搖鈴落地，而是先放開一個手指頭，然後再放開一個手指頭，一直到五個指頭全打開了，搖鈴才掉了下去。

這時，女嬰目不轉睛地看著自己的手指頭，一次次張開自己的手指，研究這個過程。顯然小女孩感興趣的不是玩具搖鈴，而是她整個手指的遊戲，是那些可以抓東西的手指讓她覺得有趣，並從觀察中找到樂趣。

想想看，在她更小的時候，還曾經為了看到自己的手而百般努力，如今她居然研究起手的作用了。女嬰的媽媽是十分明智的，她克制自己不去把玩具搖鈴收起來，並且也加入孩子的遊戲中。她知道，讓孩子一再重複的遊戲，對她的成長一定有著重要作用。

這個例子向我們昭示了兒童成長初期的簡單需要。倘若人們沒有注意到嬰兒對手的好奇心，也許會給她戴上手套，就會阻礙她想觀察手的慾望。如果小女嬰的爸爸媽媽看到她一直把搖鈴扔到地上，就乾脆把搖鈴拿走，那麼我們上面所觀察到的一切就不可能發生了。而這種有助於嬰兒智慧發展的最良好、最自然的方式，就會被強行打斷。

孩子正在享受發現新事物的快樂，突然被中斷可能會哭鬧起來，此時，爸爸媽媽可能完全摸不著頭緒，認為孩子哭得毫無道理，一道充滿誤解的高牆從此時就開始存在於大人和孩子的心靈之間。

也許有人疑惑，這麼小的嬰兒身上，真的有一個內在生命存在嗎。如果這些人想了解孩子的內在需要，想知道這些需要對孩子成長的重要性，他們就必須試著去了解小小心靈特有的表達方式，尊重孩子的自由，包括幫助他們培養這些能力。

下面這個例子是講一個一歲的男孩。一天，小男孩看著媽媽孕育著他時畫的一些畫。小男孩看到那些上面畫著小孩的畫就會非常開心，而且還要親親畫上的小孩。他還能分辨出花的圖樣，看到畫上的花兒他會把鼻子貼在上面，好像是在聞著花香的樣子。小男孩看到畫中的孩子和花所做的不同反應，清楚地顯示出他能辨別這兩者的不同。

旁觀者看到小男孩做出這些動作，覺得他真是太可愛了，紛紛拿起其他東西效仿小男孩的動作來取笑。在他們看來，小男孩看到孩子和花的反應好像只是一件可笑的事，沒什麼意義。他們拿蠟筆給小男孩聞，送上枕頭讓小男孩親。很快小男孩臉上智慧的神情，變成了迷惑不解。在這之前，他還在為自己的分辨能力高興得手舞足蹈，這種能力的形成是孩子智力發育重的重要轉折點。但是現在卻被成人的干擾和挑逗破壞了，孩子被弄得無所適從，最後只能黑白不分，把每樣東西都聞聞親親，別人高興，他也跟著高興，孩子獨立發展的道路因此受到箝制。

我們是不是也像那些笑話小男孩的人一樣，對孩子犯了錯而不自知。成人抑制了孩子成長中的行為反應，讓孩子不知所措，當孩子無助地流淚時，大人卻反而責怪這孩子為什麼無緣無故地哭。我們從不關心過孩子為什麼哭，就像我們不會留意孩子露出的微笑是因為精神得到滿足。在嬰兒的生命之初感覺最脆弱的時候，在他們剛要接觸人與人的交往的時候，傷害就已發生了。孩子和成人從此開始上演情感的拉鋸戰。

如果我們把嬰兒放在搖籃裡輕輕搖他，給他撫慰，他就會入睡。我們不應該討厭那哭鬧著求助的幼小心靈。假如孩子精力很充沛不需要睡眠，我們也很容易知道知道，因為他會睜著明亮、聰慧的眼睛，流露出想和人交流的神情。他想得到幫助的時候就，會把目光投向那些可能願意幫助他的人。

俗話說，比起愛媽媽，小孩子喜愛媽媽奶水充足的乳房。這好像是說，任何人只要給孩子好東西就能得到他的好感。實際上。這種看法對孩子是不公正的。應該說從幼兒時期，孩子就會自然地親近那些可以幫助他精神發展的人。

小孩子都喜歡待在大人身邊，這是大家都知道的事，他們非常想成為大人生活中的一部分。即使只是和家人坐在一起吃飯，或者坐在火爐旁取暖，孩子的心靈也會感到無比滿足。對孩子來說，人們交談的輕言細語是世上最美妙的聲音，這也是大自然賦予人類學習語言的最好方法。

第二項原則是，盡可能地支持孩子想要活動的意願，幫助他們培養獨立的個性，不要養成依賴的習慣。

我們看到，孩子學會說的第一個字和邁出的第一步，在他們的成長道路上有著里程碑式的重要意義，也是他們進步的原始證據。這兩件事對一個家庭來說意義非凡，第一個字開啟了語言的能力，第一步則證明了兒童直立行走的能力，聰明的母親還會把它們發生的過程記錄下來。

要學會走路和說話可不是件容易的事。經過多少嘗試，才能讓短小的雙腿直立起來，支撐著大腦袋和小身體的平衡。就連說出的第一個字，也經歷了一個相當複雜的過程。當然，說話和走路並不是孩子最先學會的事，它們只不過是孩子成長過程中兩個最明顯的階段。在此之前，孩子的智慧和平衡感已經有了一定的基礎，這是孩子學會說話和走路之前必須掌握的，我們應該竭盡全力幫助他們。

是的，孩子自己會成長，但前提是孩子能得到充分的練習，這句話才能實現。假如成長過程中得不到鍛鍊的機會，那他的智慧發育就無法達到較高的水準。所以我認為，從嬰兒時期就受到這方面支持和引導的孩子，智慧發育比其他孩子要好。

那些對自己的孩子很粗心的媽媽們，從孩子剛斷奶的時候就開始一口口地餵他們吃飯。假如換一種方式，孩子吃飯的時候媽媽和他一起坐在小桌子前慢慢吃，也許就會高興地看到他自己用湯匙把飯菜送進嘴裡！

媽媽要付出很大的愛心和耐性才能讓孩子學會自己吃飯。這相當於同時餵養孩子的身體和精神，而且滿足他們精神上的需求更為重要。照顧孩子的時候注意清潔衛生當然很重要，但是和培養孩子的精神相比，清潔衛生就是次要的了。剛開始學著自己吃飯，孩子還不太懂得怎麼握湯匙、拿筷子，難免會把自己弄髒。媽媽這時候應該暫時把整潔地原則拋開，先滿足孩子自己動手的合理願望。

實際上，隨著生理和精神發育的不斷完善，孩子熟練掌握了這些動作之後，就不會把自己弄的一團糟了。吃東西的時候學會整潔，說明孩子在心理發育上前進了一大步，這也是孩子精神成長中的一項突破。

一個孩子能堅持努力多少次，展現了他意志力的強弱。孩子一歲左右，還不會說話甚至不會走路的時候，他的行動就彷彿受到某種指引。雖然連湯匙都還不會用，但還是試著想自己吃東西，儘管肚子很餓也不要大人幫忙，只有自己動手的慾望滿足夠了才允許媽媽來幫助，雖然最後會把自己搞的髒兮兮，可是他還是感到特別開心、滿足，這時候他會很樂意吃任何東西。透過這種教育方式，一歲左右孩子就學會了自己動手做事，自己吃東西，多麼出人意料。這個時候孩子已經能聽懂別人說的話，雖然還不會說話，但卻會用動作來回應。

孩子的某些反應可以流露出他們已經開始成長的智慧，比如我們說：「寶貝，去洗洗手！」孩子就會去洗手。我們讓他把地上的東西撿起來，或是把髒東西擦乾淨，孩子不但會照著做，還會做得很認真投入。

有一次我帶一個剛學會走路的一歲男孩到鄉下去，路過一條石子路的時候，我忍不住想拉著他的小手。但是我控制住自己不去幫他，而是口頭提醒他，「從那邊走！」「小心這裡有石頭哦！」「這裡要小心走！」小男孩聽著我的提醒一步步前進，他沒有跌倒，而是小心翼翼，穩穩地走了過來。他顯得樂在其中，因為這個按提示行事的遊戲讓他覺得很有趣。母親們真正的責任，就是像這樣，用適合的方式來教育孩子。

想為孩子的成長提供最大的幫助，就必須配合孩子精神發展的需求，而不是只給孩子一些對他的成長沒有什麼用處的東西。此外，了解孩子的天性和尊重他們的本能活動，對教育孩子來說也是很有意義的。

第三項原則是，我們必須知道，孩子對外界的影響是非常敏感的，他們的感情比我們想像的要更細膩和脆弱。

如果我們缺乏經驗，不以足夠的愛心去辨別孩子在生活中流露出的細緻情感，不懂得尊重孩子的感情，等孩子們表現出激烈反應的時候才注意到，這時我們的幫助就已經為時太晚。因為我們一直忽略孩子的需要，才導致他們的偏激行為，而我們看到孩子哭鬧匆匆忙忙地趕去安慰，其實是把事情的秩序給弄反了。

然而，還有一部分家長是以另一種方式對待孩子的，憑以往的經驗他們知道，孩子哭鬧一陣後就會自動安靜下來，所以他們不會被孩子的眼淚打動，也不會想到去安慰孩子。這些家長認為，如果孩子一哭就跑去安慰，容易把孩子寵壞，會讓孩子養成用哭鬧來吸引大人注意力的壞習慣，爸爸媽媽就會被這些寵壞的孩子支使的團團轉。

我必須就此做一個解釋，在孩子一出生，還沒有習慣被大人愛撫時就已經懂得哭鬧了，其實那是孩子內心徬徨的表示，而不是大人以為的無理取鬧。在孩子需要充足的休息，需要一個溫暖祥和的環境以使自己的更好的成長的時候，卻總是受到干預。大人們急於灌輸孩子更多東西，快的讓他們來不及消化吸收，無力承受的孩子只能焦急地放聲大哭，我們總是忽略孩子真正的需要，他們哭鬧的原因真的很難捉摸，但卻能回答所有的問題。當孩子哭泣的時候，我們要讓他學著自己擦乾眼淚，以安慰來溫暖他。

有個叫海倫的小女孩，那時還不到一歲，她的哭鬧都是有原因的。海倫喜歡用西班牙加泰隆尼亞方言「不怕」（Pupa）這個詞來代表「不好」（Bad）的意思，她總是很好奇地查看周圍的一切。

我們注意到，每當她撞到什麼東西的時候，或是覺得很冷、碰到冰涼的大理石板，又或者被粗糙的東西蹭傷手指，她就會說：不怕（Pupa）！這時大人會適時地安慰她，愛憐地親吻她受傷的手指。海倫很在乎大人是否及時給她關心，然後她就會說：「不怕！（Pupa）！」就像在說：「我好多了，你不必再安慰我了。」海倫既表達了自己的感受，也學會體諒身邊的人所付出的關愛，這是一個很有意義的互動。她不會因此被寵壞，因為沒有人會毫無原因地擁抱她或安慰她。

透過關心孩子的感受，孩子既得以清楚地觀察到人與人之的良好互動，而且對他們社交能力的發展也有一定幫助，這個互動過程幫他們吸取了最初地社交經驗，孩子細膩敏銳地情感天賦得以健康發展。所以，當孩子告訴你他因為什麼事而感到不愉快時，千萬不要對他說：「沒關係，不必在意。」而是應該理解他不愉快地感受，輕聲細語地安慰他，但是也不要過多地提及他經歷的不快。

第五章　如何帶好孩子

家長在孩子遭遇難過地事時適時地幫助他樹立自信心，就很容易使他的心靈產生共鳴，這樣既能鼓舞孩子面對負面情緒的勇氣，還能引導孩子正確排解自己的情緒。

最不應該做的就是當場否定孩子的感覺，或是對他的情緒視若無睹，而且也要避免對他的心情太過關心，或是就他的感受反覆談論。孩子唯一需要的只是一句溫暖關心的話！及時的安慰和關心可以讓孩子不受影響地繼續生活，自由自在地觀察新奇的事物，身體發育也得以良好地發展。

海倫是個堅強的小女孩，當她遇到不好的事，會不停地對自己說:「不怕！」並盼望有人給她安慰。有一次海倫生病了，她沒有哭泣，反而一直對媽媽說「不怕」，好像是在安慰自己。她的忍耐力與其他同齡孩子相比是非常難得的，在身體不適的情況下，居然已經會調節自己的情緒，還會拋開煩惱和不舒服的感覺，就像成年人那樣。

小孩子的情緒非常細膩敏感，看到別人不幸，他們也會感到傷心，海倫和勞倫斯就是這樣。比如有人假裝打護士一下，或者爸爸要打他們的夥伴，兩個孩子立刻就會大哭起來。若是有人難過或傷心流淚，海倫就會來到他的面前，溫柔地親親他，並且堅定地說：「不怕！」雖然她還沒有掌握更多地詞彙，但她的語氣神情卻如此堅定明確。如果換作是勞倫斯表現會更積極。假如他的爸爸有什麼事做得不對，他會勇敢地說出這個事實，即使爸爸粗魯地推搡他或是恐嚇他，勞倫斯也不會哭，而是昂頭挺胸站在那裡，非常嚴肅地責怪他：「不，爸爸！」意思就是:「你不能這樣對待我！」

有一天，勞倫斯正在睡覺，聽到爸爸在隔壁大聲地講話，吵得他無法入眠，於是勞倫斯跳起來大聲說：「爸爸，小聲點！」聽到他的不滿，爸爸趕緊壓低聲音，勞倫斯這才高興地躺回床上，美美地睡覺去了。

海倫長到大約 3 歲的時候，發生了這樣一件事。她的阿姨給她看一些色板，那是「兒童之家」的教具，其中一塊被阿姨失手掉在地上摔碎了。阿姨靈機一動，抓住機會教育海倫說：「你看，我們一定要很小心！」海倫立刻接著說：「不能讓它掉到地上哦！」你看，小孩子多麼單純，心裡怎麼想就怎麼說，看到大人的不是他們會直言其非，只有大人說出那樣做的理由，孩子心中正義的天平才能恢復平衡。

在孩子面前，我們沒必要假裝完美，不可能什麼事都能做到毫無瑕疵，反之，有錯就要承認，接受來自孩子的公正意見。這樣，即使在孩子面前做錯了什麼事，也不用懊惱萬分了。

就像有一天，海倫的阿姨對她說：「親愛的，早上我不該那麼大聲跟你說話，都怪我心情不好，對不起！」小海倫立刻擁抱了阿姨一下：「親愛的阿姨，你知道嗎？我很愛很愛你！」

為什麼一定要在孩子面前把自己把自己塑造成完人，完全沒有這個必要。在孩子眼中，我們永遠會有各式各樣的小缺點。他們能更敏銳地發現我們的錯誤，而且會幫助我們認識它們，改正它們。

促進孩子自由、協調地發展並且精神煥發的一大前提是：隨時觀察孩子精神上的表現，給他們充分的自由，使他們清楚的了解自己要什麼，進而向自己的目標努力。

教師與學生的精神交流

必須有一個心理準備，才能做蒙特梭利學校的教師。其他學校的教師必須時刻留意自己的學生，以便及時給予照顧和教育；蒙特梭利學校的教師則不同，他們的主要任務是找學生，因為學生們經常會跑到其他班級去，這是蒙特梭利學校最大的特點。

初來蒙特梭利學校工作的老師要牢記的第一點：兒童自我成長的途徑是進行工作；還要將那些錯誤的，諸如認為孩子的發展水準有高有低的觀念通通拋棄掉；

第五章　如何帶好孩子

教師不該去關心某些孩子有什麼缺陷，而是兒童怎樣更好地正常發展；只要兒童將注意力放在工作上，自然會展現出天性中美好的一面，一定要對孩子有信心，不管他們現在處於什麼情況，總有一天會投入自己喜愛的工作中去的。

為了適應兒童各階段的發展需要，教師必須轉變自己的工作方式。總的來說，有三個方面的問題必須處理：

第一個階段，教師要掌握好環境狀況，不能在孩子們吵吵嚷嚷中亂成一團，這樣才能使兒童的發展走上正軌。我們看到，家庭中妻子們會把家庭弄得乾淨漂亮以吸引在外工作的丈夫，她們想要吸引丈夫卻不直接把精力傾注在他身上，而是花很多時間把家庭美化成溫馨漂亮、舒適又有樂趣的環境，也許她們太過講究，但是美好的環境確實讓人留戀。

同樣的，想讓孩子們喜歡學校這個環境，起碼教室要保持要乾淨、整潔，東西擺放既要美觀，又要方便孩子們取用；教師的形象也很重要，衣著必須整潔，神態要平和而有威嚴，雖然每位教師的性情不同，風格也不盡相同，但是都必須使孩子們樂於接受，進而產生尊重。

言行舉止方面更要注意，盡量像紳士一樣，充滿使人傾慕的風度。因為孩子們很注重這個，比如生活中他們總是把母親當作自己的審美標準，見到美麗的女人往往會說：「好漂亮，就像我的媽媽！」即使他的媽媽並不漂亮，也絲毫不影響孩子的愛戴，並且覺得漂亮的人都像自己的媽媽一樣。在孩子的學習環境裡，教師的重要性和媽媽在孩子生活中的位置是一樣的，所以教師維持一個可親可敬的形象是非常重要的。

我們說過，教師是輔助兒童正常發展的，我們的任務之一就是維持環境。學校創造了環境，而教師則要維護這個環境，使它一直適合孩子們成長。因為，環境可以間接影響兒童身體、智力和心理等各方面的發育，所以在第一階段，關心環境就是教師的首要之務。

到了第二個階段，有了適宜的環境，接下來，該怎樣做才能讓這些心理發育還不全面的孩子專心投入工作呢？答案是誘導，透過行為吸引孩子們，讓他們像我們一樣去做事。這種情況下，環境的重要性就展現出來了，如果家具骯髒，玩具殘破不堪，教師也不禮貌，懶懶散散不守規矩，形象很糟糕的話，他一定無法吸引兒童向目標發展。我們要像溫暖明亮的光，照亮孩子幼小懵懂的心，在他們還沒有形成自我意識，還不會集中注意力的時候，我們就要正確地引導他們。這個階段，兒童的心理發育還未開始，所以不必擔心孩子的發育會被干擾。

曾經發生過這樣一件事，一個基督徒出於善意想把那些被父母拋棄，滿街亂跑的孩子集中起來，但是野孩子們並不聽人指揮，為了吸引他們，基督徒想出各種各樣的辦法，最終成功地把這些孩子都吸引到身邊。

這個基督徒的做法值得教師們借鑑，有時候給孩子講故事、做遊戲，或者唱唱歌等方法，確實可以有效地吸引孩子的注意力，讓他們安靜下來，儘管這些遊戲可能沒什麼教育意義，但是活潑的教師一定比嚴肅死板地教師更能招孩子喜歡。只要努力，每位教師都能充滿活力地和孩子們一起做事，可以用興奮的口氣說：「同學們，我們一起來把這些東西搬走吧。」或者對孩子們說：「水桶有些髒了，我們去把它涮乾淨好不好？」或者「我們到草地上摘一些花好不好？」在這樣一起玩遊戲，不斷鼓勵和表揚他們的過程中，孩子們會很樂意地和我們一起做事。

教師們在此階段，就是要做好這些工作。雖然我們強調在孩子做事的時候不該打擾他們，以免妨礙他們正常發展，但是如果某個孩子一直靜不下來，難免會影響到其他孩子做事，這時教師們應該有技巧地採取行動。比如可以用驚嘆性的語言吸引他，「約翰？到我這裡來，我有東西給你玩。」這樣表示特別關心他，如果他不感興趣，還可以說：「我們到花園去，好不好？」這樣，為使其他孩子能專心做事，可以把他引到一旁，讓教師或助手單獨管理他。

到第三個階段，日常生活中的某些事物開始引起孩子們的興趣。至於那些有文化內涵的東西只有在他們能夠集中精力，具備學習能力的時候才對他們的成長有益，所以在那之前，不適合給孩子們提供這些東西。

當然，有些生活經驗豐富的孩子可能會較早地具備相應能力。但有一點是肯定的，當孩子對某件東西產生興趣的時候，正是他們的內在開始發展的證明，所以切忌去干涉他們，這種自我能力的開啟是懵懂脆弱的，就像美麗的肥皂泡，經不起任何細微的打擊。我們只有讓它自由的發展，才能促使孩子去接觸更多新事物，學習更多的經驗。

因此，這個階段不管教師們如何的出於善意，也要控制自己，不要去打擾孩子們的工作。兒童的心理很脆弱，外界的微小影響也會打擊到他們的情緒。

比如孩子正在專心致志地做一件事，突然聽到有人說：「做的真不錯！」回頭一看，教師正在關心自己的工作，他感到好像被侵犯，於是興趣沒了，乾脆走開。兒童發現一件有趣的事不僅要動手去做，而且要反覆揣摩嘗試，這才是讓他感到樂趣無窮的事。一般這種情況會持續 22 週左右，但是教師們要謹慎，如果看到孩子不斷重複一件事而以為他們需要幫忙，那就大錯特錯了，即使是一句表揚的話，一個關心的眼神，也會打擾孩子的興致，使他提前放棄所做的事。就像我們常看到的情況，教師見一個孩子搬動一件東西很費力，於是過去幫他，結果孩子丟下東西跑開了。原因很簡單，如果有人在旁邊一直看著，成年人也很難集中注意力做事，何況承受能力小得多的兒童，更容易感受到這種干擾。

優秀的教師都知道自己應該怎樣做：當兒童集中精力做某件事的時候，教師要表現出視而不見的樣子，絕不干擾他們。但是他們會用孩子們察覺不到的方式觀察孩子們的舉動，隱蔽地盡自己的職責。等到兒童能夠有目的地選擇東西，教師大概會發現一個新情況：許多孩子在爭奪一件東西，但是這時候不必介入，只要不發生特殊的事，應該盡可能地讓孩子們自行處理。教師要做的，是及時提供新的東西給他們。

當然，要完美地拿捏其中的分寸並不容易，不但需要實踐過程，還應該從心理上重視它。從心理層次上看，作為幫助的施予者容易對被幫助的一方產生傲慢心理，但是作為教育者，必須避免這種心理。教師的作為必須是有利於兒童的，不能憑主觀意識隨意行動。即使是對兒童實施幫助也要盡可能隱藏這個意圖，這樣就算被孩子察覺，他們也不會當作是有意的幫助，從這種不求回報的給予中，教師會得到更多快樂。

教師與兒童之間進行的是精神交流，其中的關係就好比主人與僕從，教師是精心侍奉的僕人，而主人就是兒童的心理，不是嗎？教師做好擦淨桌椅，整理用具的工作之後，就要退居一旁，如果兒童不需要就不去打擾他們，一旦有所吩咐，立刻上前給予滿足。假如他們需要喝采，即使沒有傑出的表現，也要毫不吝嗇地獻上掌聲。假如他們投入工作，就不去打擾，只有他們想得到認可的時候，才給他們適宜的讚美。

總之，一切從兒童的心理出發。這在當今的教育領域可算是一項嶄新的嘗試，教師的服務對象不再是孩子的身體。只要他們能不受阻礙，身體得以獨立成長，那些縫補洗刷的事很快就能自己做。同樣，只要他們能不受干擾地自由選擇，投入工作，那麼思想和意志的獨立也將不遠。教師的職責就是促進他們更好地獲得獨立思考和判斷地能力，獨立的過程也就是人格完善地的過程。

教師，是人類靈魂的工程師，只有為服務於兒童的心靈發展，才能完善自己的技藝。

只要採用適合兒童心理發展的方式，那麼兒童心中的美好素養就會被發掘出來。孩子心靈的花火多麼珍貴，就像沙漠中的綠洲，荒原上的流水一樣難得。如果透過教師的努力，能將孩子們天賦而潛藏的真、善、美挖掘出來，那麼，他應該感到自豪、快樂，因為這些孩子必將成為優秀的人，具備優秀的素養，他們將充滿熱情，能力卓越，他們能勇敢地攀越人生的險峰，他們會真心地助人，他們將懂得尊重他人，善於呵護美好的心靈。

但是，路需要一步一步走，成長需要循序漸進。最初，教師可能只是這麼說：「這孩子發展的很好，比我期望的還要好。」

在教師的角度，某個孩子的名字、他父母是什麼職業都可以不了解，但卻必須了解這個孩子在生活中的表現，知道他的發展有什麼特徵，只有這樣，才能深入了解孩子的內在。當孩子們顯露出美好的天性時，教師們將會了解愛的真諦，孩子純真美好的天性具有觸動人心力量。

愛有兩個層次。第一個層次就是我們日常對孩子的照顧，親子之間有一種心靈的連繫，孩子可以激發父母心中的愛，我們關心孩子，愛護他們，將心中的愛意回饋給孩子。

而我要說的愛，屬於另一個層次，它不是任何個人感情或者物質意義上的愛。我們曾經說過，教師是為兒童的精神服務的，這種服務必須給兒童充分的自由，這種關係中，愛的層次決定於兒童。教師在這個過程中精神得以昇華，完全融入了兒童的世界，是兒童的愛讓他們成長。

在精神昇華之前，教師們總覺得自己從事著高尚的職業，可是實情卻不是這樣，教師們同樣滿足於物質和虛榮。他們不僅像其他職業的人一樣，希望薪資高，待遇好，工作時間短，並且希望自己在學生眼裡具有崇高的形象，要是能晉升為校長或者監督員就更好了。但是，對於一心攀登更高境界的人來說，這些不是幸福。真正高尚的人是怎樣做的？他們很多不惜放棄高薪舒適的工作，投身於幼兒教育工作，人們把他們稱作「嬰兒教師」。

我認識兩位是巴黎的醫學博士，他們就是這樣高尚的人。為了幼兒教育，他們放棄了原有的職位，致力於兒童發育現象的研究。他們認為自己在這項工作中獲得的成就，具有更高的價值。

對這些嬰兒教師來說，孩子們不需要教師就能自己認真工作，走向精神獨立，這就是他們成功的標誌！

在觀念發生轉變之前，教師們抱著完全相反的看法。他們曾經認為是自己讓兒童得到成長的，自己教會他們知識，提高他們的水準，應該得到這樣的評價。但是，隨著對兒童精神發展的認識，觀念的變化是必然的，現在他們對自己的工作價值是這樣形容：「我的貢獻，在於幫助兒童完成了他們要做的工作。」

他們的工作確實令人滿意。6 歲的孩子就能具有充滿活力的人格，教師們意識到，自己確實為人類做了一件偉大的工作。透過與孩子溝通交流，教師從完全不了解到對兒童的生活產生興趣，進而關心他們未來的發展，關心他們能否完成學業。不管怎麼樣，作為一個教育者，看到自己的學生順利地度過性格成型的關鍵時期，並且獲得了必備的能力，他就能夠坦然地說：「這些孩子已經完成了成長中的關鍵一步，在這個過程中，我始終伴隨在他們左右，為他們的精神發展貢獻了自己的力量。」

教師們在工作中，真正了解到了這個職業的價值所在，他們拋開以往那種權威，甘心做兒童的心理發育道路上的階梯。因此有些人以為，兒童的健康發展建立在教師的自我犧牲上。

他們中有人會說：「教師們真是謙虛，他們在教育孩子的時候，一點都不把自己當作權威。」還有一些人說：「教師壓制自己的本能去教育孩子，這樣能教育好嗎？」其實這是一種誤解。教師們並不是在犧牲自己的尊嚴，壓制自己的本能，他們從自己的工作中找到了生命更高的價值，這種價值隨著兒童的不斷成長顯現出來，教師們從中得到了以往沒有的滿足感。

我們倡導的這種教育方式讓所有舊有的原則有了新的含義。比如「公正」這個原則，它是現代社會的基本準則，無論什麼環境，小到學校、班級，大到國家、社會，無論什麼對象，不管他是貧窮還是富裕，社會地位高貴還是低賤，「公正」都代表著在法律面前人人平等，沒有任何例外。

公正與法律、監獄、訴訟緊密相關，在民主國家，法院被人們稱為「正義之所」，一個誠實的公民就意味著與任何法律機關毫無瓜葛。如果公正的意義僅此而已，那麼教師在教育中就無法因材施教，因為他必須對所有兒童一視同仁，以維持人人平等的公正。顯然，這種公正是低水準的，它要求一種不實際的平等，比如所有人都長得一樣高，所有孩子的發展情況都一樣！

而我們的教育，尊崇高水準的公正。這個層次的公正屬於精神領域，它能保證各個成長階段的孩子都能得到他們需要的幫助，讓他們得以最大限度地發展。這種公正意味著對不同年齡的兒童提供符合他們精神發展情況的幫助，讓他們獲得精神境界提升的能力。而這也是社會組織形成的基礎。這種公正足稱是人類社會的精神瑰寶，遠超任何物質財富的價值，我們絕不能丟棄它。現代社會，不再是物質財富決定一切，個人能力的全面發展，可以創造任何生活資源。人類真正的創造力源於精神，源於大腦，而不是來自肉體和四肢。只要人類的精神和智慧得到全面發展，沒有什麼不能解決的問題。

成人社會的紀律，離不開監獄、警察、士兵和槍炮的約束。而兒童只要不受外界干擾，就能自發地形成一個井然有序的群體。他們的發展過程，彰顯了自由和紀律相輔相成的規律，自由透過自然發展就能夠形成紀律性。如同硬幣的正反兩面，一面是人頭或者圖畫，裝飾得非常精美，另一面是數字和說明文字，我們可以把數字的一面比做自由，圖案的一面比做紀律。所以，在傳統的學校裡如果一個班級看起來紀律鬆弛，教師會覺得自責羞愧，認為是自己失職導致的，於是就會找原因，把它當成錯誤來努力糾正。如果換做是新式教育，教師就不會這麼想了。

教師的工作，不僅是服務了兒童，在幫助兒童實現精神成長的過程中，教師自己也得到了精神的昇華。人類的生活服從大自然的規律，向著更高的境界發展，兒童就是為生活盡點心力的人。

自然規律決定了秩序的存在，人類也在秩序中生活，當我們察覺它的時候，其實我們的生活早已在秩序之中了。顯然，自然賦予兒童的諸多使命中，也包括了激發我們繼續進取。伴隨著兒童的成長一路前進，必將走入更高的精神境界，那時，人類的物質需要就會自然解決。

到了結束的時候，讓我重複一句話吧，把它作為總結，幫助大家記住我們的討論：「上帝，幫助我們認識兒童的祕密吧！只有依照您的旨意和自然的規律，我們才能了解兒童，幫助兒童。」

教師如何做好孩子的工作

有一位從事教育工作不久的女教師，她熱愛兒童教育工作，並且認為兒童的天性中並不缺乏紀律性。但是，在工作中她卻碰到了很大的難題。這位女教師認跟我們對教育的看法，並運用於教學中。她給兒童足夠的空間選擇自己喜好的事情，讓他們自由行動，不要求他們按自己的意願做事，也從不用恐嚇、獎賞和懲罰的方式對待孩子。為了讓兒童自由發展，盡量不受自己影響，她給孩子們準備了大量玩具，然後退到一旁，做一個旁觀者。然而，她發現自己的努力並沒有讓孩子們的服從意識增加，反而減少了。

難道是這些原則錯了嗎？當然不是。原則是正確的，問題在於，這位年輕的教師缺乏教學經驗，她忽視了理論和實際的差距。很多人都有這樣的經驗，比如醫生或是其他受過大量理論教育的人，一旦投入工作，就會發現按理論做事遠比學習那種理論要難得多。

我們必須記住，兒童的紀律性，是需要後天有意識的引導才能覺醒的，教育的任務就是做大量工作來達到引導的目的。用某些事物來吸引兒童，讓他們把注意力集中在這些事物上。

透過這個熟悉事物的過程，兒童不但獲得了實踐經驗，而且提高了控制錯誤的能力，心理逐漸統一協調，他們也就變得安靜快樂起來。人類的心理有著不可估量的價值，在兒童性格發展的道路上教師就像兒童的指航燈，指引著通向完善的方向。如果教師不明白這點，那麼他的教學可能就會成為兒童發展的絆腳石。如果兒童的性格中已經形成紀律性，可以妥善運用自己的意志力，那麼他們前進的本能將使他們跨越任何障礙，這說，我們的工作才真的無足輕重了。

那些 3 歲左右的孩子被送到我們學校的時候，情況看起來很不好。他們不像同齡的其他孩子一樣安靜、平和和聰慧，而是表現出懶散、任性、不服管教，表達不清晰的缺點，而且這些孩子對成年人的防衛意識很明顯。

一句話，這些兒童需要我們的幫助。他們在成長中遇到了難題，他們的天性受到了壓抑，但是並沒有遭受毀滅性的打擊。他們的聰明美好只是被矇蔽了，只要有良好的空間、機會和條件，他們就能恢復過來。教師們知道如何幫助他們，必須將影響他們心理正常發展的障礙拔除，才能使他們自由地發展。

教師必須能夠區分兒童的行為，是出於純粹的衝動還是心理發展的需求，這種區分能力是教育工作的基礎，只有具備這種能力，才能有效的幫助兒童發展。

兒童的衝動和心理需求都是出於他們的意願，所以表現在行為上很相似，但兩者的意義是截然不同的。教師要準確的辨別兒童行為背後的涵義，才能指導孩子完善自己。就像醫生要先辨別出病人的體徵是正常的生理反應還是疾病症狀，然後才能因情施治、對症下藥。為此，我們將兒童心理發展各階段的特徵做出描述，以供教師們參考。

下面，我將集中討論三四歲的兒童。兒童在這個年齡還沒有接觸過相關因素，所以他們尚不具備紀律性。我們來談談他們具有的三種主要特徵：

一是主動行為失常。

這種特徵具體表現是行為不和諧，缺乏協調性。這裡我們不討論引發這種行為的動機。這種症狀也是神經醫學的研究內容，非常重要。比如癱瘓患者發病初期，主動行為會出現缺陷，如果醫生知道這種症狀的嚴重性，就會預防可能出現的嚴重病變，而不是只當他是心理失常，行為紊亂。有些笨拙的兒童還會出現舉止無禮、情緒不穩定，做前衝、旋轉之類的不協調動作等現象，但是這些行為並不是醫學病變，經過教育就可以糾正，而那些真正的病理症狀，則是教育無法治癒的。兒童需要教師為他們提供一些他們喜歡的方式，至於可能出現的那些失常現象，到也不必全部糾正，隨著發展的完善，會自行消失。

二是兒童的注意力很難集中在一個物體上。

這種情況的兒童大腦長時間處於空想狀態，經常玩石塊，樹葉之類的東西，還會對著那些東西說話，看似自言自語，其實是在進行幻想中的對話。這種情況容易導致孩子與現實脫節，沉迷於幻想的世界。而且這種症狀越嚴重，大腦就會越疲憊。然而有些人卻以為這種毫無益處的空想是富有創造性，可以促進兒童心理發育的，甚至把它當作一種藝術天賦。事實上，對於兒童的發展來說，這種空想的價值比那些石頭、樹葉高不了多少，害處卻很大。

人的精神世界的建立，需要具備一個可以與外界和諧交流的完整人格。人生活在現實世界中，人的精神發展也是基於現實的世界。幻想減少人們對真實生活的關心，使人脫離現實，這種不正常的發展只會阻礙精神世界的和諧和完善。可以說，空想是精神器官的一種萎縮現象。為了把兒童的注意力引到現實中來，教師們想出了很多方法，比如讓孩子擺桌子，這種法子未必有用。要想從根本上糾正這種症狀，最好的辦法是幫助孩子協調運動，並把注意力集中到周圍環境上來。

要將兒童所有的不良情況全部矯正，是非常困難的，而且也沒必要這麼做。治病要治本，讓兒童的注意力回到實際生活中來，從中獲取需要的經驗，各項能力得到正常發展，這才是解決所有問題，讓兒童恢復健康的根本。

三是模仿傾向。

這種傾向源於一種人性的弱點，在當前社會中變得更加現實了，它的出現與前兩種現象密切相關。這種模仿傾向不同於我們提到的精神發展初期的正常模仿行為，這是一種不正常的發展模式，多見於兩歲左右的兒童。

兒童的某些能力受到壓抑，無法正常發展，於是被動模仿他人的行為。我們對出現這種症狀的兒童進行觀察後發現，他們的知識全部都是模仿別人的，這無疑是一種心理退化的表現，正常兒童對知識的吸收表現出內在的創造力。這種傾向的出現可能是因為行為失常和心理波動。兒童在成長的道路上失去了方向，只能隨波逐流，這將對他們的成長造成很壞的影響。

我們舉一個例子來說明這種反常的模仿，如果一群孩子在一起，其中一個因為某種原因大聲哭鬧搗亂，其他的孩子看到可能就會模仿這種舉動，甚至變本加厲。這種行為會傳染整個群體，甚至其他群體。這種「群體本能」會影響大量兒童的正常發展，造成嚴重後果。

被動模仿引起的心理退化症狀越嚴重，恢復起來也就越困難。但是，只要重新讓他們走上正常發展的道路，這些不良現象一定會消失。

一個只知道理論上如何幫助兒童發展，卻沒有實際教學經驗的教師，要真正管理一個班級的時候，定然會感到頭痛萬分。小朋友們沒有一點遵守紀律的自覺，跑來跑去，亂拿東西，場面十分混亂，如果不聞不問，這個班級就會喧譁吵鬧，亂成一團。不管是因為經驗不足還是方法不對，總之要想解決問題，就必須對兒童的心理活動進行研究。因為教師的責任，就是設法幫助這些小朋友。

首要之務是讓孩子們有所警醒，就像對一個孩子提問之前要先點他的名字，要讓孩子們從混亂中驚醒過來，就得先觸動他們的心靈，此時，用一種平和而又威嚴的語氣講話是比較適合的。

孩子們的行為是錯誤的，那麼教師就不能繼續觀望。先拋開腦中的教育理論，到孩子們身邊去，拿開他們的小物件，了解他們每個人的問題，然後運用自己的智慧去幫助他們，解決這些問題，這就是教育工作的開始。就像一個好醫生不能只會開藥方，還要懂得辨證施治，一個好教師也不能一味死背教育方法，而要對具體事件具體分析。像上面所說的情況，教師就必須想辦法制止孩子們的混亂，使班級恢復平靜。這時他可以用加重語氣的方法提醒孩子們注意，也可以單獨對幾個孩子說話，壓低聲音，吸引其他孩子注意。當然還有其他方法，教師應該根據現場情況判斷自己該怎麼做。

實際教學中我們會發現，那些從來不出現混亂局面的班級，一定有一位經驗豐富的教師。這樣的教師即使離開教室也不會讓班級混亂，他們會先觀察班級的情況，然後預先做一些必要的指導。教師誇獎或者教導兒童的語氣要平和，顯得堅定而又不乏耐心。

讓兒童保持安靜的方法很多，比如：教師可以讓孩子們將桌椅重新擺放整齊，同時要求他們盡量少弄出聲音；或者讓孩子們把椅子在過道上排成一排，然後端正地坐在上面；或者組織孩子們一起在教室裡運動。透過這些方法可以有效地把孩子們的注意力集中起來，這時教師再讓孩子們安靜，教師裡就會一起安靜下來。然後，教師可以給孩子們一些玩具，讓他們學著使用，但是要注意時間，不要讓孩子們玩的太久而產生厭煩無聊的感覺。

這樣，孩子們在現實的世界裡紛紛忙碌，每個人都有自己的事情要做，並且目的明確，比如：擦桌子、掃地、學習使用小東西等。

在這樣的環境裡，兒童不斷加強自己的能力，教師也滿意自己的工作。但是，還是會有問題出現，這種精心設計的教學玩具數量太少，讓孩子們不得不反覆玩同樣的東西，很多學校會出現這種情況。

然而，如果給他們很多玩具，也一樣會有問題。因為孩子們可能會不停地換著玩具玩，每種擺弄一會就丟開，再找下一件玩具，他們不斷地跑向玩具櫃尋找新東西。因為沒有一件玩具能激起孩子的興趣，吸引他們投入精力。孩子們好比蜜蜂，在花叢中飛來飛去，卻遲遲找不到可採的花蜜，他們的內心怎麼能感到滿足和諧呢？這樣孩子們的能力就沒有發展的機會，心理也得不到鍛鍊，而好不容易建立的穩定秩序也會完全破壞。

一旦出現這種局面，教師的工作就更加困難，徒然在孩子中間來回奔波，卻無法可施，這種不穩定的情緒還會傳染給孩子們。早已感到不滿的孩子們開始紛紛搗亂，讓教師疲於奔命，剛安撫了這個孩子，那個孩子又出了問題！這種情況表明，這個階段的兒童道德和智力發展還很缺乏，需要我們進一步開發。

這個階段兒童的紀律性是很薄弱的，隨時可能推翻教師的努力，再次混亂起來，這使教師不得不處於緊張狀態，這對他們是一種折磨，並且會影響到兒童的狀態。其實這是因為這些教師本身缺乏訓練，沒有教學經驗。

教師應該明白，孩子們正處於心理轉型期，心理發展還沒有開始，還不足已控制自己，他們的行為當然無法令人滿意，更別說達到完美了。現在的他們與第一階段相比進步並不大，雖然具有了一些控制力，但是不穩定，隨時會失控，對現實世界的認識也還處於朦朧狀態，遠沒有達到與自己的發展連繫起來的程度。就像大病初癒的人一樣，各方面都需要照顧完善。

這一時期很重要，教師需要做很多工作來加強孩子們的能力，既要監護好所有的孩子，還要對每個孩子逐個進行教育。也就是說，教師必須同時做好兩方面的工作，一方面要管理好整個班級，另一方面要對孩子進行個別指導。

但是教師必須注意，自己是所有孩子的需要，單獨指導某個孩子時，不可以背對著其他孩子。單獨指導是必要的，而且要與孩子很親密，這樣才能消除距離，碰觸到孩子的心靈，激發出潛在的能力。

透過這種指導，孩子們逐漸學會每件東西的使用方法，並產生濃厚的興趣，這時他們自然會集中注意力，反覆研究這些東西，於是動手能力得到了提高，整個群體也隨之呈現出積極、滿足的態勢，這表明，他們的心理發展終於進入新的階段。

我們知道，自由選擇是兒童心理發展的重要因素，但是這種選擇必須是在兒童能夠了解自己心理需求的前提下進行的，否則對他們的成長沒有任何意義。如果兒童被外界多種事物吸引，興趣分散，就無法發揮自己的主觀意志，也就談不上自由選擇。這一點很重要，兒童如果不能運用自己的主觀意志，一味受外界環境的刺激所擺佈，那麼他的心理也會被動地隨著環境的變化而波動，就像來回擺動的鐘擺一樣，無法保持穩定和平衡，也就不可能完美的發展了。兒童心理發育成熟的標準，必須是他們具備了自我感知的能力，能夠集中精力完成一件事情。

自由選擇不只是對人類很重要，其他生物也一樣，幾乎所有生物都具備在複雜環境中選擇的能力，這一點我們可以從觀察中發現。比如植物從泥土中吸收特定的養分，昆蟲只選擇某些他們喜歡的花朵。人類與它們的差別在於，這種能力不是天生的，而是後天獲得的。

在一歲之前，兒童的心理非常敏感，教師必須謹慎小心，以免使他們失去敏感性，對外界各種刺激無法辨別，最終受到外部刺激的擺布。因為大多數成人早已失去了這種敏感性，所以很難意識到這一點，如果教師缺乏這方面的心理訓練，很可能不小心扼殺兒童的這種特性，就像大象踩碎一朵小花一樣輕而易舉。

兒童專注的做某件事時，心靈將沉浸在一種和諧、滿足的感覺中，大人應該為此高興，並且盡量滿足他的需要，協助他排除可能遇到的障礙。

在兒童向這種狀態努力的時候，教師需要控制自己，盡量給他們足夠的空間讓他們自由的工作，不去打擾他們。但是，不打擾並不代表教師就什麼都不做，真的當個旁觀者。教師必須密切觀察兒童的情況，以便兒童需要時能及時提供幫助，同時要判斷兒童是否是在集中注意力做事，這可不是件容易事。

當然，這樣做的時候，教師不要把自己的意圖暴露出來，也不要隨便幫助孩子，只需要了解他們的心理發展狀況。當兒童真正被某件事吸引，他會非常高興地投入這件事，這時他忘記了周圍的一切，全心全意地做自己的工作，在這個過程中，兒童的個性誕生了。當他從這個世界中出來時，他會發現周圍的一切都與從前不同了，充滿了未知的吸引力，他會對生活充滿熱情，喜愛美好的事物，友善地對待所有人。

這個心理反應並不複雜，短暫的隔離，是為了更好的融合。古詩云，「不識廬山真面目，只緣身在此山中」，講的是同樣的道理，好比要想看到地面景色的全貌，最好是乘坐飛機從高空鳥瞰。人的心理反應也是如此，與身邊之人分離一段時間後，再相處起來反而更加融洽，這是因為短暫的分離讓心靈獲得更多愛的力量。

智者就是這樣做的，他們在為人類的幸福奔走之前，往往遠離人群，躲進山澗或小屋裡獨自思考造福人類的方法。

兒童忘我工作的時候，會暫時與外界隔離，這個過程不僅會幫助他塑造平靜而堅忍不拔的個性，而且還會得到自我犧牲、工作規律、服從意識、愛心等優良素養。這將使他們熱愛生活，像汩汩流淌的清泉一般用他們的愛滋養身邊的人。

集中注意力還能夠培養兒童的社會感。教師必須認真觀察兒童的心理狀態，任何變化都不能忽視，一旦在兒童身上發現這種社會感，要及時幫助他們。孩子們對教師是充滿渴望的，期望教師能幫助他學會更多東西，就像渴望從藍天、花草中汲取營養一樣。

對那些從教不久的教師來說，學生充滿了求知慾的渴盼雙眼讓他們感到沉重的壓力。這些教師必須了解自己在不同時期的工作重點。第一階段，教師要集中精力滿足兒童的基本需求，對他們製造的混亂用不著太焦慮。而到了現在這個階段，教師仍然要注意觀察兒童的發展過程，不能被各種表面現象所迷惑，準確判斷兒童的發展情況。雖然這些工作要在暗中進行，但教師的責任依然很重，就像門的合葉，要對整個局勢進行控制。

在兒童的心理成長過程中，教師只是輔助兒童進行自由發展，但是這種輔助必須是準確、及時，並且持續進行。剛開始，教師可能感覺不到自己的工作有什麼成效，因為兒童幾乎沒什麼變化。但是很快，他們就會發現兒童開始變的獨立，表達能力也進步很多，整個人在快速成長著。教師們深刻感受到了自己的價值，這時也許他們會想起一個典故：施洗者約翰見到彌賽亞（M essiah）後說了一句話：「他注定成長，而我將退到幕後。」

這個時期兒童的需求是得到權威性的指導。比如當他們畫好一幅畫或者寫了一個字，就會跑到教師那裡，期待他們給予評價。現在的兒童已經知道該如何做一件事，不再需要別人幫助，他們的心靈完全具備了選擇自己喜好的工作並將它完成的能力。但是，他們對於自己的工作沒有掌握，所以需要得到教師的肯定。

兒童天生具有一種本能，促使他們順著自己心靈的需求發展，這種本能保護了他們精神的獨立，同時指引他們尋找正確的方向。正因為如此，他們需要成人關心他們的行為，為他們努力的結果做一個評價。

這種本能的力量很早就在發揮作用了，早在兒童學習走路的時候我們就能看到，已經可以自己走路的孩子仍然要求大人在旁邊看著，或者在前面張開雙臂，等候著為他們喝彩。所以在兒童做完一件事之後，不管做的好不好，教師一定要給予肯定，或者報以鼓勵的微笑。當然，這只能起輔助作用，兒童成長的方向和信心最終取決於他們自身。

兒童不會一直尋求鼓勵，等他們形成自己的判斷標準，就不再有這種需要了。這時兒童會將全部精力投入到自己喜愛的事情中去，他們獨立完成自己的工作，反覆嘗試，直到自己滿意為止，他們只對自己的工作感興趣，而不是別人的評價。參觀過我們學校的人可能還記得，我們介紹兒童作品的時候，從來不說作者是誰，因為我們知道，孩子們壓根不在乎這個。而在其他學校，這種做法是不行的，因為如果教師忘記介紹作者的話，那個孩子會很失望，甚至會埋怨教師：「這是我做的！」

在我們學校可不是這樣，那個作者恐怕正躲在某個不引人注意的角落裡專心製作另一件東西，他可一點也不願意被人打擾呢。

在專心思索作品的過程中，兒童會逐漸形成一種紀律性。這個時期的兒童，儘管忙碌但卻條理分明，雖然獨立發展，但並不排斥服從，既需要關愛，又充滿愛心。他們好像春天的花朵，使人們對秋天的豐收充滿了期待。

第五章　如何帶好孩子

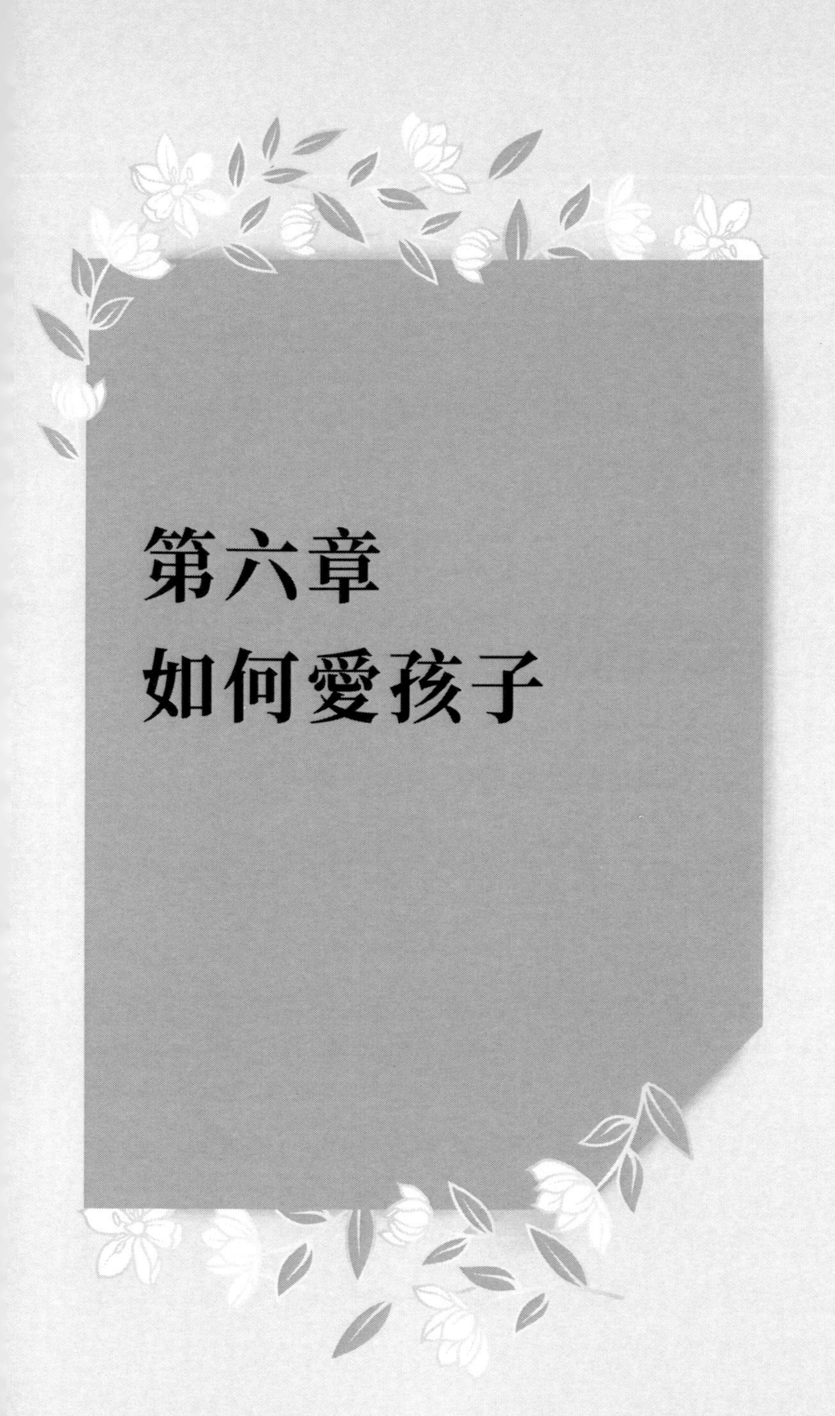

第六章
如何愛孩子

兒童是愛的起點和源泉

本校時常舉辦一些蒙特梭利式的聚會，參與者為包括學生的親友在內的社會各階層人士。人們自行組織，氣氛和諧愉快，聚會總能圓滿落幕。顯而易見，這種自由的聚會有別於典型的學術會議。

人們從世界各地湧來我們的蒙特梭利學校進行訓練，離開時都能達到一定的教育水準，這是我們接受他們的唯一目的。這些學員身分不盡相同，有大學生、教師、律師、醫生等；思想觀念也迥然各異，如我的一個美國學生就是無政府主義者。儘管差異如此之大，他們卻鮮少發生摩擦，因為他們有一個共同的理想，而他們也正是被這個理想召喚到了蒙特梭利學校。

與印度相比，比利時是一個很小的國家，但卻擁有兩種語言：佛拉蒙語（Vlaams）和法語。比利時人口稀少，彼此間的關係卻很複雜，分屬不同的社會組織及政治團體。由此，這些人聚在一起的境況難以想像，但我們的聚會都很成功，這讓人不可思議。當地許多報紙評論道：「長久以來，我們試圖舉行由各個團體參加的會議而未能如願，現在它卻自己出現了。」

這應歸功於兒童的力量。無論人們的政治觀念、宗教信仰有何不同，他們對兒童的熱愛都是大同小異的，這種愛促使他們團結在一起。成人因利益或信仰的分歧，分裂成各種各樣的團體，聚眾討論事情時由於觀點不同而彼此謾罵，甚至大打出手。但是，面對兒童時，他們心裡就會出現相同的情感。可惜，兒童的這種巨大作用一直沒有引起我們的注意。

讓我們來探討一下愛的本質。先讓我們看看詩人和先哲是如何描述愛的，只有借助於他們，愛的力量才能獲得完滿的表達。愛是人類最偉大的情感，它孕育了人的生命，是人世間最美好的情感。愛的力量無比強大，能使最野蠻和粗暴的人屈服，也能感化最殘忍的暴君，因此，無論人們的行為存在多大差別，他們的內心都蘊藏著愛，這是人的天性，只要愛發揮作用，就能觸動人們的心靈。反之，如果人的天性中沒有愛，那麼無論把愛描述得多麼美好，人們也不會有所動容。人天生對愛存有渴求，愛無時無刻不在影響著人們。

我們若想把世界變得更加和諧美好，就應該關心愛的作用，研究愛的含義。兒童是愛的起點和源泉，凡與兒童相關的話題也都與愛相關。雖然我們時刻感受著愛，卻很少有人真正能理解愛，說出愛的根源在哪裡及愛的作用有多大，所以很難給愛下一個準確的定義。儘管存在種族、宗教信仰、社會地位等差別，可是一旦談論起兒童，人們之間就會形成一種友好團結的關係，戒備之心不見了，各種隔閡也隨之消除。

與兒童生活在一起，人們不會有猜疑之心，變得親切、友好。愛賜予人生命，是道德的基礎，不僅蘊涵於兒童的天性，也是成人的稟性之一 —— 比如成人常有保護他人的衝動，另外，群體之間的團結也是由愛的力量促成的。

本世紀，戰爭給人類帶來了巨大災難，也許這個時候談論愛不合時宜。可是，人們並未被戰爭和仇恨嚇倒，反而更加執著地尋求愛，並制定了共同生活的計畫。這不僅說明愛是真切存在的，也表明愛是團結的基礎。戰爭的威脅還沒有消除，很多人都說：「放棄你的愛吧，不要再做夢了，讓我們面對現實。災難時刻都有可能發生，人為的災難吞噬著村莊、森林、婦女和兒童，難道這不是事實嗎？」我們對此並不否認，可即便這樣，我們依然要談論愛、尋求愛，為愛的重建而努力，因為有無數人和我們做著相同的工作。無論宗教還是非宗教，無論新聞媒體還是路人，無論文化與貧富，凡是渴望生活的人都在談論著愛。

仇恨極大地破壞了這個世界，愛遭到人們的質疑，除了對愛進行研究，我們還能怎麼辦呢？為什麼我們不對這種自然的力量進行研究？為什麼不使愛的力量顯現出來，造福於全人類呢？我們應該自問，為什麼在危機到來之時，人們會忘記愛的力量？為什麼不把愛的力量與其他力量相聯合呢？人類能把大量精力投入到自然現象研究上，為什麼不能花點工夫來研究愛呢？事實上，所有能夠喚起愛的工作都應受到重視。前面已經說過，愛是詩人和哲人經常談論的話題，這給人一種印象，彷彿愛只是一種理想。但我要說，愛不僅是人類的理想，而且客觀存在著，過去如此，將來也一樣。

需要明白的是，我們之所以能夠真切地感受到愛，是由於我們的天性蘊涵著愛，而不是學校教育的結果。

詩人和先哲的語句隨著時代的喧囂被所淹沒，被遺忘，但人們對愛的強烈渴求從不受外界左右。愛與被愛是人類生命的一部分，在我們的生命中充分展現，不是可以學得到的，也不是先哲們的妙言雋語能夠創造的。

除了習慣性地從宗教和詩歌中認識愛，我們還可以從生命的角度來思考愛。由此，愛就不僅是我們渴望的東西，而轉化為一種堅不可摧的生活現實。下面讓我們來談論這種真實存在的愛，以及先哲對它的闡述。

有人說愛是宇宙最為強大的力量，其實這種說法並不充分，因為愛不只是一種力量，也是一種創造。確切地說，愛是「上帝的巨大能量」。

人類對愛的感恩、詩人、先哲和聖人們的讚美數不勝數，充斥各個語種，我無法備述。我只能引用聖·保羅（sao paulo）的話——這位聖人把愛表述得最透徹，即使在兩千年後的今天，仍能激起我們的熱情。

他說：「如果沒有愛，世間所有的言語不過是一些毫無意義的聲音。即使我能預言久遠的未來、揭示無盡的奧祕、掌握所有的知識，即使上帝賜予我移山倒海的能力，但如果沒有愛，我也只能一事無成。同樣，就算我散盡財產救濟窮人，拋棄生命追求道義，如果沒有愛，又能成就什麼呢？」

我想問聖·保羅：「你對愛有著如此之深的感受，那你一定了解愛的真諦吧，能否給我們解釋一下？」問這個問題並非不恭，而是愛這種高尚的情感著實難以描述。

其實，聖·保羅的話已恰如其分地反映了現代人的處境，人類不是已經擁有了移山倒海的能力了嗎？現在，即使我們在地球的一端輕聲說話，另一端不也能清楚聽到嗎？可是，假如我們的世界沒有愛，這一切又有什麼意義？人類建立起了廣泛的社會機構，救濟世界各地的窮苦人，為他們提供糧食和衣物，但是，如果缺乏真正的愛心，這一切援助又意義何在呢？鼓聲能夠傳播很遠，震撼人們的心魄，那是因為鼓有著廣闊的內心。

愛的本質究竟是什麼呢？聖．保羅的話告訴我們，愛是偉大的、崇高的。這位聖徒的其他話語，同樣能給我們很多啟示：「愛意味著仁慈之心和持久的忍耐；愛是不嫉妒他人，不做虧心事，不妄自尊大；愛是摒除野心，放棄私利，克制怒氣，不做惡事；愛是熱愛真理與正義；愛是寬容、信任、期望和忍耐。」

這些思想都是對人類精神世界的刻畫，是對兒童「具有吸收力的心理」的形象描繪。倘若我們對兒童的心靈有所了解，就能把兒童與這些話連繫起來。

兒童純潔的心靈足以包容世界上的任何東西，並透過自己的行為展現出來。兒童是脆弱而具耐力的，無論他們出生何方，沙漠、平原、山地甚至是冰雪覆蓋的極地，他們最終都能逐漸適應，成長之後，從生活中獲得極大的人生樂趣。無論生活家園環境如何艱險，無論狹窄還是廣闊，兒童都會與之發生血肉連繫，他們將終生喜愛自己出生和成長的地方。

兒童「具有吸收力的心理」能夠包容一切，人類精神領域的精髓如希望、信仰、團結、忍耐等，都會在兒童身上展現出來。

這就是我們的兒童。

倘若自然界不曾賦予兒童這種心理能力，任何一種文化就都將得不到發展；而若文化的發展始於兒童出生之後，人類文明也將無法得到持續的進步。

人類創造了社會，而這個社會的基礎是「具有吸收力的心理」的兒童，這是我們觀察兒童後得到的啟示。千百年來，人類為自己的命運而苦惱，而兒童用愛為我們指明了方向。先哲們沒有說出愛的真諦，兒童的發展卻向我們展示了愛的軌跡。

我們把聖．保羅的話與兒童相連繫起來，就能得出結論：「這位聖徒的話在兒童身上得到了完整展現。兒童身上集中了所有愛的資源。」

第六章　如何愛孩子

可見，愛不只存在於詩人和聖哲心中，每個人的心靈都蘊含著愛。大自然把這種偉大力量賦予了所有人，以在他們生活的任何場合發揮作用。儘管人類被各種分歧和仇恨困擾，但愛從未從世上隱退，它為災禍連連的大地降下甘霖，滋潤人類的心田。近代具有巨大破壞力的戰爭表明，如果世間沒有愛，人類創造的包括文明進步在內的一切，都會失去價值。這並不難理解，生命把愛賜予了每一個人，這種天賦只有從兒童時開始得到發揮，人類的活動才會有成果。若否，任動物式的掠奪習性發展，人類和禽獸就會混為一談。

我們並不否認人類取得的巨大成就，但是我們若想把生活變得更加美好，就必須謙虛地向兒童學習，將兩種力量結合起來，因為人類創造的所有奇蹟中，只有一個領域沒有得到有效利用，即「兒童的奇蹟」。

愛的形式多種多樣，遠遠不止以上這些。如今，愛在人們的心目中充滿了神祕色彩。我認為，愛應是本原力量的一部分，即物質的「吸引力」或「親和力」的一部分，愛包容在這種力量之中，征服整個世界。本原力量是形成物質的基礎，星辰運行、原子排列、物質聚合、大地形成、有機物的結構、生命的衍生都來自於這種力量。由此可見，愛應該是無意識的，人的精神能夠在生活中意識到愛，充分感受到愛。

生物的繁殖能力也是愛的一種展現，如果沒有愛，生命就無法延續，物種也會滅絕。

自然生命活動中，除了物種繁衍，動物的其他行為也能表現出愛，如相同物種之間的親和力、群體對個體的保護等。但動物只能感受這種力量，卻無法捕捉到它。愛是如此寶貴，造物主在給予愛時非常節儉，每個生命都能得到所必需的愛，卻沒有浪費的餘地。

新生命剛到世間會喚起母親的愛，在這種力量的驅使下，母親日夜守護孩子，餵養孩子、保護孩子，給孩子溫暖，確保孩子的安全和健康。母體對幼體的保護出於本能的生命延續的需要，但愛的價值在此並未完整展現。幼體長大之後，母子之間的感情紐帶就會漸漸斷裂，父母的這種愛也會慢慢消失。幼體過去從母親那裡得到一切，現在必須獨自獲取，孩子不能指望從母親那裡得到什麼，哪怕是一口食物，也會遭到母親的猛烈攻擊。

這種情況表明動物的愛一旦實現其目的就會消失，如太陽隱入雲層中一樣。人類卻不同，即使嬰兒長大了，環繞在他周圍的愛也不會消失，反而還會從家庭延伸進其他的生活環境。只要我們需要，愛就會把我們團結起來。

愛對於人類是永恆的。愛不僅出現在個體之間，也出現於人類生活的其他方面。如果前人沒有感受到愛的力量，也就不會建立社會組織，把愛在人類之間傳播。

既然大自然有意把愛給予生命，卻在分配愛時是如此謹慎，那麼，大自然的慷慨就不會沒有目的了。造物主想用愛拯救人類，那麼，如果人類忽略了這種寶貴的恩賜，就會導致毀滅。但，即使人類真的從宇宙中消失了，愛也不會消失，愛的力量將永存不息，繼續完成其創造、成就和拯救的偉大使命。

愛作為大自然賜給人類的珍貴禮物，如同「宇宙意識」一樣也是有目的的。我們應該珍惜它，熱愛它，發展它。愛存在於所有生命之中，但唯有人類能夠將這種力量昇華，使之成為無盡的精神財富，並用它把人類凝聚成一個整體。愛不是用概念可以表達的，它是一種真實的力量。

唯有透過愛，人才能充分享受自己創造的智慧成果。失去了愛的力量，人的活動將混亂不堪，秩序無存（這種事情屢見不鮮）；失去了愛的力量，人類的任何發明創造都得不到保存，將悉數毀滅殆盡。

那麼現在，我們應該能理解聖人的話了：「沒有愛，一切都將徒勞無益。」

愛不是暗夜的燈塔，也並非穿越雲際的電波，它勝過人類所有的一切，是宇宙中最強大的力量；這種力量貫穿人的心靈，成為人類所有力量中最偉大的一種。每一個新生嬰兒都能給人類帶來愛的力量，即使環境遏制了愛的發展，我們也能感覺到愛的作用。大自然不是把愛給予了我們生活的環境，而是直接給予了我們，所以，我們必須投入精力研究它的力量。

而若想對愛有一個切實的了解，就必須關心兒童的發展。如果一個人力圖拯救人類，把人類更好地團結起來，就必須沿著這條理想的道路艱難地走下去。

把充分的自由還給孩子

要想實現兒童的自由發展，關鍵的一點是，必須讓兒童的心理機能處於運動狀態。

兒童在抱著某種智力目的的前提下自由活動，才能從中累積經驗提高自己的能力，才能讓自己的人格實現自然發展。同樣的，只有抱著某種智力目的去工作的兒童，才能持續地投入精力去完成工作。

如果不是有意識的工作，沒有對工作持之以恆的熱情，兒童就無法實現內在的成長，自身能力也不會有什麼明顯進步。兒童需要我們停止對他們發號施令，停止用自己的意志影響他們，當他們得到一個適合他們自由發展的環境時，他們會對自己的智力信心倍增！

在此基礎上，孩子們不需要督促就會自覺地在生活中動手做事，比如自己洗手洗臉、換衣服，打掃房間，擦拭家具上的灰塵，鋪地毯，擺桌子，栽種花草，看管小動物等等。在感官的吸引或指導下，孩子們主動去選擇那些對自己的發展有幫助的工作，也正是透過自身感官對事物進行的分析辨別，他們才能完成選擇和推理，從而使自己進步。

透過選擇找到自己要做的事以後，兒童就會用不懈地努力去完成。這種主動的行為轉變不但能促進兒童的智力發育，還會推動兒童向更高的成長水準前進。他們從學習使用簡單物品發展到從事複雜的工作，身體技能和內在的智慧都在逐漸成長。兒童正是根據大腦中形成的內在秩序和生活中學到的技能來培養自己的性格的。

我們說讓孩子自由發展，並不像很多人以為的那樣，是對孩子不管不問讓他們由著本能活動，而是指讓孩子的智慧得到自由成長的機會。

本能是動物所具有的最原始的東西，而在成人的觀念裡小孩子和狗或家畜是一樣的特性。我們談論一個自由小孩的行為時，常常會想到，他和那些不停吠叫、跑來跑去或者悄悄偷吃東西的小狗一樣。因為懷著這種錯誤的觀點，當孩子不滿這種境況而流露出牴觸、不滿，甚至用各種方法反抗的時候，大人們反而更加肯定這是一種本能行為，就像獸類一樣野蠻。

但是，我們又是怎麼對孩子的？開始把他們當作植物和花朵，並且希望孩子在成長過程中像植物一樣默默無聲，像奴隸一樣對我們的意志毫不反抗。我們這樣做，只會讓孩子的本性逐漸泯滅、消失，人性的退化在他們身上顯露無遺，這樣他們怎麼可能成長為一株帶著天使般芳香的植物呢？這是我們的希望嗎？

如果我們能讓孩子主導自己的智力活動，情形將會完全改變。為了讓孩子成長成一個高度自覺地從事智力活動的人，我們必須重心定義「自由」的概念。

我相信，人類實現真正的自由關鍵在於智力。遺憾的是，近幾年來，我們的社會上流行一種只要求精神自由的偏見。這就像我們對孩子自由的誤解一樣，有些人認為只有社會倒退到原始時期的思想自由狀態，人類才能得到解放。但是我們真的要這樣的自由思考嗎？這種自由時期不就是一個大腦神經衰退的時期嗎？這種自由不就是將社會權利交給文盲嗎！

舉個例子，如果我們讓一個人選擇健康或是疾病，他能夠自由選擇的了嗎？如果我們讓一個未受過教育的農夫選擇做能獲利的投資和不能獲利的投資，他能真正自由的做出選擇嗎？如果他選了後者，那麼他就是「自由」地甘願受騙了一回；如果選前者，那也只是「自由」地碰上了好運氣而已。只有當他真正具備了區分兩者的智力和知識之後，他的選擇才能稱得上是自由的。只有具備了這種內在的能力，才能真正地自由，而不是簡單地憑著社會約束力就能達成。

假如自由只是本能的釋放，那麼豈不是只要我們頒布律令，讓瞎子能夠看見東西、讓聾子能夠聽到聲音，讓這些可憐的人回到健康狀態，一切就都能解決了！但現實是這樣的嗎？我相信，人們終將認識到，人最基本的權利，就是培養一個完整的自我。

只有這樣，我們作為一個人的權利才會被尊重，才不會受到奴役，在所處的環境中自由選擇自己的成長生活方式。總之，我們只有接受了教育，才能找到與個性相關聯的解決社會問題的基本方法。

我們從兒童成長的過程中看到真實的啟發：智力的發育是他們成長的奧妙之處，是他們內心世界形成的手段。

在這個認識的基礎上，智力衛生學將變得非常重要。當智力發育成為兒童成長的關鍵，甚至是他們生活的支柱時，它就可以真正發揮自己的作用，而不是被白白消耗或是被壓抑、禁錮。

現在人們最重視的是孩子的身體以及它的附屬部分，如牙齒、指甲、頭髮等。但是我相信在不遠的將來，智力將會成為最不容忽視的一個問題。當然，通向那一步的道路無疑是十分漫長的。

智力是什麼？先不從哲學的高度來考慮這個問題，而是思考一下，將促進孩子心智發展的內心映像、有關的聯想和再創造活動相加，並將這個過程與環境連繫起來。依照貝恩的理論，智力活動是以對差異的感知開始的，大腦最早的活動就是對差異進行區分。透過對外界的感知，收集材料，然後將它們進行區分，這就是最初的智力活動。

我們必須清晰準確的分析智力這個問題。

展現在我們面前的智力標記，其第一個特徵是與時間相關的。很多人認為，聰明就是反應快。智力最明顯的表現就是對外界刺激反應迅速，思維敏捷，判斷神速。一個人為什麼可以做出這麼迅速的反應呢？這關係到獲取訊息、形成意象以及將內心思考的結果表達出來的能力。這種能力可以透過一種類似心理體操的方法進行系統訓練來提高。

這個系統的操作過程是：大量收集感官訊息，找出它們的連繫，並以此做出判斷，經過一段時間的訓練，就可以自由展示這些東西。

因此，心理學家建議，應該使行為和思維兩者之間的關係更加通透，這樣可以縮短反應期，進行有助於智力發育的肌肉運動時，動作不只要更加完善，而且要完成的更加快捷。在理解一個事物的過程中，聰明的孩子能夠比別人迅速準確地做出理解，而同樣的事物，有的人要花比別人長許多的時間才能理解，他的反應就要遲鈍些。

人們談論那些聰慧靈敏的孩子時常常會說：「什麼都逃不過他的眼睛！」是的，他的注意力總是能夠高度集中，隨時可以接受各種外界刺激，就像靈敏度高的天平可以秤量出極其輕微的重量一樣，靈敏的頭腦也能對細微的吸引力做出反應。這樣的孩子的聯想能力也是極強的，我們常說的「一眨眼就明白了」，指的就是他們這種能力。

透過感官訓練，兒童的活動意識會被喚醒。我們可以把孩子的感官與刺激物適當分離；使他能清楚的意識到這些；可以讓他體會熱與冷、粗糙與光滑、重與輕、聲音與噪音的差別，使他的感官更加敏銳；可以讓他在寂靜的環境裡閉上眼睛等待，一種細微純淨的聲音的出現……這些訓練都是為了讓孩子感覺到，外界的力量在輕扣他的心門，讓他的心靈與之共鳴、互動。

經驗告訴我們，各種感覺與環境互相融合時，兩者會產生和諧促進的作用，並且能加強已經覺醒了的意識活動。舉個例子，一個正在專心致志地給圖案上顏色的孩子，當優美的音樂旋律入耳時，他會愉悅地給圖畫著以最美麗的色彩；當一個孩子身處優雅宜人的校園，被賞心悅目的鮮花環繞著時，他會歡快地唱出悠揚悅耳的歌聲。

兒童有能力進行自我教育之後，他們會表現出如下特徵：大腦反應速度加快；思維更加條理；往日他們司空見慣卻毫不注意，或者只能產生些微興趣的刺激物，現在卻能被他們強烈地感知到。同時，他們能輕易發現事物之間的連繫，這使他們在實際操作這些東西時能及時察覺可能發生的錯誤，然後予以糾正。

就是透過這種感官體驗。讓孩子完成了最初的基礎智力訓練，他的中樞神經系統因此而覺醒並運動起來。

我們忍不住把這些機敏、活潑的孩子與那些普通學校裡的孩子作比較。這些孩子對任何輕微的刺激都很敏感，隨時準備做出反應，不管面對什麼事物都能集中注意力；而那些普通學校的孩子往往反應遲緩，對外界刺激放映平淡，缺乏想像力，相比之下顯得很遲鈍。

我們做了這些比較，當然也會對現今的文明與古代文明進行比較，比如：現代生活環境比古代更加舒適；現在我們出行乘坐汽車或飛機，與古代的主要交通工具馬車相比，更加快捷省時；過去兩地相隔的人靠鴻雁傳書互通消息，而今天我們透過電話可以隨時隨地進行連繫；古時的戰爭是人們一對一的拚殺，而今天的戰爭是動輒死傷上百萬人的大屠殺。這說明，文明的進步並非基於對生命和靈魂的珍惜，而是建立在時間的珍惜上。我們真切的感受到了外部世界文明的進步，機器轉動的更快了，經濟發展的速度也更快了。

然而，人類自身的發展卻遠遠落在了後面，還沒有實現個體的科學自我發展。在這個紛繁複雜的環境裡，孩子們還沒有應付各種突發事件的能力，還不懂得運用人類創造的外部文明來服務自身。儘管我們已經步入一個物質文明高速發展的時代，但是我們的靈魂卻長期受著欺騙和壓制！

假如人類不奮起直追，完善自身，使自己與外部世界取得平衡，那麼，終有一天我們會被這日益進步的世界毀滅。

兒童對外部世界的反應不僅展現在思維快捷和聰穎，這不只是透過訓練獲得能力，而是要建立與外界協調的內在秩序，兒童將從外界獲取的經驗分析歸類，做出條理清晰的安排，這就是智力形成的過程。

總之，秩序是一個人能否達到快速反應的關鍵因素。對一個頭腦混亂無序的人來說，正確認知某個外界事物和寫一篇推理性論文一樣超級困難，不管是對社會還是對個人而言，想要發展就必須有相對的組織和秩序。

關心覺醒了的成長意識

有一天我去上班，到了學校看到有一個小孩獨自坐在教師的扶手椅上，臉上滿是無聊的神色，他胸前佩帶著教師獎勵優秀孩子用的金十字獎章。

他的教師告訴我，那個獎章是發給另一孩子的，但是那個孩子只戴了一小會兒，很快就把它送給了別的孩子，就是這個正獨自受罰的孩子。

不但被獎勵了獎章的孩子覺得這件東西毫無用處並且很礙事，那個被贈予獎章的孩子也對獎章表現的不屑一顧，並且毫無愧色地坐在椅子上環顧四周。這讓我們感覺到，獎賞和懲罰的方式似乎是沒有意義的。

本著慎重的原則我們對兒童進行了長期深入的觀察，經過實驗，我們終於得出結論，當初的感覺是正確的。

對於根本不在乎任何處罰的兒童來說，獎勵和懲罰都是多餘的，這就是教師的感覺。最讓我們驚訝的是，很多兒童會拒絕得到的獎勵。像上面的那個孩子，得到了獎勵卻轉送給別的兒童，這件事說明他並不認為這是一種錯誤，反而覺得自己做得很好。我們後來經常看見兒童們胸前戴著金十字獎章，卻沒有一點愉悅的表情。

這些情況說明，兒童的成長意識已經覺醒，並且已經有了尊嚴感，這在以前是無法想像的事情。從此以後，我們撤銷了對兒童的獎勵和懲罰。

許多人建議，應該在原本的幼兒教育基礎上繼續開展實驗，以尋找 7 歲以上兒童的新式教育方法。實際上，這些人是對我提出的教育方式是否能用於這一年齡層的兒童產生了懷疑。據了解，他們的質疑主要是針對孩子自發遵守道德規範這一方面。我的回答是，難道孩子就不懂得尊重別人的意願？難道孩子就不會自願去做一件必須完成的事？難道他就不應該有奉獻精神？

另外，有的人專門為 7 歲以上的孩子設計了一些千奇百怪，但是原本沒必要做的算術題，用來對他們做智力訓練。我想問，是不是應該取消正常孩子應該學的課程？還是要逼著孩子們去進行這些必修課呢？

很明顯，這些爭論都圍繞著一個中心，那就是我反覆強調的「自由」一詞，而這正是我倡導的教育方式的根基所在。所以，大家都應該認真對待。

我知道，即使是那些已經取得人們長期信任的問題，人們互相之間也有不同看法，我要向那些質疑我的人做出一個清楚明確、讓他們無法懷疑的回答，並不容易。也許用一些例子能更好的表達我的意思。

我們從前是用什麼樣的方式撫育一個嬰兒的呢？也許很多人都記得很清楚，比如：為了防止兒童的 O 型腿，就把還是嬰兒的孩子手腳綁起來；為了確保將來能按時開口說話，就把嬰兒舌下的韌帶割斷；為了防止他的耳朵可能長的凸出來那麼難看，就整天給孩子戴著帽子；為了怕他柔軟的顱骨變形，必須認真擺好嬰兒躺著的姿勢；有的母親為了孩子能長一隻挺拔漂亮的鼻子而一遍又一遍地捏嬰兒的小鼻子；還有的母親在嬰兒出生後不久，將一種小耳環穿入他們的耳垂，據說這樣就可以「改善視力」。即使是現在，還有少數國家仍然保留著這些方法。

再舉一個例子，我們都曾經扶著幼小的孩子學走路，但是有些望子成龍心切的母親會花大量時間，讓出生才幾個月的嬰兒學著走路。她們看到，被控制在她們雙手之中不虞跌倒的嬰兒隨著牽引胡亂挪動著雙腳，這時她們就會一廂情願地認為孩子在自己的教導下早早學會走路了。實際上，這個時候嬰兒的神經系統尚未發育完全，怎麼可能做出協調的動作呢，只不過這時嬰兒的腳弓已逐漸成形，在被扶持的情況下他就可以大膽地移動小腿。這些心急的母親缺乏這方面的知識，居然認為這些都是因為自己教導有方。

這時的嬰兒剛剛具有運動能力，但是還無法直立，更別提保持平衡，但是認為自己做得很正確的母親已經提著他們的身體在向前走了。她們甚至給孩子準備了一個底部比較寬大的竹籃，把孩子放進竹籃之中，讓孩子的手臂放在外面，這樣竹籃的邊緣就會支撐住孩子的身體，使他不會跌倒。孩子們被捆在這個裝備下，雖然無法自己站立，但是總算能夠邁步了，這種狀況在母親眼中就是在走路了。

這種裝備就像身心障礙者使用的專用助行器一樣，父母強迫孩子使用這種支撐物，等於剝奪了孩子自然獲得平衡感的機會，將來拿走這個籃子，一定會失重摔倒。

我們將正確的方法引入兒童教育領域，會給這個社會帶來什麼呢？我要鄭重聲明，這種方法絕不會教你怎樣讓孩子的鼻子變挺，或是讓耳朵形狀完美，或者是讓嬰兒一出生就學會走路。

它教我們的是:孩子的頭、鼻子和耳朵會長成什麼樣子，讓自然來決定就好；不把孩子舌下的韌帶割斷，他一樣也能學會說話；嬰兒的腿不用捆綁也會自然長直；身體機能發展到足夠的程度孩子自然會走路。家長們最好不要干涉孩子提高自身能力的機會。

我們必須遵循這樣的原則：盡量不要控制孩子的成長，讓孩子遵循自然的規律，自由地發展，這是讓孩子形成比例協調的身體，獲得健全的身體機能的最佳方式。

我主張放棄各種束縛，讓嬰兒在恬靜的狀態下獲得安寧，讓嬰兒的雙腿完全放鬆，躺著的時候得以盡情的舒展身心。並不是逗弄嬰兒讓他手舞足蹈就好，不要強迫身體柔弱的孩子走路，時間到了他就可以自己站起來，同樣也能自己學會走路。

幸好，大多數母親已經認同了這個觀點。那些賣綁帶、帽子和籃子的小販們只好另謀出路了。

取消這些束縛會怎麼樣？大家都看到了：孩子的沒有 O 型腿反而更直，走路的姿態也更加和諧優美。

事實令人欣慰的，過去我們一直以為孩子的雙腿、鼻子、耳朵甚至腦袋的形狀都要靠大人的照顧才能長好，深怕因為照顧不周影響了孩子的發育而擔心萬分！這個重責大任讓很多人覺得惶恐不安！而現在我們得以重新認識兒童的成長過程，我們可以說：「大自然會為我們考慮好一切的。我們只需要給孩子自由，在一旁觀察他的成長。然後就讓我們充當奇蹟的見證者吧。」

對於孩子的內心活動，每個家長都曾經努力幫助自己的孩子培養特定的性格，開啟他的智力，讓他學會表達感情，這些是兒童成長過程中關鍵的一步。怎麼做才能有效地幫助孩子呢？多少父母為此深深憂慮。難道也要像捏鼻子讓它變挺或是用帽子固定耳朵形狀一樣，用強制的辦法讓孩子的人格按我們的希望發展嗎？

有一點我們必須知道，人的性格、智力以及情感的發展與身體的成長是互相協調影響的，只有孩子自己才能掌握自己的成長方向。

我們要明確一點，人類的精神世界乃至於物質世界都是自然規律創造的，大自然才是一切的掌控者。正因為如此，我們必須承認一條基本原則：不人為地干涉孩子的自然發展。我對大家有個忠告，對於這些問題不應該片面地關心其中之一，只想著什麼方法能提高孩子的個性、智力以及情感發展水準是行不通的。

事實上，我們需要搞清楚的問題只有一個：怎樣讓孩子自由？這就是教育的根本！

只有按照自由原則設計的教育方案才是合理的，對兒童有幫助的。讓孩子自由，他們的頭、鼻子、耳朵才能生長的完美，走路姿態才能在和諧的身體機能調節下變得優美；讓孩子自由地感受自然、累積經驗，性格、智力和情感發展才能得到最好的發展。

同時，自由還要求教師們對孩子成長中取得的成績保持平常心，從自欺欺人的責任中解脫。

即使知道自己肩負的那些責任原來都是完全沒必要做的事，卻還是堅持不懈地為它努力，這就是成人的悲哀之處。因為實際上這些事完全不需要人為插手就可以自行完善！當這個事實被當面提出，我們才終於為自己愚蠢的行為感到懊惱。然而即使如此，我們還是不能放棄長期以來的執念，還在思索：如果以前的做法是錯誤的，那麼我們真正該做的是什麼？我們追求的真理是什麼？我們是否沒有盡到應盡的責任？我們最大的錯誤是什麼？

我們應該從嬰兒的身體漸漸成長完善的自然過程中找靈感。衛生系統在這方面做的就很好，它沒有被束縛在人體解剖理論的範圍中。而是透過不斷的努力，不僅讓人們了解自己身體成長過程中的常識問題，還讓人們認識到，身體的發育是自然力量決定的。事實上，孩子將來過得好不好和體形沒有直接關係，我們真正應該警惕的是嬰兒非常高的死亡率。

嬰兒時刻被疾病威脅生命，而此時我們卻還在為他們的鼻子和腿的形狀操心，真正危險的高死亡率竟然被置之不理，這實在是匪夷所思。這樣的對話我想大家都曾聽到過：「我在養育嬰兒方面是很有經驗的，因為我有過 8 個孩子。」「那麼有幾個活下來了？」「兩個」多讓人驚訝的存活率，她卻還以為自己是養育孩子的權威！

死亡統計揭露了一個觸目驚心的數字，這不只是一個地區或者一個國家存在的問題，而是全社會全人類都已經受到威脅。這種情況的起因有兩個，首先是嬰兒的脆弱，其次是人們對嬰兒保護沒有足夠的認識。儘管人們對嬰兒抱著美好的期望，儘管父母們非常熱愛自己的孩子，但是因為無知，人們對孩子可能面臨的危險毫無察覺，這是一個足以致命的錯誤。

據我所知，目前引起嬰兒死亡最多的原因是各種傳染病，尤其是內臟器官的傳染病。這些疾病起初可能並不嚴重，但是因為照料嬰兒的人缺乏保健知識，不懂得控制飲食導致嬰兒疾病加重，最後危及生命。比如嬰兒的尿布不經清洗，晒乾後就給嬰兒使用，細菌附著在尿布上經過發酵很容易引起口腔炎症；母親們不注意清潔乳頭，並且給嬰兒餵奶毫無規律，只要聽到嬰兒啼哭不管什麼時間都會給他餵奶，孩子本身就因為消化不良而哭鬧，母親們卻更加頻繁地餵奶，孩子的胃腸疾病就會更加嚴重。

大多數人看到過這樣的場景，母親為了讓高燒不退的嬰兒安靜下來，不得不將奶頭一直堵在孩子的小嘴裡。我們一方面為母親們的犧牲精神感動，一方面也為母親們的煩惱感嘆！

因此，科學理論要求我們必須注意衛生，並制定了若干簡單準則。這些準則闡述的十分鮮明，家長們完全應該相信，這是專門為他們制定的。

我們來看看這些規則是否簡單明瞭，嬰兒進餐也要像成人一樣遵循一定的規律；確定兒童上一次的食物已經消化完畢，才能再給孩子餵新的食物；嬰兒處於不同的年齡階段和生理功能狀態時，飲食要進行相對的調節，間隔一定時間後再餵奶；不能給任何階段的嬰兒吃麵包，因為嬰兒可能會把麵包塊囫圇嚥下，而此時嬰兒嬌嫩的脾胃會因無法消化它而受傷。最後提到的這種情況在社會底層多見，母親們經常會用麵包堵住孩子的嘴不讓他們哭鬧。

母親們最為難的事就是怎樣讓孩子們停止哭鬧？其實，如果她們耐心一點就會發現，孩子們哭鬧一會之後自己就會慢慢安靜下來了，母親們什麼都不用做。而且還不止是這樣，那些一歲大小的孩子，在餵奶的間隙裡也不會哭鬧。他們看起來小臉紅潤，睜著大大的眼睛，神色安寧，好像大自然在那一刻靜止了一樣。

孩子們因為感受到痛苦和生命受到威脅，於是哭鬧著傳遞求救的訊息。然而他們的哀哭得不到世界的救贖，厚厚的襁褓將他們與外界隔離，有時還會被一個不合格的看護照料，也沒有自己的房間和床。

科技的力量讓孩子們脫離苦難，他們能躺在溫暖的保育室或者舒適的搖籃中，還有了合身的衣服，工業文明製造出適合斷奶後的幼兒的衛生的食物，衛生學家精心為他們配製了營養食品。總之，孩子得到一個與從前完全不同，充滿智慧和歡樂氣息的新世界。得益於衛生法規的普及，孩子終於掌握了自己生存的權利。

這一切都在提示我們，應該給孩子們自由的精神空間，讓他們接受大自然充滿創造性的培育。當然，我們並不能因此不再關心孩子的精神，或是讓他自生自滅。事實上，只要回顧自己的所作所為就會發現，我們的責任不是為孩子塑造性格，也不是影響孩子的智力和感情發展，而是用愛來關心孩子，幫助孩子。一直以來我們都在做著捨本逐末的事情，正是因為我們的忽視才造成孩子精神上的一些缺陷。因此，自由不是放任，而是讓我們從幻想走入現實，指導我們積極有效地照顧孩子。

讓孩子展現愛的力量

一個人是否具有健康的內在，展現在他是否能把自己所做的工作當成是實現自我、和諧發展、獲取愛的途徑。

愛是一種結果，不是衝動。就像在太陽光芒照耀下的行星。愛的動力不僅是本能的需要，也是生命的創造性力量。從生命創造時產生了愛，這種愛充滿兒童的思想原野。兒童透過傳播愛的力量實現了自我。

我們可以把兒童敏感期表現出的那種渴望融入周圍環境的熱切，理解為他對環境的熱愛。這不是普通意義上的愛，但是一樣激動人心，它包含著可以理解和吸收的智慧。在這裡，愛是過程，也是結果。它是引導兒童去觀察事物的那種自然的慾望，被但丁稱為「愛的智慧」。

現實中，愛賦予兒童敏銳的觀察力和飽滿的熱情，使他們能更有效地探索周圍的環境，而我們卻往往忽略生活環境中的這些東西。愛的特點是什麼呢？它能使我們注意到那些被人忽視的事物；讓我們通曉他人尚且一無所知的事物的細節和特徵。也許人們會問：「難道只有愛才能發現它們嗎？」答案是肯定的，孩子們因為愛而得到智慧和興趣，所以能看到成人們視而不見的東西。

第六章　如何愛孩子

成人認為兒童的愛是由喜歡周圍的環境產生的。事實上，成人應該從精神力量和伴隨著創造力的道德美的高度看待它。

兒童的愛是單純的。他們的愛來源於生命的需求，為了收集感覺印象，為了獲得生長媒介，自身生命的塑造促使他們熱切地吸收一切東西然後轉化為自己的東西。

成人也是兒童愛的對象，因為成人不僅能給予兒童成長所需的物質，還能給予他們很多關心愛護。這些都是兒童渴望的，所以對兒童來說，成人是可尊敬的人。成人說的話讓兒童學到許多詞彙，並且從中得到某種指引。在兒童眼中，成人的嘴唇就像是一口噴泉，而言語就是能幫助兒童成長的靈藥。成人的言行給了兒童示範，兒童學習成人的行為，直到可以自主地生活。兒童更會被成人的言語所吸引，甚至可以說是迷醉。成人對自己言語蘊涵的暗示或許並不了解，但是對兒童來說是非常強烈的。兒童之所以易於被成人的意識支配，正是因為他們對成人的這種崇拜。

種種跡象表明，兒童對於暗示十分敏感，並且樂於服從，孩子把自己的鞋放在床單上不就是這樣嗎。兒童把成人所說的話記在心裡，就像刻在大理石上一樣深刻難忘。比如我們提到的那位母親，她一打開裝有手帕和喇叭的包裹，她的小女孩的反應就是把它叫做「音樂」。因此，成人對自己的言行應該慎重，想想兒童渴望被愛的心，對他們講的話，必須認真對待。

儘管兒童的內心深處十分樂於服從他們尊敬的成人，但是當成人試圖毀滅他們自我發展的本能時，兒童就不再服從了。為了個人的得失，成人壓制兒童的創造性，這就像兒童長乳牙的時候被人按住不讓長一樣。於是兒童會反抗，會發脾氣，因為他所熱愛的成人一點也不理解他們，強制他們放棄可以促進他們成長的創造性。作為成人，當衝突出現的時候應該思索它的起因，理解這是兒童的成長本能對他人作的心理防禦。

我們必須記住，兒童是愛我們的，願意服從我們的。兒童對我們的愛遠遠超過對其他任何東西的愛，但是卻總是被忽略，人們掛在嘴邊常常說的只有成人對孩子的愛多麼深重，比如「可憐天下父母心」、「教師愛學生如子女」之類。成人們總是教育孩子們要懂得愛，父母、教師、植物、動物、所有的人以及所有的一切都要去愛。

但是，關於如何去愛這門學科，誰有教育兒童的資格？那些總是批評兒童不聽話，只想著不能讓兒童損害到自己和自己錢財的成人有這個資格嗎？當然沒有，因為他們並不具備那種被我們稱為「愛的智慧」的東西。

兒童對成人的愛是真切的，他喜歡和成人在一起，而且希望成人關心他，那樣他就會高興：「看我！和我在一起吧！」要改變孩子

睡覺的時候，兒童希望能有成人陪伴在身邊不要離開。成人去吃飯的時候，還在吮奶的孩子也要想要跟著，那些食物不是他的目的，他真正想的是和我們在一起。這份愛和依戀卻常常被人們忽略。我們應該珍惜的，因為隨著兒童慢慢長大，這種深厚的愛也將消失，那時再沒有人給我們這樣真切而濃烈的愛。入睡時將聽到的是一句客氣的「晚安」，而不是深情的請求和我們在一起。用餐的時候也不會再有人渴望在我們身邊了。失去之後再也無法得到同樣的愛了，但我們卻曾努力躲避這種愛。

兒童的依戀讓我們厭煩，嘴上說著：「我沒空！我沒辦法！我忙死了！」心裡卻在想：「要改變孩子的做法，不然的話，就會成為他的奴隸。」我們把兒童當作絆腳石，覺得他們妨礙我們的生活。如果兒童每天早晨進去把酣睡的父母喚醒，卻被當作非常討厭的行為。保姆是父母們找來的保護者，保姆的職責就是阻止他們做這樣的事。

孩子一睜開眼睛就尋找他的父母，這不是愛是什麼？太陽剛剛升起，孩子就起床去找熟睡的父母，彷彿要說：「聖潔地生活吧！太陽高高！早晨來到！」這不是教導，而是孩子對所愛的人的照顧。父母的房間被窗簾遮蔽，光線昏暗，熟睡的人感覺不到外邊溫暖的陽關。蹣跚的孩子心裡害怕黑暗，但是內心的愛勝過

了恐懼，他走到父母床前溫柔地愛撫他的父母，父母們卻只感到睡眠被打擾的憤怒：「跟你講過多少次了，你怎麼還是一早就來吵醒我們。」

孩子會說：「我不是想吵醒你們，我只是輕輕撫摸你們一下，我是要吻你們一下。」但是他們真正的心意是：「我並不想吵你們，只想讓你們的精神更健康。」

兒童的愛對我們的重要性超乎我們的想像。父母們早已對生活失去了熱情，兒童充滿生機活力的愛正是麻木的心靈最需要的，這種能力足以激發他們。他們需要一個特別的朋友，每當太陽升起的時候對他們說：「你們不可以麻木地生活，要更好地生活啊！」是的，大家都應該積極地迎向生活，溫柔地感受身邊的愛意！

我們是需要兒童的愛的，他讓我們不再覺得生活索然無味，讓我們重新振作起來，不再冷淡麻木下去。

如何對待遭遇不幸的兒童

我們從羅馬創建的第一批「兒童之家」中，發現了一個令人感動和讚賞的例子。這所「兒童之家」比較特別，它是為了照顧在美西納（Messina）地震（義大利歷史上最大的災難之一）後倖存的孤兒而創建的。在那場地震後，人們在城市的廢墟周圍發現了這些孩子，他們大約有 60 多人，都不知道自己的姓名和家庭背景。這些可憐的孩子雖然活下來了，但是災難卻留在了他們心裡，他們全都變的沮喪而冷漠，終日沉默不語，厭食並且失眠，甚至晚上會聽到他們絕望地哭泣和喊叫。

義大利皇后非常關心這些失去了家園和親人的孩子，她為他們提供了一個新的家園。這個家裡有很多小家具：帶門的小櫃子、小圓桌、稍高的長方形桌子、立式小凳和小扶手椅，全都是適合他們使用的尺寸並且色彩絢麗動人。每個窗戶上都掛著漂亮的彩色窗簾。餐具及就餐設施也很特別，專門為他們準備了小刀、叉子、湯匙、盤子、餐巾，甚至還有小肥皂、小毛巾等東西。每件東西上都精緻而考究。教師牆上掛著許多圖畫，四周擺著花瓶。這是聖芳濟修會的一個寺院，寺院裡的走道寬闊乾淨，有美麗寬敞的花園，還有魚池，小金魚們在裡面自由地游來游去，還有鴿舍。穿著灰色長袍戴著莊嚴的長頭巾的修女平靜地走動著。

這些兒童逐漸平和下來，跟著修女們學習良好的行為舉止。這些修女許多出身於貴族家庭，她們將記憶中上流社會的行為方式教給對此非常感興趣的孩子們。兒童學會了像王子一樣用餐，學會了像最好的侍從一樣端菜。學習新知識和進行各種有趣的活動讓他們非常高興，漸漸地失去的食慾和睡眠也恢復了，他們終於能開心地進食，晚上安然進入夢鄉，這種變化給所有人留下了深刻的印象。

我們看到，他們活潑地奔跑、跳躍，或把東西提到花園去，或把房間裡的家具搬到樹下，既沒有損壞任何東西，也沒有碰撞任何東西。做這些事的時候他們一直帶著快樂地微笑著，過去的悲傷絕望全都消失了。

一個義大利著名的女作家在看到這一切之後，用「皈依」這個詞來作評論：「這些兒童使我想起了皈依。再也沒有比征服憂愁和沮喪並逐漸上升到更高生活層次更為不可思議的皈依了。」儘管這種表述聽起來非常矛盾，但卻給很多人留下了深刻印象。兒童在這個年紀是天真無知的，似乎與「皈依」這個詞完全不協調，但是對親眼目睹過那種精神變化的人來說，這些兒童從失去繼續生活的慾望到重新振作起來，心靈從深陷絕望悲傷到產生歡樂和純潔，也許就是一種精神皈依。假若我們將放任悲傷看作是對完美狀態的一種背離，那麼恢復純淨和歡樂的狀態就意味著皈依。

這些兒童確實「皈依」了。他們遠離悲傷皈依了幸福，擺脫了曾經根深蒂固的缺陷，甚至那些被看作是缺點的特徵也完全沒有了。這些兒童以不可思議的方式向我們展示了這一令人迷惑的更新，這讓我們看到，人一旦犯了錯誤，必須完全更新。這種更新只有在一個人的創造力的源泉中才能發現。正是這種發現，讓我們學校裡這些曾經幾乎絕望的孩子得以確知自己身上的善與惡。因為成人有一種錯誤的觀點，把兒童是否適應成人生活環境的表現當作判斷好壞的依據。在這種錯誤觀念的籠罩下，兒童的自然本性被掩蓋了，一個純真善良的兒童在陌生的成人世界裡消失了。

充分尊重孩子的存在

以「蒙特梭利」命名的教學法與最近開發的現代教育方式完全不同，它的宗旨是尋找兒童身上未曾被發現的精神特製，強調要挖掘孩子的潛能。

本著這一認識和進一步了解兒童內心世界、維護兒童權利的目標，我們必須盡快採取行動，拯救兒童。為了兒童我們大聲呼籲：保護兒童的權益。

兒童與父母的關係一直是強權壓制弱勢，兒童在生活中不被了解和尊重，就連小小的心理需求也常被父母否決。事實證明孩子們的處境實在不容樂觀。

蒙特梭利學校是孩子們的樂土。在這裡，沒有人會強制孩子們，他們可以自由地舒展自己地心靈，大聲說出自己的心聲，在這種環境中，他們對學習的態度和行為模式都與當今流行的教育理論不同，他們的表現促使我們反省從前教育中的錯誤之處，並將教育的重心轉移到敏感兒童身上。

兒童向我們展示的是他們獨特而不為人知的心智，即使是心理學家也從未研究過這些孩子各種行為中的含義。

比如：我們一般認為孩子們都喜歡玩玩具之類的東西，但是有些孩子卻對它們沒興趣，也不喜歡童話故事。相反，他們一直想擺脫大人的控制，自己動手做每件事。他們不希望大人干涉自己所做的事，除非真的一點辦法都沒有的情況下才讓人幫助。這些孩子工作時非常安靜和認真，那種專注的神情讓人感嘆不已！

孩子們不經意流露出的這種神情和能力在過去一直受到壓制，成人們總是高高在上地否定和干涉孩子的行為。他們覺得自己做的任何事都比兒童高明的多，所以自以為是地把自己的意願套在兒童身上，試圖控制兒童的行為，讓他們放棄自己的創意和希望，屈從於成人的心意。

成人總是按照自己的行為總則來解釋兒童的行為意圖，覺得自己對兒童採取的方法態度全都是正確的。這種思想導致學校的教育出現偏差，甚至誤導了整個教育體制。這讓我們不得不就此進行新的反思。

長期以來，兒童和家長站在相互對立的位置上，現在這種對立關係面臨著社會的考驗。這種對立要想改變，就必須革新現行的教育方法。而且不光是教育工作者，所有的成人，包括準父母都應該高度重視這件事。

在世界上文化習俗迥異的國家中，蒙特梭利教學法受到極大的關心，引起了巨大的反響。現在，蒙特梭利學校遍布世界各地。各個國家對蒙特梭利教學法十分重視，從這一點可以表明，兒童和成人之間的衝突和矛盾是全球問題。

成人對孩子的壓制從他們出生那天起就開始了，但許多人根本沒有意識到其中存在的危險。正在這個所謂的文明社會，極大地限制了孩子的自我發展，其原因就是社會為孩子量身定製了太多的規矩。還有，對孩子的行為，大人採取了很多過於強制性的約束。

在大人控制的環境下成長的孩子，他的很多需求都得不到滿足。這裡的需求不只是身體上的，更多是心理上的。孩子的心理需求能否得到滿足，決定著他們今後智慧和道德發展的程度。

孩子生活在家長施加的強大壓力下，不但不能按照自己的意願做事，還得無奈地適應這個令自己厭惡的環境。造成這一切的原因就是，大人們天真的認為，只有這樣才能幫助孩子立足於社會。

幾乎所有的教育行為，都不約而同地採用了命令的方式，甚至是粗暴的方法，迫使孩子適應大人的生活準則。強迫孩子無條件地服從大人的指令，就是這種方法的基本特徵。這就相當於抹殺了孩子作為一個獨立個體存在的必要，對孩子來說，是非常不公平的，也會使他們的身心受到傷害，這樣的傷害就連成人也難以忍受。

每個家庭都是家長權威的心理髮源地，即使是那些備受寵愛的孩子，也無法擺脫這種權威的壓制。

學校裡存在的強權教育方式和家庭中比較類似，有些甚至有過之而無不及。學校這種有組織的強權行為，其目的就是讓孩子們提早適應成人社會，同時也讓孩子盡早地配合大人的生活節奏。

實際上，學校裡各種嚴格的課業標準和強制性的規定，並不太符合孩子無憂無慮的童年生活。學校給予他們的壓力，使他們即使在日常生活中，也充滿了緊張和焦慮。

學校和家長們這種大致雷同的權威式教育方法，必定會給缺乏抵抗能力的孩子帶來巨大的壓力。面對這種情況，孩子們只能發出了膽怯不安的求救聲，不過從未引起任何人的關心。孩子們一直期盼著有人能夠傾聽他們的意見，然而他們卻只能一次次地失望，導致弱小的心靈遭受了極大的傷害。長此以往，他就會變得不再聽話，甚至變得不再尊重自己，放任自己做出各種不合情理的事情。

假如我們是為了孩子的幸福，就必須運用合理和人道的做法，給他們提供一個良好的學習環境。讓孩子們在這個環境中自由發展，任何一項教育制度的推行，必須拋棄壓制孩子性情的思想。

這個環境還應該保護孩子們避免受到成人世界的干擾，它應該是孩子們的避風港，它應該是沙漠中的綠洲，它應該成為孩子心靈的寄託，時刻保證孩子們健康成長。

孩子被大人壓制的現象，是一個全世界普遍存在的社會問題。歷史上受到強權壓制的人，包括奴隸、僕人和工人，全都屬於弱勢群體，他們若想翻身，唯一辦法就是憑藉社會的變革，而社會的變革一般發生在統治者和被統治者之間的鬥爭之後。美國南北戰爭的目的是廢除黑奴制度；法國大革命的目的則是為了推翻統治階級，建立新制度……

和孩子們密切相關的社會問題，就不只是單純的階級、種族或國家的問題了。一個只會屈從於大人的孩子，想在在社會環境中獨立生存是不可能的。由於大人們的做法沒有考慮孩子權益，致使一個社會的整體性遭到了破壞。被當成夫人附庸的孩子手無縛雞之力、也就無法爭取到自己應得的權益。所有為兒童謀福利的人已達成共識：孩子是無辜的受害者，他們需要得到全社會的同情。

人們習慣於比較那些不幸的孩子和幸福的孩子，那些貧寒的孩子和有錢人家的孩子，被遺棄的孩子和被寵愛的孩子。而經過比較後，結果表明，人的個性差異在童年時期就已經表現出來了。而且，一個人童年時期的經歷直接影響到他成年後的生活，這裡的影響具有深遠的意義和重大的作用。

孩子是什麼？只是成人製造出來的物品嗎？還是成人的一件私有財產呢？任何一個奴隸主對奴隸的擁有，遠遠比不了父母擁有孩子這樣完全，也不存在哪個僕人像孩子那樣必須永遠聽從指令。世上沒有任何成人的權益比得上兒童的權益那樣不被重視；更沒有任何一個員工像孩子那樣必須盲目地聽從教誨，員工還有下班後，還是有一定的自由時間可以支配的。

我想，任何一個人都不願意處在孩子的位置，孩子是如此得可憐，始終被限制在大人嚴格的規定內，哪些時間必須做功課，哪些時間才能玩，都得依照大人的規定。在這個社會中，孩子從來不曾被看作是一個獨立的人。因此，在一個家庭裡，媽媽忙碌於洗衣做飯，爸爸負責外出賺錢，對孩子的照顧僅僅是一下的事。大家一直認為，如此的安排就是為孩子所能提供的最好照顧了。

無論是歷史上的道德思想和哲學理論，還是現在的，幾乎都以大人為主導，而與孩子有關的社會問題卻被忽略了。任何都不曾想過孩子與成人完全不同，他是一個獨立的個體，任何人都不曾思考過孩子們也具有千差萬別的性情。更不會有人去想，那些日後擁有非凡成就的孩子，他們的個別需要是哪些？大人們把孩子當成一個不會思考的弱小者，他們認為孩子按照自己的指令來做事是理所當然的事。

令人遺憾的是，任何一個都不曾真正了解孩子忍受了多少磨難。迄今為止，有關孩子工作和生活的記載仍是一頁空白，我們希望能夠將這一頁填滿。

施教者要理清觀念摒棄偏見

作為社會科學領域中最重要的一個研究門類，現在的教育不再僅僅被看作是一門技藝。人類的進步和發展，除了依靠改善外在的科學技術之外，最有效的方法莫過於借助針對兒童的教育科學。不止是科學家和教育家，家長和大眾也對教育科學研究有著濃厚的興趣。

現代教育理念包含兩項主要原則，第一是了解和培養孩子的個人特質，即了解每個孩子的本性，並透過孩子特有的性格來引導他；第二是解放孩子。

雖然教育科學已經解開了無數兒童教育上的難題，但是要領會現代教育的宗旨，還面臨著不少難以克服的困難。現代教育中存在的問題確實不少，以至於人們常常把「問題」這個詞當作研究的主題，例如：人們常提到的學校問題、性格問題、興趣問題和能力問題等。但在其他學科，卻是「原理」兩個字用得比較多，例如：光輻射原理、地心引力原理等。

一般來說，在科學領域，研究的多半是那些不明確的地方和外圍部分，其核心也包括發現和解決問題。但具有實驗性的現代教育，卻偏離了科學的正軌，從不去正視重要的問題。即使有人說：「我已經解決了教育的全部問題，並且在人類精神方面有了許多新的發現，我已將教育置於明確、單純的境地。」對於這樣的論調，是沒有學者們會相信的。

社會上有一股無形的壓力，迫使人們不得不去適應那些禮教的束縛，因此，每個人多多少少總會犧牲一些自我。我們的孩子也一樣，儘管我們更多的是希望他們能享受到學習的樂趣，但迫於學習的義務，他們不得不有所犧牲。我們既希望孩子自由自在，又要求孩子服從自己，徘徊在理想和現實之間，自然會引發很多教育上的問題。而所謂的教學改革，到頭來只成了大人對孩子未來命運的聲聲嘆息。改革的本意是為了緩和沉重的教學負擔所造成的傷害，例如：重新修改教學課程和教育制度，強調體能運動和休息的必要等。但這些補救方案，並未真正造成使孩子自由發展的效果。

不管怎樣，對當前存在的教育問題，絕不能有絲毫的讓步和妥協。面對目前一條路走到底、死路似的教學，我們一定要進行真正的改革，開拓出一條嶄新的教育之路。

當其他科學領域早已湧現出許多有利於人類生命且激動人心的發明時，我們的教育科學卻仍然是裹足不前，最多只針對外在現象進行研究罷了，借用醫學術語說，就是治標不治本。

同樣的病因可能會引發不同的症狀，想要解除病痛，如果只對症治療，而不找出病根的話，很可能就會徒勞無功。比方說，心臟活動的異常可能會引起身體所有器官功能的紊亂，如果我們只是治療其中一個器官的病症，而不去恢復心臟的正常功能，那麼所有的症狀還是會出現的。再比如：有一位心理分析師發現，患者因為情緒和思想錯綜複雜的相互影響，使得神經超負荷而產生了病症，那麼他就必須找到該症的根源，挖掘出潛藏在意識之中的病因。只要查到發病的主要原因，並據此擬出的治療方案，才會使所有的症狀逐漸消失或者減弱。

我們所說的教育問題，跟以上例子裡的外在病症很像，都是由一個隱藏著的主要因素所引發。當然，這個主要因素和人類的潛意識無關。我們堅持的蒙特梭利教學法，就是要遠離當今教育體制的「病態程序」，朝著揭示並治癒教育痼疾的道路前行。

現在我們終於知道，所謂的教育問題，特別是關係到孩子的個性、性格發展和智慧發展的問題，事實上全都起源於孩子和大人之間的衝突和對立。

大人們在孩子發展道路上，設下了難以計數的關卡，嚴重地傷害了孩子。在設置這些困難時，大人總是藉著道德和科學的名義，操縱孩子的意志來滿足自己的意願。所以，在孩子人格的形成過程中，母親或是教師這些最接近孩子的人，反倒成了最可能帶來危害的人。教育是兒童與成人之間的矛盾衝突的導火線，也是造成兒童成年後精神錯亂、性情異常以及情緒不穩定的主要因素。這些問題從大人傳給孩子，又從孩子傳給大人，一代一代，成為一種惡性循環。

所以，教育問題的根本在於教育工作者，而不是兒童。教育工作者必須理清觀念、摒棄偏見，並且還必須改變自己的態度；接著就是準備一個有利於孩子生活的環境，一個無障礙的學習空間。環境的設計，一定要符合孩子的需求，使他們得到心靈上的解放，以便克服一切困難，從而顯露出自己的非凡品性。以上兩個步驟將成為成人和兒童新道德觀的奠基石。

孩子們自從轉入了這個適宜的環境以後，在活動中流露出自然無比的創造力，在工作中也展現出前所未有的沉穩。在過去，因為和成人之間的一再抗爭，孩子們不得不武裝自己，表現出壓抑的精神狀態；現在，只是一個與他們的精神需求基本匹配的環境，就能讓他們長時間潛藏著的態度浮現出來。

透過觀察，我們發現，孩子的內心有兩種不同的心理狀態：一是自然而富有創造力，顯示出其正常、善良的一面；二是因受到成人的壓制而產生的自卑心理。這一發現，使我們能夠重新認識孩子的形象，為我們昏暗的教育之路點亮一盞明燈，指引我們走向新式教育的康莊大道。

作為道德的力量，孩子所表現出來的純真、勇氣和自信，正說明他們開始融入社會；而孩子的缺點如行為缺陷、破壞性、說謊、害羞、恐懼以及那些出人意料的對抗，也消失得無影無蹤了。現在，站在我們面前的是一個完全改變了的孩子，教師應該以全新的態度，謙和地對待他，而不應該再把威嚴和權力集於一身。

既然有此發現，在開始討論教育方針時，我們就必須先理清討論的基本對象，是受到成人壓制的孩子呢？還是在良好環境下自由成長，潛能得以充分發揮的孩子為？

對於那些被壓制的孩子來說，成人就是各種混亂的開端。但在那些自由成長的孩子眼裡，成人則扮演著一個能自覺認識自己的錯誤，和他們能平等相處、共享溫馨且充滿愛意的新世界的角色。

教育科學也應該在與孩子平等相待的體制下施行。實際上，真理總是先提出假設，然後才能有一個向前發展的基礎，進而發展出一套確實可行的辦法，以減少錯誤的產生。孩子本身就能引導我們求得真理，孩子希望大人能夠給予他們有用的幫助，對成人來說，這也是在幫助自己。

孩子的成長，除了各種活動之外，還需要與物質的接觸。在孩子的發展道路上，學習上的指導和對萬物的了解這兩方面的需求，都不可或缺，都需要成人供給。成人必須盡可能地幫助孩子，給他們必要的東西，實現他們的需求。如果大人做得不好，孩子就沒有辦法順利地發展。但是如果大人做得太多，也會阻礙孩子的發展，使他們的創造力無法發揮。這就需要保持兩者之間的平衡，找到我們稱為的「介入門檻」。隨著教育經驗的不斷累積，我們就會逐漸找到介入的恰當時機，而孩子和施教者之間的了解也就能更為透徹。

孩子的活動必須透過和物質的接觸才能產生，因此，我們可以把一些經過科學論證而挑選出來的教具，放在孩子面前，讓他們隨意取用。對於文化的傳承，也可以使用這種辦法，不但減少了大人的介入和干預，還能夠保持較為傳統的教學形式，讓孩子依據自己的發展所需，摸索著學習。

每一個從活動中獲得自由的孩子，都能夠發揮自己的最佳創造力，使自己的學習不斷進步。所以，個體的發展也有助於文化的傳承。孩子的個性循自己的規則展現，從而具有演繹行為的各項能力，教師作為指導者，只需在必要時出現就可。

從實踐中，我們領會出許多對教學有益的心得，必將對我們已經開始起草的科學教育綱領產生很大的助益。其中的一項綱領是：成人對兒童的干預、教具的使用和學習環境都必須有所限制。教具提供得太多或太少，都可能對兒童產生不好的影響。教具少了，會導致兒童學習上的停頓；教具過多，則容易使孩子心有旁騖、精力渙散。

現在，很多人認為，兒童教育的關鍵在於教具的使用，因此，他們往往無計畫、無限制地大量供給兒童教具，以為這樣會比較好。這些看法與前人的「只要吃得多，身體自然就健康」的想法如出一轍。兩者之所以能相提並論，是因為它們都涉及到「餵養」，前者關係到心智，後者則關係到身體。但現今對教具的研究表明，限制教具的使用，更能夠激發兒童的自覺性活動和全面發展。

有些人以為，心理因素只能靠心智和語言來表達，這種觀點很明顯是對嬰幼兒的忽略，因為即便是出生才幾個月的孩子，也已經顯現出他的獨特性。但是，當成人放下架子試圖去理解孩子的心理的時，卻清楚地發現，孩子的內心世界是如此的豐富和成熟，遠遠超過了大家的認知。孩子適應環境的能力，更勝於他的肌肉的發育能力，事實上，即使是很小的嬰兒，也能做到和環境的水乳交融。

由此可知，孩子天生就是一種二元性的動物，一元在於他內心的發展，另一元則是身體的成長。但這並不同於其他動物的發展，人類的獨特優勢在於，必須自我啟動身體用來動作的複雜器官，這些動作最終又會顯示出個體的獨特性。作為一個連續發展變化的個體，人必須創建自我，擁有自我，最終還要能控制自我。所以我們的孩子，在行動和精神活動中，必須循序漸進以求得平衡的發展。成人的行為通常是後於思索而產生，而孩子則思想和行為必須取得一致。思想和行動能否臻於一致，關係著孩子一生的發展。

因此，在孩子的人格構築途中設立障礙，便會妨礙孩子的行動。思想是獨立於行動產生的，而動作卻並非只是對某個精神做出反應，還可以聽從他人的命令，如果這樣的話，孩子的性格就會變得脆弱，行動的效果也會因內心的失調而減弱。對人類的未來來說，這是家庭和學校教育的首選課題，需要加以高度重視。孩子的精神比一般人所認為的更加高尚。繁重的功課並不會讓孩子覺得痛苦，那些對他來說毫無意義、卻又不得不做的事，才真正讓他頭痛。

孩子感興趣而且願意付出心力的，是那些能和他的智力程度及他作為一個人的尊嚴相符的事情。我在世界上成千上萬間學校裡，看見很多孩子做出人們以為孩子不可能做到的事。孩子工作時的表現，證明他們能夠長時間的做某一件事而不覺得疲累，甚至專心到不聞世事，這些都是孩子人格發展過程中的一環。孩子在文化方面也顯得特別早慧，才 4 歲半的孩子就已經學會如何寫字，而且非常熱衷於享受其中的樂趣，我們因此將孩子這一時期熱衷於畫寫定義為「畫寫爆發」。

在輕鬆、有趣的氛圍下，孩子們很小就學會了繪畫和寫字，他們並不覺得寫字累人，因為這是他們自發的活動。

看著這些孩子，他們是那麼的健康、安靜、純真，他們感情細膩、充滿愛心和歡樂，隨時都願意幫助別人，我不禁想到，人們在過去對孩子所施加的錯誤管教上，浪費了多少精力啊。因為成人，孩子變得無能、多疑和叛逆；因為成人，孩子旺盛的精力被奪走，獨特的個性被破壞。對於孩子心理上的缺損、性格上的缺陷，成人是那麼急切地想要糾正、彌補，殊不知這一切都出於自己之手。當成人發現自己闖入了一個沒有出口的迷陣，陷於一個毫無希望的挫敗裡時，應該怎麼辦？唯有等到自己能夠勇於面對錯誤並加以改正，問題才會消失。否則，孩子長大以後，也會成為這些錯誤的繼承人，若不改正，這個錯誤只會世代相傳下去。

為孩子提供適宜的環境

由此觀之，從事新式教育工作不僅應改變教師的職能，還應改變校園環境，僅將新教材引入普通學校遠不能達到全面改革。學校應變革為兒童自由生活的場所，為其成長發育提供最好的條件，並使之享有精神方面的潛在自由。學校也應引入有助兒童提高生活品質的生理衛生學，改革兒童服裝，使其學會自主穿戴的同時能夠整潔、簡樸又宜於自由活動。

學校是最實驗和普及與營養有關的兒童衛生學的最佳場所，以上規則尤其適用於「樓內學校」，學生家長也可以在此居住，有點像最初的「兒童之家」。

這類學校的自由性質決定了其對房間的特殊要求。例如：根據「求容積法」推算自由流通空氣所需用的空間，大大增加教室面積；增加廁所面積並配備洗浴裝置；安裝混凝土地板及可拆洗壁板，配備中央暖氣系統；供應一日三餐；設立花園；拓寬陽臺，擴張窗戶以充足光線；體育館大廳敞亮器材昂貴，尤其是學生的自動旋轉式課桌，用於防止兒童因頻繁反覆運動或長時間固定不動導致畸形。

一言蔽之，即使耗費大量資金，學校仍運用生理衛生學理論為兒童提供更大更自由的生活空間。然而，若想達到更為完美的理想境界，還應設置比「生理」教室大兩倍的「心理」教室。憑經驗而論，房間的地面空出一半，不放置任何物品，能使兒童感到更為舒適。這遠強於置身於塞滿器具的不太大的房間。

家具問題同樣不容忽視。本校使用的「輕便家具」集簡易、實惠、清洗便捷等諸多優點於一體，這對兒童來說具有非比尋常的意義，一方面讓他們學會清洗，另一方面，清洗過程算作一次愉快而又有教育意義的練習。「輕便家具」的宗旨是在簡便的前提下彰顯藝術美的層次，不笨拙不奢華，以淺綠色襯托高雅、和諧與潔淨。

「兒童之家」擺設的輕便家具，桌椅、餐櫃、陶器的樣式和色澤、紡織品的圖案及其他裝飾，與古鄉村藝術格調別無二致，古樸優雅、美觀大方。人們於是突發奇想，倘若使這種鄉村藝術復活，也許能形成一種新的時尚。進一步假想，如若製造出這種風格的家具以替代學校目前所用的因材料複雜而造價高昂的家具，將既展現其實用性，又能反映人們的革新精神。

沿襲這個思路，如果人們曾對義大利前期各地鄉村藝術進行挖掘整理，各類自成風格、樣式繁多的家具將會在各地使用並推廣。這將提高人們的鑑賞力，且有助於人們改變某些不良習慣，更為重要的是，這將引入一種全新的啟蒙教育模式。

藝術的人性化能使孩子們脫離目前黑暗鄙陋的環境——誠然，一些洗手間令人感到恐怖；毫無裝飾的牆與雪白的櫥櫃一看就是醫院；學校呢，說它像座墳墓也不為過，黑色課桌像靈柩一樣排列，而選擇黑色是為了遮蓋學生學習時造成的不可避免的汙跡。除此之外，滿目只有過度簡陋的灰色牆壁，其他凡是可能轉移學生注意力的東西皆被搬離，以使他們飢渴的心靈充分接受教師所傳授的難以消化的知識食糧。

其實，兒童一旦專注於他自己的工作，任何事物都難以分散他的注意力，而優美的環境可助他集中思想，並緩解他的精力的疲勞。可以說，最適合生活的地方就是最美的地方，因此，如果我們希望學校成為觀察人類生活的實驗室，就必須盡量把最美的東西彙集於此，就像在生物學家的實驗室裡，為了培養桿菌就必須準備好器皿和土壤一樣。

兒童的用具如桌椅應該輕巧易搬，更重要的是應具有教育意義。譬如，讓兒童使用易碎的瓷碗、玻璃杯和玻璃吸管，一旦它們有了破損，就等於是向兒童魯莽、漫不經心的行為提出警告，由此引導兒童進行改正，使他們的動作仔細、準確、訓練有素，不碰撞、打翻或摔壞物品；使他們的舉止文明而規律，逐漸成為各種器皿和用具的主人、管理者，並養成盡量不弄髒、不毀損物品或周圍環境的習慣。

透過訓練，兒童將得到自我完善，協調統一肢體動作，使活動更加靈活自由。另外，經常讓兒童聆聽恬靜、優雅的音樂，在這種薰陶下他們會對噪音和吵鬧感到厭惡，潛意識約束自己不隨意發出這類不和諧音，也盡量避免與他人爭吵。

對比之下，一般學校的家具相形見絀，課桌沉重堅固，甚至搬運工人也難以搬動，兒童即使碰撞它上百次也不會有任何破損，即使灑上千百次的墨水也看不出一點汙漬；兒童屢屢把金屬盤子掉在地上，它們仍舊完好如初。這些器具的材質顯然減少了學校的經費支出，卻不利於兒童覺察自己的缺點，更無謂改正或上進。

兒童需要運動，這已是人盡皆知的真理。目前，當我們談到「自由的兒童」時，一般指的是兒童能夠自主運動，如自由地跑跑跳跳。經過不斷的努力，迄今為止，幾乎所有母親都已接受了兒科醫生的建議，讓兒童到公園或草坪上玩樂，在室外自由活動。

第六章　如何愛孩子

當涉及兒童在學校的自由時，人們通常將其等同於可以跳上課桌做各種危險的動作，瘋狂地撞牆，或者在一個寬闊的地方自由嬉戲。由此可斷，若將兒童關進狹小的房間，他們將不可避免地對障礙採取暴力行動，在紊亂的環境裡，他們的生活是不會有秩序的。

在心理健康領域，自由運動不僅侷限於身體自由的原始狀態。當討論兒童的自由活動時，可與幼犬或小貓的活動作為參照，幼犬或小貓都有能力自由跑跳，一如兒童在公園和田野裡又跑又跳的情形。如果以自由運動的觀念對待鳥兒，人們就能實施許多對鳥兒有利的做法，比如：在鳥籠的合適位置綁一兩根交叉的樹枝，以便牠們自由地上下跳躍。當然，無論我們的安排如何盡善盡美，對於一隻曾在廣闊無際的平原上自由飛翔的鳥兒來說，被關在籠子裡終究是不幸的。

如果說為了保證鳥兒或爬行動物的運動自由而給牠們提供相對的環境是必要的，那麼，我們是否可以依此類推，為兒童提供像小貓小狗一樣的自由呢？

據觀察，兒童做練習時一般會表現出不耐煩、容易吵鬧和啼哭，大一點的孩子還企圖耍點什麼花樣。當孩子作為了步行而步行、為了跑步而跑步之類毫無趣味的練習時，他們會感覺難以忍受甚至覺得屈辱。因此，讓兒童聽任擺布的活動除了有助於兒童的消化及生長發育之外，對兒童百害無利，這類活動會使兒童的行為變得粗野，或導致一些不得體的跳躍或蹣跚步態的形成，或者其他的危險行為。

也就是說，兒童不可能像小貓那樣在運動中優雅從容，也沒有任何使自己動作完善的衝動。因此我們斷言，能使小貓得到滿足的那些活動並不能使兒童滿足。兒童的本性與小貓不同，他們的活動方式也必然是不同的。

如果兒童在運動中沒有智慧方面的認知，也沒有人對他們的運動進行有效的指導，他們就會在運動中感到厭倦。這是可以理解的。當我們被迫去做目的不明的動作時，會感受到一種可怕的空虛。人類為了懲罰奴隸曾發明了一類殘酷刑法，即強迫他們在地上挖深坑再將其填平，懲罰的原理就是讓他們從事毫無意義的工作。

科學家在研究疲勞實驗時表明，人們從事的工作大都帶有智慧因素，一般不易陷入疲勞。為此，一些精神病醫生建議，應透過戶外工作而非戶外鍛鍊來治癒神經衰弱症。

弄清兩者的差別是很重要的。鍛鍊只是一種簡單持續的活動，不需投入多少智力，比如吸塵、掃地、刷鞋、鋪地毯等，只是為了維護物件所進行的運動；技術工作卻截然相反，它是一種建設性的工作，是用智力去生產產品，需要協調一系列與練習有關的肌肉運動。

相對來說，簡單的建設性工作對兒童更為適合，他們透過這些工作進行自我訓練，提高動作的協調性。

兒童需要一個適宜的環境以發揮模仿和活動的能力，就像鳥籠裡為鳥兒放置的樹枝一樣，兒童生活環境中所配置的設施及用具應與他們的身體高矮和力量大小成正比。

比如：家具應輕便易搬；食品櫃的高度應以孩子能夠用手臂夠到為準，鎖也要易於兒童使用；給櫃子安上小的腳輪；門要輕便並且容易開關；牆上可以釘高度適中的衣架；使用的刷子應恰能被兒童的小手握住；肥皂塊的大小適中；臉盆的大小正好適於兒童盛水與倒水；掃帚是圓柄的，而且要輕巧；衣服容易穿和脫。這就是可以刺激兒童自發活動的環境。在這種環境中，兒童可以在沒有疲勞感的狀態下逐步完善動作的協調性，學會人類特有的優雅與靈巧。

向兒童提供自由活動的場所，有助於他們進行自我訓練，同時尋求自我發展，它是兒童成長的重要條件，是形成一個人獨特而且複雜個性的重要因素。

兒童的社會意識就是在與其他可以自由活動的兒童的共處中形成的。兒童對自己所做的一切感到滿足，處於受保護和控制的環境中，使自己的意識得到昇華，兒童在發展個性意識的過程中，還培養了堅持完成任務的意志和素養，並在兢兢業業完成任務的過程中得到一種理性的快樂。

第六章　如何愛孩子

在這樣的環境裡，兒童不僅會自覺自願地努力工作，而且還在工作中使自己的精神得以健全，他的身體器官也將在工作中得到生長發育並日益強壯。

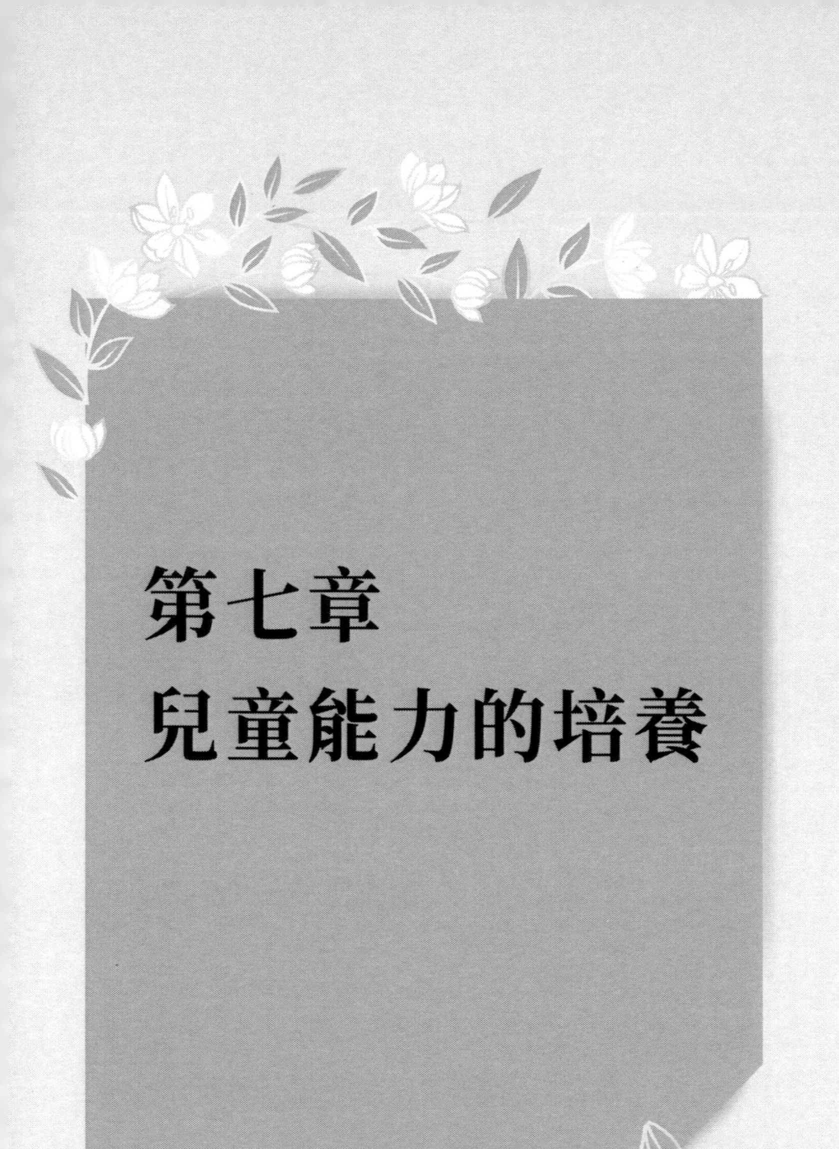

第七章
兒童能力的培養

嬰兒語言機制的形成

我們將在這一節探討一下語言機制。眾所周知，各種感覺器官在生命活動中有著十分重要的作用，如神經系統、神經中樞、運動肌肉等。然而，語言機制的發現顯示，發揮作用的不只是這些看得見的東西。

人類在 19 世紀末，就開始了對大腦的研究，人們認為，有某種連繫存在於大腦皮質的神經細胞和語言之間，包括兩個區域：一是感覺中樞，決定著語音的接收；另一個是運動中樞，決定著發音的動作。

就外部而言，語言器官的構成基本一致。接收語音的是耳朵，而用以發音的是嘴、喉、鼻子。研究表明，兩個與語言相關的中樞，無論是在生理還是心理方面，都是分開進行發展的。以感覺中樞來說，聽覺器官與某種心理能量存在一定的連繫，由於這種神祕力量的存在，兒童吸收語言是在無意識中進行的。而對於運動中樞，說話時各個器官的活動就能向我們揭曉部分答案。

很明顯，語言的運動部分發育比較遲緩，甚至出現得很落後。唯一的解釋是，因為兒童對語言的接收促使了語言表達器官的發展。

這種假設在邏輯上是合理的。既然人運用某種語言並不是與生俱來的，那麼，只有先讓兒童聽到人們說話之後，兒童才能說出同樣的話，因此，大腦接受的語音訊息是語言器官活動的前提。儘管這個說法很容易理解，但是我們還必須意識到，語言不是出自邏輯推理，它是一種自然機制的產物。實際上，一般來說，自然的就是合乎邏輯的。當我們注意到某種自然現象時，就應該盡力去了解它們，只有這樣，它們才會逐漸「合乎邏輯」。

這樣看來，在事物背後一定存在某種智慧力量，並且它主要在心理方面發揮著作用。舉個例子，當看到色彩鮮豔的花朵時，人們的心理就會萌發一種愉悅感。還有，嬰兒剛生下來時，聽不見也說不了，什麼事都做不了，但是當他們長大後卻任何事都能做了。

剛開始，大腦的這兩個中樞沒有發揮一點作用，恰恰說明它們與遺傳無關，儘管如此，它們屬於語言機制的範疇，同時還蘊涵著學習和表述語言的能力。

人們透過深入研究發現，除了這兩個神經中樞以外，聽覺，是人的語言機制的另外一種特殊感覺能力，而且它直接影響著兒童的語言行為。在兒童出生之前，自然界就幫他精心安排好了學習語言的條件，於是，兒童一出生就可以為說話做準備。

稍微觀察一下就會了解到，語言器官的形成也是一個十分神奇的過程。作為語言聽覺器官的耳朵，堪稱是一部天才的音樂作品，它的結構是如此的精密，完美。耳朵的主要部分如同一把豎琴，它有 64 根長度不一的弦，按照某種順序排列著，在空間的限制下，呈螺旋形，就像一隻小海螺。儘管空間不大，但它能夠辨別各種聲音。那麼，什麼東西在撥動這些琴弦呢？原來，在「豎琴」的前面，有一層像鼓面一樣的共鳴膜。一旦聲波觸動共鳴膜，「琴弦」就會跟著震動，於是就能夠接收到來自外界的聲音了。

由於耳朵只有 64 根琴弦，因此，對自然界的聲音，它不能全部做出反應，但是對人類的語言，它能夠準確無誤地傳遞。嬰兒的耳朵在出生之前就已經長好了，即使是 7 個月的早產嬰兒，他的耳朵也已經發育完全，能夠發揮作用了。

聽到聲音之後，耳朵又是如何把它傳給大腦的呢？這仍是一個未解之謎。

在嬰兒的大腦中語言又是如何形成的呢？研究這個問題的科學家給我們講，聽覺的發育最為緩慢。初生兒的聽覺反應，就像個聾子一樣，十分遲緩，如果聲音不夠響亮的話，他們根本不會有任何反應。嬰兒對聲音反應遲鈍是有目共睹的，不存在任何懷疑，不過我相信兒童的語言中樞反應敏感，特別是對帶有詞彙的語言。換句話說就是，只有某種類型的聲音，才能激起兒童的聽覺器官的反應。

可以這樣認為：兒童大腦中的語言機制只對語言敏感，而對聲音的鑑別力則由他們的聽覺器官來完成。如果兒童對聲音還無法區分，那麼他們開口說話時，就會模仿各種聲音，而不是侷限於人類的語言。為了讓兒童掌握必需的語言，大自然將他們的大腦神經中樞進行了區分，讓他們只對語言敏感。「狼孩」就是很不錯的例子，他們從小就生活在狼群中，對鳥聲、流水聲、樹葉的簌簌聲都能夠模仿，但就是不能發出人的聲音，就算重返人類社會，他們也掌握不了語言。因為人的聲音，他們從未聽到過，他們體內的語言機制也就不可能被激發出來。

這種機制是語言形成的專門機制，是人一開始所就擁有的。正是這種特殊的機制，人類才能夠掌握語言。大自然賜予兒童這種特殊能力，讓他們吸收語言。

我們一般認為，初生兒能做的事情就是睡覺，卻不了解，他其實是一個心理實體，對語言具有特殊感知能力的心理實體。等到這個神祕時期結束，嬰兒就如同從睡夢中甦醒，突然間，那些美妙的音樂，就能夠被嬰兒接收到，並且所有的聽覺神經都在發揮作用。實際上，嬰兒只聽到了人類的語言，而不是對所有聲音都做出反應。

一種偉大的力量創造了生命，就是它賦予了兒童記憶性基質，從而使語言世代傳承下去。

不止語言是這樣，歌曲和舞蹈也是這樣。每個民族都有屬於自己的音樂，和創造語言一樣，他們創造了屬於自己的音樂。換個說法是，人類的聲音就像音樂，語言就是音符。儘管音符意義不大，但各民族運用自己的智慧使它意義非凡。古印度曾經存在著數百種語言，印度因此被分成數百個群體，正是音樂將他們融合成統一的整體。想一下，哪種動物會唱歌或跳舞？沒有，但是人類卻可以，世界上任何地方的人們都能夠唱歌跳舞。

語言在人們的潛意識中根深蒂固。雖然在體內的發展變化我們一無所知，但是我們卻能夠從外部的變化中得到一些提示。首先深入嬰兒潛意識裡的是各個音符，語法上稱其為字母，第二是音節，最後是單個詞語。在學習它們的過程中，兒童可能不懂它的真正含義。在剛入學的孩子身上也會發生這種情況，他們大聲地朗誦著課本，卻搞不清楚其中的意思。

這個過程的奇妙之處就在於，在兒童的大腦裡，猶如有一名優秀的語言教師，他依次教會了兒童字母，音節，以及單字。這個教師不但對教學時機掌握得十分好，而且還能遵循學習語言的漸進規律，讓兒童首先學發音，然後學音節，接著學習單字，最後學習文法。

兒童學習語言時，首先掌握的是事物的名字。自然教育方式的效果和我們預期的一樣，它是最棒的老師。在她的教導下，兒童樂於學習語言，並對語言表現出濃厚的興趣，即使再枯燥的語言也是如此。這樣的情況一直持續到 3 至 5 歲，才開始下一個發展期。

自然能夠教給兒童名詞、形容詞、連詞、副詞、動詞，以及所有語法格式，這和在學校學習是一樣的。直到我們發現兒童已經能夠熟練地運用語言時，我們才明白，原來孩子是個勤奮上進的好學生，而且在他的體內，還有一個相當好的教師。作為長輩，我們顯然應該為他們取得的進步而驕傲，而不是一味的否定。

對於從事教育的人來說，兒童是如此的神奇，因為僅僅兩年的時間，那麼多東西就被他掌握了。通常認為，4 個月左右的嬰兒就可以意識到聲音是從嘴裡發出的，於是他們老是盯著人的嘴，對雙唇的動作進行觀察，而且竭力模仿，這樣更是激發了幼兒的有意識活動。由於兒童的發音器官發育得尚不完全，還不能進行工作，理所當然，準備工作是在無意識的狀態中完成的。但是，這時兒童的意識已經被喚醒了，他們不僅察覺到了語言，並且對此充滿了興趣。

在兩個月的觀摩活動過去之後，兒童就可以發出單音節聲音。當初生嬰兒到 6 個月的時候，父母會突然聽到「帕帕、嗎嗎」的聲音，那是從孩子嘴裡發出的，似乎是在叫「爸爸、媽媽」。接下來的一段時間裡，孩子只會說這兩個詞，不是因為兒童的語言發展中斷了，相反，它表明孩子之前的所有努力已經發展到一個臨界點，現在他們不需要潛意識的學習，開始能夠隨心所欲地學習語言技能。

當嬰兒長到 10 個月時，就開始意識到他聽到的聲音蘊含某種意義。父母和他們說話時，嬰兒懂得了其中所表達的某種意思，而且盡力去探索其中的含義。

第七章　兒童能力的培養

一般來說，一歲的兒童就能夠開口講話。此前的一年時間裡，他們身上發生了兩個改變：一，從無意識學習語言，過渡到意識的學習狀態；二，雖然還只是咿呀學語，但卻擁有了自己的語言。

一歲時的兒童開始說話，儘管只是咿呀學語，但是他知道自己在表達什麼意圖。這就可以說明，他的思想已經步入意識狀態。這時的兒童身上有了什麼樣的變化呢？有科學研究表明，兒童體內的變化比我們所見到的多很多。

在這時，兒童逐漸意識到語言與事物之間存在的連繫，學習語言的願望也日益強烈。於是，一場衝突就在他們體內暴發了，他們想衝破以前的無意識狀態，以向意識狀態轉變。這也是兒童經歷的人生發展過程的第一次衝突。

關於這些，我要做進一步的闡述。為了表達清楚我的觀點，我需要對語言進行具體的分析。儘管我很希望與外國的讀者進行交流，但是由於語言方式的差異，以及我糟糕的外語，使得我這個願望形同虛設，這真讓人感到遺憾。

兒童所面臨的情形和我的差不多，一樣是擁有強烈的交流願望，一樣是因為不能實現這個目標而煩惱。因此，他們在潛意識裡用功學習，很快就得到了令人驚訝的成績。

當我們會看到大人與一歲左右的孩子說話時，我們會由衷一笑，認為這個成人童心未泯。事實上，兒童所面臨的困難，我們根本沒有意識到，也沒有意識到兒童需要學習正規語言的環境。雖然兒童的語法知識是自學得到的，但是為了幫助兒童正確地組織語言，成人在與他們說話時也應該遵循語法規則。

兒童語言發展的關鍵階段是一歲到兩歲，看護這個階段兒童的人，只有具備了語言發展的知識，才能給予兒童一定的幫助，才能與自然發展規律協調一致。

再回到前面的話題，因為我的外語很差，外國聽眾根本聽不懂我講的內容，那麼我該怎樣辦呢？我可能會很氣憤，大發雷霆。這種情況也會發生在一兩歲的孩子身上。

由於他們只能發出一兩個單字，不能表達更多的意思，致使我們無法理解他們真正的意圖，結果他們就會煩躁難耐。這時，我們常常會說：「看，小孩都這樣愛發脾氣。」不過，孩子並不輕鬆，為了讓父母懂得自己的意思，孩子更努力地學習。假如孩子還沒有學會說話，就只有表示抗議了。幸虧他們具有建立語言的能力，強烈地交流願望，會促使他們加強對語言的學習。

當兒童長到一歲半左右時，他們就會意識到各個東西都有各自的名稱，其特定的詞與他們一一對應。換句話說，兒童可以從聽到的詞語中，分辨出某些具體名詞，這就是進步，一個非常大的進步！

開始學會說話的兒童，只能說單個的名詞，心理學家將它稱為「一個詞的句子」。如果我們留心就能夠發現，兒童經常說「Mupper」，就表示「媽媽（Mummie），我要吃飯。」只是兒童把單字的形式壓縮成了「一個詞的句子」。

兒童由於自身能力的限制，感到孤立無助時，他們就會更加的苦惱。父母如果能夠體會他們所要表達的意思，那麼，對他們的幫助將是無可限量的。

此外，兒童還會說一些簡單的擬聲詞。例如：「汪，汪」代表狗。人們一般將這類語言叫做「兒語」，不過事實上，我們對兒語的認識卻遠遠不夠。

這一年齡階段的兒童，不只是學會語言，還會形成自己的條理。兒童的心理在從無意識轉向意識的過程中，許多東西都應該被條理化。

重複一個曾被我多次談到的例子，它用在此處，可以恰當地說明兒童對條理的要求。

「Abrigo」西班牙語，是大衣的意思，不過剛開始說話的兒童一般會唸成「Go」；另外，他們還會把肩膀「Espalda」說成「Palda」。形成這種情況的原因就是，這時的兒童存在心理衝突，沒有必要的條理，當說出「Go」和「Palda」的時候，他們往往會氣得大喊大叫。當母親們脫下大衣搭在欄杆上時，他會哭叫個不停。當這種情況發生時，我建議母親最好立馬穿上大衣，兒童一定會停止哭鬧，還會喜悅地說「Gopalda」，似乎他們的意思是：「對了，大衣應該穿在肩上。」

這個例子說明了什麼呢？它反映出兒童對秩序的渴望，他們迫切的希望進入有條理的世界，然後徹底與混亂告別。因此，我曾無數次建議，為了滿足一歲至一歲半兒童的發展需要，應該設立一所特殊的學校。我們應該讓孩子經常與大人接觸，聽到的是標準的語言，而不是簡單地把孩子隔離開來。

培養兒童良好的性格

探討完兒童的心理、生理和行為之後，我們要探討的是對兒童的成長非常重要的兒童的性格及形成問題。

對兒童的性格培養方面，西方教育做的比較好，儘管他們不清楚性格究竟是什麼，更不用說如何進行性格教育了。西方傳統教育理論極為重視人格發展，它認為人的發展除了包括智力教育和實踐的教育，還應該包括性格教育（用「X」表示）。此外，西方人對人的美德一直十分重視，比如勇氣、堅毅、責任感及他人的良好關係等。於是，道德培養在西方傳統教育中也是十分重要，並占有一席之地。

不過，真實的情況卻不能讓人樂觀，即使在今天，對性格的含義許多人仍然不太清楚，對道德教育也缺乏明確的認識。就這個問題而言，哲學家和心理學家長久以來一直在討論著，但是始終不能提供一個準確的答案。人類一直在探究這個問題，從古希臘到現在。實際上，就像心理學家埃里希．弗羅姆（Erich Fromm）說的那樣，「關於這個問題，人類始終處於試驗階段。」

儘管對於性格這個概念到現在大多數人仍未接受，但是性格的重要性，所有人都有一定的感觸。而最近幾十年對性格的研究，主要集中在身體、道德、智力、意願、人格和遺傳方面。

首次使用「性格學」一詞的是本哈森，那是在 1876 年，發展到現在這個詞已經成為一個新的學科門類，但它至今仍然不夠完善。

由於缺乏精確的理論指導，使性格的研究一直停留在實驗階段。很多優秀的心理學家和科學家都投身於性格研究的工作中，雖然他們在性格的研究上做了很多工作。但是，這些研究全部是針對成人，甚至包括那些從教育角度研究性格的人，似乎也把兒童拋之腦後，儘管它也涉及遺傳和出生前的影響，但這樣還是令人驚訝。從對人格發展的理解方面來看，這的確是很大的紕漏。更糟糕的是，很少有人去彌補這個紕漏，真是令人遺憾！

我們的研究，就是從兒童的出生、發育開始的。因為我們認為，只有充分了解了兒童的自然行為，才會找到新的研究方向，也就能夠真正理解性格的含義。透過對兒童行為的研究，我們了解到兒童性格的發展需要兒童自身做出一系列的努力行為，跟外部因素沒有多大關係，它主要是由孩子自身的創造潛能，以及兒童的生活對這種創造力的影響來決定它的發展，是促進還是阻擋。

正因為如此，我們的興趣也就轉移到對人心理發展的探討。這樣的話，我們的工作只好從頭再來，從兒童呱呱落地開始，從兒童剛開始形成個性開始，一直到他們的個性最後定型為止。我們研究發現，植根於潛意識之中的自然規律對人的心理發展方向有著決定性作用，這和其他動物類似，人們後天的生活決定著人與人之間的差別。因為處於這一階段的人都會面對很多障礙，正是這些障礙影響著不同的人的心理。

當然，假如這個理論已經非常完備，那麼就能夠解釋人生不同階段的性格。不過由於兒童的個性形成受生活環境的影響，因此我們只好把兒童的生活暫時作為研究對象，並且在這個基礎上研究個性的不同發展形式。

很明顯，我們認識性格是依靠研究人的行為。正如在第一章所說的那樣，一個人從出生到 18 歲能夠分為三個發展階段：0 至 6 歲、6 至 12 歲和 12 至 18 歲（我們主要研究的是第一個年齡層），各階段還能分為兩個小階段。對這些階段的研究表明，在各個階段兒童的心理發展的差異很大，而且個體之間也存在極大的差異。

第七章　兒童能力的培養

0 至 6 歲這個階段是一個創造性階段，對它我們已經有了一定的了解。儘管初生兒還沒有什麼性格，不過性格就在這個階段形成，這個階段是人一生中最重要的階段，也是性格發展關鍵時期。大家都知道，對襁褓裡的嬰兒，我們並不能給予任何影響，換句話說，大自然已經為性格的發展奠定了基礎。嬰兒還意識不到好與壞，也就無須受道德觀念所約束。其實，我們並不能用好壞與否或道德來評價第一階段的兒童，由於他們充其量就是太過頑皮而已。所以，在本書中，讀者不會看到「好、壞、道德」之類的字詞。

6 至 12 歲這個階段，兒童才開始接受好與壞這類的觀念，才能夠對自己和別人的行為進行評價。這時的兒童，其主要特徵就是可以辨明是非，與此同時，道德意識也就產生了，最後，這種道德感就提升為社會意識。

12 至 18 歲這一階段，兒童就會有自己屬於某個特定群體的意識，也懂得了熱愛自己的國家，由此就會產生一種民族榮辱感。

儘管各個發展階段的差異很大，但是每個階段同時又在為下一階段打基礎。若想讓第二階段可以正常地發展，那麼第一階段的發展就絕不能有所閃失。好比蝴蝶的生長過程，不管是外形還是生活習性，蝴蝶和毛毛蟲都是大相逕庭，不過幼蟲的形態卻決定著蝴蝶的美麗，這種美麗不是依靠模仿其他蝴蝶的樣式。人們常說擁有現在才可以創造未來，世界上每一種生命的發展全是如此。只有個體在前一階段獲得的滿足越多，才能使後一個階段得到更加充分的發展。

人的生命是在母腹孕育的，假如父母雙方都無不良嗜好，比如不酗酒，並且身體十分健康，那麼他們孕育的胎兒必定是健康的。同時，母親的生活環境可能對嬰兒的健康產生一定的影響，它主要作用於妊娠後期。假如母體中的生活環境對胚胎十分有利，胎兒也會得到正常發育，那麼孩子生下來肯定是健康的、強壯的。

對於出生創傷，我們在前面已經討論過了。嬰兒在出生時所受的創傷，會產生嚴重的後果，以及引起衰退。不過和這些相比，危害更大的是不良嗜好和遺傳疾病，比如酗酒和癲癇等。

我們已經在前面討論過童年時期至關重要的原因。兒童最初 2 至 3 年的生活時期所受的影響，可能會決定他的一生。倘若在這一時期兒童受到了傷害，個性發展就會偏離正常的軌道。換句話說，假如兒童在發展過程中受到障礙，就可能導致性格異常。當然，如果兒童能夠自由發展的話，性格也逐步完善。

倘若我們能夠將科學的方法運用到受孕、妊娠、出生和嬰兒養育的每個環節，那麼我們就一定會擁有一個健康的孩子。然而，這僅僅是一種假設的理想狀態，並不能嚴格實施於現實生活中，因為在兒童的發展過程中障礙無處不在。還有，胎兒出生後所受的影響產生的後果，遠遠比不上他們在懷孕期間所受的不良影響，產生的後果嚴重，特別是有毒物品，例如藥物帶來的危害，那種危害是災難性的。

假如 0 至 3 歲的兒童在發展過程中遭遇阻礙，導致心理和人格產生缺陷，那麼最好是在 3 至 6 歲對其進行治療。因為這一時期，是大自然全面培養和完善兒童各種能力的時期。

學校的教育實踐對我們研究 3 至 6 歲兒童的工作有巨大的貢獻。我們憑藉這些研究成果，就能夠給兒童提供必要的幫助。也就是說，我們獲得了更科學的教育方法。

假如 0 至 3 歲造成的缺陷沒有在 3 至 6 歲加以糾正，那麼它們就會一直保留下來，還會產生越來越大的影響，到 6 歲時，它就會使這個兒童發生人格偏離等缺陷。步入第二個發展階段之後，兒童是非觀念的形成也會受到這些缺陷的影響，並且造成相當大的危害。

所有的缺陷都會在人的心理和智力上留下烙痕。假如缺陷是在前期形成的，就會使 6 歲兒童產生一些不正常的特徵。要是在第一個階段兒童的潛能沒有得到發展，那麼就會影響到他第二階段的發展。這個年齡應有的道德特徵就不會從這種孩子身上表現出來。這種孩子智力也低於正常水準，致使自己的性格難以形成，使自己難以適應學習要求。結果到了最後一個階段，這些缺陷還會導致更多問題的發生。

第七章　兒童能力的培養

像我們一樣，重視兒童發展的學校裡每個兒童都有一份屬於自己的檔案，在檔案上詳細記錄著他們的身體和心理情況。這些檔案對教師熟悉兒童各階段的發展情況有一定的幫助，也可以更好地了解兒童面臨的心理問題，及時對症下藥。

在我們學校的檔案裡，還詳細記錄著每個兒童父母的遺傳訊息，如身體情況、父母的生育年齡、母親懷孕期間的情況等；記錄了兒童出生時的情況，如分娩過程正常與否、嬰兒出生時健康與否、還有兒童出生後的表現等。

此外，還記錄了兒童家庭生活中出現的一些問題，比如兒童是否受到過驚嚇？父母對兒童寄予的期望是否合理？對孩子的管教是否過於嚴厲？假如某個兒童有怪癖性格，我們可以透過這些檔案發現其中的緣由。我們學校的 3 歲兒童一般都存在著一定的缺陷，但是只要方法運用地恰當，這些缺陷就能夠被矯正過來。

接下來，我就簡單說一下幾種常見的兒童性格類型。兒童性格缺陷多種多樣，因此它的治療就必須對症下藥，採用不同方式進行。於是，我將這些缺陷分成兩種：一種是發生在強壯兒童身上的缺陷。這裡的強壯，是指這些兒童可以克服障礙。還有一種發生在軟弱兒童身上。這裡的軟弱，是指在困難面前這些兒童選擇屈服。

強壯兒童的性格缺陷一般表現為：反覆無常，時常伴有憤怒和暴力傾向。不肯服從命令，是這種孩子的共同點，我們將其稱為「毀滅性本能」。他們大多十分自私，嫉妒心強，並且占有欲極強，甚至時不時就搶別人的東西。行動盲目，是此類兒童的又一常見特徵，表現為注意力無法集中，協調不了自己雙手的活動，握不穩手中的東西，一不留神就掉到地上。

一般來說，這些兒童討厭安靜，喜歡熱鬧，喜歡大喊大叫。他們混亂的心理，老是在異想天開。他們總是不斷地打擾別人，捉弄人，也不懂得友善地對待小動物或弱小兒童。而且這種孩子十分貪吃。

軟弱兒童的性格缺陷一般表現為被動、消極、懶散。他們好哭，利用這種方法來博得別人的同情與幫助；他們總是寄望於成人的援助，渴望得到他人的歡心，喜歡有人的陪他們玩；這種兒童往往煩躁不安，懼怕面對任何事情；撒謊是他們慣用的伎倆，還有些小偷小摸的壞習慣。

儘管只是心理上的問題，但往往會引發身體上的一些毛病。例如：這些孩子不喜歡吃飯，有的甚至沒有吃飯的慾望，而有的卻好像永遠吃不飽，結果出現了消化問題。這種兒童睡覺時還老做噩夢，他們怕黑、怕孤獨，睡眠品質不好；甚至有些孩子可能產生貧血和肝臟等疾病。另外，這種兒童神經方面也容易出現問題。上面說的那些生理疾病，一般是由心理缺陷引發的，用藥物治療基本不管用。

正是由於某些障礙影響了兒童的正常發展，致使他們的身體產生疾病，性格出現缺陷。不管兒童存在哪種缺陷，成人都不會喜歡，特別是那些強壯型的兒童，更是讓他們的父母異常頭痛。於是，他們的父母往往希望擺脫這些痛苦，他們要麼將自己的孩子交給保姆看管，要麼把孩子送到學校。這樣的話，儘管這些可憐的孩子擁有父母，但卻得不到父母的關愛與呵護，就如同「孤兒」一般。雖然這些孩子身體健康，但心理上卻不健康，還有性格缺陷，這些都會對他們的行為產生不好的影響。

父母們也在想方設法地改變這種狀況，有的父母較為謹慎，他們虛心向人求教應對的方法；還有的父母則一意孤行，他們一般會對孩子嚴加管教，嚴重的時候還會打、罵、不給飯吃，這樣粗暴的教育方法，只能得到反效果，導致孩子更加不服管教，問題也會越來越多了。

這樣，無可奈何的父母只好選擇規勸孩子，講一些「為什麼你總惹媽媽生氣」之類的話，這類話明顯沒有任何作用。最終，無奈的父母們失去信心，任由孩子隨意發展。

另一類型的兒童則不是這樣的，消極被動型的他們通常不引人的注意。看上去，他們的行為也沒有什麼問題，母親們覺得他很乖巧，是個好孩子。這種孩子對母親過於依賴，總是賴在她們身邊，不過他們很安分，不招惹是非，因此母親們認為這樣很好。她們還會自豪地說，孩子離不開她，沒有她的陪伴孩子就不會上床睡覺。然而一段時間之後，母親就會發現，孩子走路和說話都比較遲緩，母親們雖然有點擔心，但是仍然會說：「我的孩子很健康，只是比較敏感，有點膽小，害怕很多事情。他不喜歡吃東西，若是讓他吃一碗飯還要講故事。他將來肯定會成為一個詩人，因為他是那麼的喜歡獨自靜坐，一副若有所思的樣子。」

這樣地自我安慰顯然，不能給她們帶來幫助。最後，母親們才確信自己的孩子出了問題，只好求助醫生，因此終於發現孩子患有心理方面的疾病。

如果這些母親對兒童的心理發展過程有一定的認識，或者接受過我們的培訓，類似的問題就不會再出現了。因為我們已經明白，父母的某些錯誤做法導致了兒童的性格缺陷。要是在這一時期，父母對孩子有所忽視，那麼孩子就會喪失很多機會，致使他們的大腦得不到充實，這樣飢餓的大腦就會出現許多問題。

缺少創造性的活動是另一個導致性格缺陷的原因，這樣的兒童，也不可能充分發展自己。他們總是一個人待在家裡，或者被孤零零地留在某個地方，除了睡覺，他們做事情的機會很少；要麼就是他們的父母包辦了一切屬於他們應該做的事情，使得他們沒有機會動手做事情，很多貴族子女的童年就是如此。這些孩子對什麼都不感興趣，只關心自己手裡的對象。長此以往，當他們想做什麼事情的時候，卻又無能為力，即便是獲得了自己想要的東西，例如：小蟲子或花朵，他們也不知道如何去玩，只會把它弄壞了。這就是這種教養方式帶來的嚴重後果。

很多兒童會莫名其妙地產生恐懼，這種狀況可以在早期的生活中找到答案。

我們學校被認為辦得很成功的原因在於，進入我們學校的兒童，不少都帶著某種症狀，不過透過一段時間的學習之後，他們的缺陷就完全消失了。我們學校的環境，適合兒童自由地發揮，可以充分激發孩子的潛能，促進他們的心理發展。

為了培養孩子們的興趣，學校還專門製作了許多有趣的東西，可以讓孩子們隨意使用，而且這些東西都能引起他們的興趣，集中他們都注意力。一旦兒童們能夠集中精力，也就達到了我們的要求，他們就可以投入到他們感興趣的事情中去了。慢慢地，存在於他們身上的缺陷就會消失，從前的混亂也變得有條理了，消極被動的狀態也沒有了，取而代之是主動與熱情，原來的調皮搗蛋也被乖巧取代。這些又在向我們證明，兒童的性格缺陷並非與生俱來，它是後天形成的。

儘管孩子的先天稟賦存在一定的差異，但這種差異不會太大，他們身上出現的所有不正常現象，都是因為我們忽視兒童的心理生活，使他們「營養不良」。那麼，什麼樣的建議是我們應該為母親們提供的呢？

孩子生活的環境應該是能夠引起他們的興趣；對孩子自己的事，母親不必事事親為，因為有些幫助不但沒有必要，甚至可能是有害的，如果孩子開始做一件事情，最好不要打斷他；對於那些處在精神飢餓中的孩子來說，過度的關愛或者過於嚴厲，都不會對他們有所幫助。這就好比面對一個飢寒交迫的人，你的責罵和痛打，或者苦口婆心的勸慰，都不能使他的心情變好，因為他們需要的只是食物，其他任何東西都代替不了。同樣的道理，對於兒童的心理缺陷，成人對他們嚴厲還是慈祥都無濟於事，因為這與問題的根本無關。

人不僅需要物質上的營養，更不能沒有精神上的養分，因為人是有智慧的動物。與依靠本能生活的動物不同，人必須建立自己的行為模式。如果兒童可以隨心所欲地做自己喜歡做的事情，藉此使自己的個性得到完善，那麼就不會有問題出現，一切都會趨於正常。即使他們以前有什麼問題，現在也能被解決。由於他們的心理偏離得到了矯正，他們將不再有噩夢，不再厭食，不再悶悶不樂，一切都回到正常的狀態。

由此看來，道德教育對以上這些問題愛莫能助，因為成人的說教對性格形成過程中出現的問題，以及兒童的性格形成或者性格缺陷的消失，都無濟於事。

假如成人出於道德的願望，威脅並利誘兒童，那麼，給兒童帶來的只是傷害，不是好處。將正常的生活環境提供給兒童，才是我們需要做的，也是我們能夠做的事情。

培養兒童的自覺自律意識

我們已經討論過，兒童塑造自己的方式並不是成人想像的那樣，它是在兒童 3 至 6 歲時透過自己的行為逐漸形成的。兒童個性的形成，也不是我們可以傳授的，不可能透過逼迫的方式讓他們學到。性格無法隨意塑造的，兒童的性格更是這樣。給予孩子科學的教育，盡可能地減少兒童發展中的阻礙，幫助他們順利完成這個過程，我們能做的就這些。在兒童的性格發展方面，我們的確無能為力，最多是當他們的性格形成之後，可以明白成人的教育時，運用說理和勸告的方式影響他們的思想。

當兒童長到 6 歲時，成人對他進行說教才有效果。兒童的道德是非觀念是在 6 至 12 歲的這一階段才開始形成，也開始可以辨別事物的好壞。等到 12 至 18 歲，他們就開始融入成人的世界了，也就能夠接受像對待成人一樣的說教了。

令人遺憾的是，類似的活動在兒童 6 歲以後才可以進行。然而，那時他們的性格和個性都已經形成，自然塑造的方式也就不能再被使用了。我們會發現，這時的孩子們已經拒絕接受我們的思想，雖然我們渴望對孩子施以更多的影響，但這些影響卻只是間接的，並沒有直接作用。

一些學校的教師常常抱怨，他們對待孩子盡職盡責，精心的給孩子們講解科學、文學等課目，可是孩子們就是不願意學，當然這與孩子智力高低沒有關係。因為這些孩子性格的原因，不具備良好的性格，就失去了學習的「動力」。要真正學到東西，那麼他就必須具備某種性格要素或個性。

很多剛入學的孩子並不具備這種性格，然而，這時候才要求他們集中注意力已經太慢了，他們也很難做到。假如之前孩子沒有形成認真的良好習慣，那麼現在對他們提出這樣的要求就毫無意義了。我們如此要求這些孩子，就好像跟沒有腿的人說：「要好好走路！」我們不可能現在才要求他們應該具備這種能力，這種能力應該是在早期的發展中逐漸形成的。

既然這樣，父母又該如何應對呢？這種問題，基本上肯定會收到這樣的答覆：「對待年輕人，必須有足夠的耐心，我們要給他們樹立榜樣，以此來對他們施加影響。」我們寄望在時間和我們的耐心上，認為總會有收穫的一天。事實上，直到我們變成了老人，我們依然一無所獲，於是，對生活也不再有任何要求。一句話，時間和耐心毫無用處，唯一的辦法是，充分利用好兒童具有創造性的時期。

如果把人類看作一個整體，對自己和兒童一視同仁，就會發現，形形色色的人的內心深處，存在某些相通的東西。這個相通的東西就是，所有人都有的一種自我發展的傾向。可能很多人沒有明確的意識到，但是不得不承認，這種傾向在潛意識裡控制著人們的生活。這種傾向是人類發展的前提，儘管它對人類的性格影響不是很大，因為人類社會和個體一樣，也具有這種不斷發展的傾向。不管怎樣，人類發展的方向是朝好的方面發展的。也就是說，人類的行為並非一成不變，它始終處於發展之中的，因為向前發展的傾向是自然界、生命，以及人類所共有的一種傾向。

所謂的教育，就是專門對以下這些人來講的，可能他們強壯而平衡，是接近理想狀態的人；或者他們仍有不足，算不上理想狀態的人；還有一小部分非正常範圍的人，是一些超社會和反社會的人，他們難以適應這個社會，缺乏生存能力，有的還淪為罪犯。這一小部分以外的人，都已經適應了生活，儘管程度上存在一定的差異。需要再次強調的是，我們的教育就是針對所有這些人而言的。

在人出生後的 6 年裡，他就完全可以適應外部的生活環境，這一時期也是人類性格的起源期。這樣看來，適應社會相當重要！那些趨於理想狀態的人，健碩無比，他們不但擁有充分的天賦能力和更多的精力，並且還生活在一個良好環境中。而那些略遜於他們的人，精力就比較弱，並且會在生活中遇到更多的障礙。

實際生活顯示，那些有所作為的人一般具備剛強的性格，身體也比較強壯，他們身上還有一種明顯的傾向，就是趨向於完美發展。截然不同的是，那些性格較弱的人出現了一種反社會或超社會的發展傾向，他們不能戰勝這種傾向的話，就會徹底墮落。

為了擺脫墮落的誘惑，這些人需要道德力量的強力支持。這種誘惑不會帶來快感，只會是巨大的心理壓力，因為任何人都不願意成為一個罪犯。然而，墮落的誘惑對這些軟弱的人來說，如同地球引力一樣無法抗拒，倘若想保護自身，就必須依靠道德力量的支持，進行不懈的戰鬥和抗爭。這些人盡力的約束自己，以免自己淪落下去。他們把那些口碑良好的人作為自己的道德標竿，向他們看齊。或者，他們虔信宗教，懇求上帝賜予他們力量來抵制這種可怕的誘惑。長此以往，一件道德的外衣被披在了這些人的身上。這個戰勝自我的過程需要強大的克制力，因為這種克制是在偽裝本性，當然不是件輕鬆愉快的事情。好比登山者那樣，必須奮力抓住一塊石頭，才能保持身體的平衡。

在道德方面，現在的年輕人已經不再願意為之付出努力，然而教育家們卻在竭力勸說，試圖對他們有所幫助。其實這個問題也一直困擾著從事教育的人，不過他們仍然盡為別人樹立榜樣。他們常說：「我必須為學生樹立一個良好的榜樣，要不然他們將來可能變成什麼樣的人呢？」因此，一副重擔被他們自己壓在了自己的肩膀上。教師和學生都屬於這種有道德的人，我們現在的教育環境就是這樣的，在這樣的環境中我們進行著性格和道德教育。這種教育方式已經被我們接受了，因為大部分人都存在著相同的限制。總而言之，人必然會抵制墮落，道德是人的一種本能要求。

接近理想狀態的人意志堅強，有追求完美傾向的人，他們的願望完全出自他們的內心，沒有絲毫被強迫的因素，它是自發的，而不是出於人為的努力。他們擁有強健的體魄卻不會去偷竊別人的東西，並不是害怕懲罰，因為他們具備一種高貴的素養，所以他們連拿別人一個瓶子的念頭都沒有。同時，他們遠離暴力與武力，並非由於道德束縛。總之，這些強健者不會刻意遵守道德，但是他們的行為符合道德規範。他們對完美的追求完全發自內心。這樣看來，他們約束自己的行為，不是一種犧牲，而是為了使他們的內心更加充實，只有不斷的追求完美，才能滿足他們的要求。

在生活中，很多人喜歡遵循舊的規矩或習俗戒律，甚至去尋求精神的寄託。不過，那些強健的人卻並不是這樣，他們就像不被誘惑的聖人一樣。天性的促使讓他們自覺遵守這些戒律，因而他們不需要任何人的說教。

這裡用身體狀況的差異，來說明一下強健者與軟弱者的精神差異。假如一個人得了慢性支氣管炎，那麼他就必須防止胸口著涼，還應該多洗熱水澡，促進身體的循環系統功能。儘管這個人看上去好端端的，但是他必須時刻小心謹慎，以防出現諸多問題。另外，這種人可能沒有好的消化功能，只有吃補品和藥物，才能維持體力。假如他想和其他人一樣，除了考慮隨時可能進醫院，還必須事事小心。這樣的人顯然得常常光顧醫院，家人必須付出更多努力來關心和細心照顧他們。

那些身體健康的人就不是這樣了，他們都不必擔心任何事，想吃就吃，隨心所欲地做自己喜歡的事情，無須理會季節和天氣，都可以到戶外自由活動，甚至能夠砸開冰層，到水裡游上幾圈。

而其他人呢？其他人即使身體無恙，他們冬季也寧願待在家裡，不願出門，甚至把頭伸到窗戶外透透氣他們也不願意。

脆弱群體是那些還算不上接近理想狀態的人，對於這些人，應該在精神上給予他們慰藉和支持。在誘惑面前他們惶恐不安，如同踩在陷阱的邊緣。強健的人和他們截然不同，任何外來的幫助，對強健的他們來說都沒有必要，他們一直享受著生活所帶來的愉悅。

現在，我們來看看什麼是完美的性格？這個問題很重要，但是這個問題沒有確定的答案，只能是探討。完美到底是什麼？是具備所有美德，還是進入某種精神境界？假如是某種高層次的精神境界，那麼這種境界又是什麼樣的？這些問題必須要搞清楚。

第七章　兒童能力的培養

前面已經講過，人的行為由其性格控制著，並且朝著某個目標努力發展，每個人都是如此。人類和社會也是這樣，在不斷向前發展，這就是自然的規律。因此，我們現在討論的是一個中心問題，因為人類發展的目標就是自我完善。

只要在知識和科學領域，人能夠做出新的貢獻，那麼社會就會被推進一步。精神領域也是這樣的，當人的精神發展到某個新階段，就會推動人類的生活。正是無數的創造之手，造就了人類現在的文明，無論是精神方面的，還是物質方面的；也不管是地理的發現，還是歷史的發展，這些都在持續不斷地前進。這就是因為，生命是一種前驅力量，人們不會放棄對完美的追求，在不懈地努力前進。

充滿自信的強健者，他們無須去抗拒任何誘惑，同時他們也沒有多餘的慾望。南極探險的第一人是理查德．伊夫林．伯德（Richard Evelyn Byrd）將軍，他曾一度沒有任何道德顧慮地斂財，而且費盡心機。他的目的就是去南極探險。伯德將軍在南極探險的路途中多次涉險，但是一種強烈的進取意志的支撐著他，使他面臨困難毫不退縮。在我眼中，伯德將軍就是一個完美的人。

總之，這些人的性格，遠比那些需要更多的扶助的人豐富；那些需要扶助的人不能沒有別人的幫助。假如我們的教育方式也是一成不變的話，人類將面臨衰退。

假設一下，需要扶助的人給較為強健者的兒童說教時，他們一定會這樣說：「吃肉是一種罪過，最好不要吃。」那麼大多數孩子們的回答是：「是的，先生，我們不喜歡吃肉。」這個人還會對其他成人說：「你穿的太單薄了，最好多穿點衣服，否則會感冒的。」他的好心也許會換來這樣的回答：「不，我挺暖和的，我並不怕冷呀。」很明顯，這個病弱者對兒童的教育帶有負面影響，並不會指引兒童的人格趨近完美狀態。

假如研究一番現在的學校教育，可能就會發現很多存在於我們的教育當中的問題，甚至是極其糟糕的問題。如此的教育很可能使人退步，甚至人的能力也被削弱。

如今的學校教育根本滿足不了人的要求，這種傳授知識的教育方式已經適應不了現在的教育，如同讓一個跑步的兒童學習如何走路一樣，這種教育方式只適合培育人的低級能力，而非高級能力。假如一個人性格發展遭遇阻礙，那也是由於人類自己的失誤。

因此，作為一個教育者應該做的就是，對有關人性的知識進行累積，創造有利於兒童發展的條件，以此來幫助他們發揮天賦的創造力。如此，較為強健的人就會給那些病弱者帶來衝擊，使人類得以更好的完善與發展。

人的心理構建只在人生的某段時期完成，而且這種構建可能遇到很多障礙，甚至難以完成，這樣的話，許多人的人格沒有完全發展，也就不難理解了。還必須注意，人的性格是在自然狀態下形成的，因此，為了使人的性格健康地發展，我們必須減少道德說教。這樣的話，目前的教育方式就需要調整。

傳統教育方式可以把學生塑造成為一個有知識、充滿道德感的人，但是卻不能把他培養成為一個有能力的人。假如人類的熱情被我們喚起，情況就會大不一樣。由於人的性格是在一個特定階段形成，一旦錯過時機，它將無法彌補，任何說教都毫無意義。

這也是舊式教育和新式教育的區別。在適當的時機促進人類的自我完善，激發人性的潛能，這就是我們的目的。不過現實告訴我們，這個目標並不容易達到，因為社會中存在許許多多的屏障。

新式教育的首要任務，就是拆除這些屏障，為新一代的發展做好準備。這樣看來，這種教育猶如一場革命，一場沒有暴力的革命。倘若它能取得成功，暴力革命將從此消失在這個地球之上。

培養兒童的意志力

意志始終影響著孩子才能的發揮，它是那麼的至關重要。

意志無處不在。當孩子從一堆物品中挑選出他鍾愛的東西；當他把餐櫃中的食物取出後，又把它原樣放回，或者把食物分給其他夥伴時；當其他小朋友占用了他最喜歡的玩具，他在一旁苦候時；當他專心致志地做練習，同時還要糾正教材裡的錯誤時；當他在座位上安靜地坐，等到有人叫他才站起來，還十分小心地，生怕碰到桌椅發出聲響時，他的意志就在這些舉動裡被充分地展現出來。

接下來，我們對意志的輔助因素進行分析。

在行動中展現的是意志的外在表現，無論人們實施哪種行動，比如說話、行走、工作、寫作以及睜開眼睛凝視，或者緊閉雙眼迴避橫衝直撞的東西，這些都由某個動機支配著。換個角度講，意志也能對某些行為實施控制，比方說，當我們憤怒時，它可以幫助我們克制自己的衝動；當我們個人慾望膨脹時，它也可以阻止我們因為私慾而去攫取別人的東西，這些行為都是出於自願。因此，意志會對行為進行指引，而不是成全簡單的衝動行為。

意志只能透過實際行動表現出來。如同一個人想要做好事但沒有行動；想洗心革面卻不去做；希望外出拜訪或寫信問候親友，卻只是想想。這只能說，他意志的活動半途而廢了，徒留空想。行動才是關鍵所在，僅有願望是不行的，必須把一切都放在行動上。

意志的生命力決定著行動力量的強弱。在衝動和克制這兩種力量均衡的作用下產生了所有的行動，行為不斷地重複，習慣就產生了。

實際情況就是這樣，我們評價一個有教養的人的行為時，他的一切習慣性動作都與這種情形相符。可能，我們會一時衝動，打算拜訪某位朋友，但是當我們發現他沒有時間來接待我們時，我們會放棄這個想法，否則可能打擾到他；當一位品德和威望很高的女士向你走來，可能正舒適地坐在起居室一角的你，也會下意識地起身鞠躬，或者和她握手。

當我們發現鄰居愛吃的蜜餞和自己想吃的那種一樣時，就會小心翼翼地品嚐蜜餞，避免讓對方發現。衝動支配著我們此時的行為，同時這也表現出禮貌和教養。

由此可以得出這樣的邏輯：首先，不是因為衝動，我們就不會參與任何社交活動；另一方面，如果喪失克制力，對於自己的衝動，我們就不能修正、引導和利用了。

在這兩種不同力量的相互制衡下，產生了我們的習慣。有了習慣，在行動時，我們就不必費心於某個艱難的決定，也不用付出太大努力，更不必運用推理和知識來完成它，它已經成為一種習慣性的動作。當然，這裡所談論的行動是一種習慣，而非本能。

我們周圍有些人沒有受過正規的教育，僅僅是像八戒吃人蔘果一樣吸收了一些紀律方面的知識，於是在日常生活中經常犯錯誤，甚至難免鑄成大錯。他始終處於警覺和被意識抑制的狀態，被迫著在某時某地去執行某項行動。這種不懈的努力，與那些擁有高雅風度的人的習慣，它們完全是兩碼事。那些具有高雅風度的人，為了使自己擁有新發現和做出更大的努力，他們的意志會在意識之外或其邊緣不斷地進行調整。

和成人比較，兒童是一個發展尚不平衡的小生命，他們一般十分衝動，往往會吞下自己所釀的苦果，有時，他們還會在抑制力下低頭。此時，意志的兩種截然相反的力量在兒童身上還未融為一體，也就不會為他塑造一種新的個性。心理萌芽時期，這兩種力量一直處於分離的狀態。不過我們不必放棄努力，因為這種融合和相互適應是必然的，最後仍會在他的潛意識裡造成支撐作用。

在人的發展上，最根本的就是盡早誘發孩子們的積極行為，因此我們必須盡早付諸行動。必須提醒的是，我們的目的是要促進他鍛鍊自己的意志，使它們盡早建立克制和衝動之間的相互連繫，而不是把他們培養成早熟的小紳士。

因此，我們必須讓孩子和小朋友們一起玩樂，在日常生活中，還應該鍛鍊他們的意志，使他集中精力於某件事情，而不會被與完成此項工作無關的活動分心。對於有益於肌肉協調的運動，應該在他的能力範圍內選擇，還要持之以恆，讓這種肌肉協調的動作成為習慣。在他懂得尊重別人的工作時；在他耐心地等待渴望的東西卻不去和別人搶奪時；在他隨處走動，不可能撞倒同伴，也可能踩到他們的腳，或者是弄翻桌子，這些全都表明他正在使自己的意志得到鍛鍊，正在使衝動和克制趨於平衡。孩子的態度的逐漸形成，就是為融入社會生活做準備。

相反，假如只是讓孩子們並排坐著，不允許任何連繫和溝通產生於他們之間，那麼，孩子的社會生活也不會有什麼大的發展。

若想讓孩子們建立起社會的概念，只有透過自由交往，讓孩子們彼此間進行互適性訓練。如果只是給他們進行該怎麼做的說教，恐怕難以達到培養意志的目的。希望孩子們具有優雅大方的舉止，僅僅把「禮貌」或「權利與義務」的概念灌輸給他們是不夠的，如跟我們不可能只對一個聚精會神的學生講述彈鋼琴的指法，就希望他彈奏出貝多芬（Ludwig van Beethoven）的奏鳴曲那樣。所有的事情都一樣，要想使孩子的發展定型，鍛鍊他的意志力就是最基礎的一點。

在對孩子性格培養的早期教育中，有必要調動所有有用機制。如同運動一樣，由於未能得到鍛鍊的肌肉是難以完成需要肌肉力量的運動，因此讓孩子們做做體操是非常有用的。類似體操的運動對保持心理活動的能動性也很有必要。得不到鍛鍊的身體是不完整的，一個四肢無力的人一定對各種活動都無心去參加。在危險時刻，需要這種人行動起來脫離危險時，往往只能坐以待斃。

對於意志薄弱或喪失意志的孩子來說，與之適應的是一所可以讓他坐著聽課或假裝聽課的學校。然而，儘管學校在給他們的通知單上寫下「素養優秀，學業成績良好」的評語，教師總是誇他們聽話，順從，但是，這些孩子往往只會有一個令人同情的結局。他們當中的一些人還得到醫院去治療神經錯亂症。最終，他們只能在沒有干擾的環境下延續著自己的虛弱，使自己像流沙一樣慢慢地被吞沒。

相對的來說，那些活潑好動的孩子，老被看作是搗亂鬼或調皮鬼。當我們討論他們調皮的性格時，生活在他們周圍的人總會說：「孩子就是靜不下來。」他們被指責侵犯了其他同學的利益，而他們的「侵犯」往往就是由於他們的好動：他們想盡辦法刺激那些處於靜止狀態的同學，以便和他們一樣。

還有就是一種受到克制力支配的孩子，他們是另一個極端，常常害羞得無地自容。就是回答問題的時候，他們也是猶豫難決。即使給他們一些外部的刺激，他們也是聲音很小的，勉強回答了問題，甚至有的在答完問題後還會哭泣。

最好讓以上三種類型的孩子參與自由活動的鍛鍊。做有趣的運動對於一個意志薄弱的孩子來說，會帶給他極其有益的刺激。當孩子們從被監控的狀態下釋放出來，並按照自己的意願自由行動時，這種規律性訓練就可以平衡他們在好動與抑制之間的關係。這也是解放人類的重要途徑，它會使人類由弱變強，最終變得更加完善。

能否平衡衝動和抑制之間關係，是一個有趣問題，也是病理學始終在研究的問題。這種情況也會發生在我們正常人的身上，儘管程度不太嚴重，不過會像我們在兒童教育中遇到的各種缺陷一樣，這個問題變得十分常見。

衝動可以導致犯罪分子做出危及他人的行為，衝動也會使正常人做出令自己痛苦並後悔的那些輕率行為。很多時候，衝動會給人們造成的危害是巨大的，讓人們蒙受事業上的損失，而且還會限制他自己的才能的充分展示。

如果一個人被病理學家判定是其抑制力的犧牲品，那麼他一定是一個不幸的人。可能他也靜止不動，表面上保持著應有的平靜，不過他的內心卻仍然渴望自由地活動。一個人的靈魂長期遭受得不到滿足的折磨，就會使他產生一種可怕的被埋沒的壓抑感。他十分渴望從醫生那裡尋求幫助，十分渴望將自己的不幸傾訴出來，以安慰那高尚的靈魂。到底有多少人遭遇著類似的痛苦！

在他們的生命中，原本也有許多恰當的時機可以展現自己的價值，不過他們卻沒有去做。其實他們也有為扭轉困局而產生的很多真情實感，然而他們卻始終保持著沉默，總是緊閉心扉。本來他們也非常熱切地期望有人能夠理解、引導和安慰他們的高貴靈魂，然而，他們只要面對自己所仰慕的人，就會變得張口無言。內心的極度痛苦就是他們唯一的感受。即使他們的意識深處的衝動一再督促他們：「說吧！說吧！」不過，他們的嘴巴被無法抵抗的力量堵上了。

只有利用自由運動的教育，平衡好他們的衝動和抑制，才是解決問題的根本，除此以外，別無他法。

這裡著重指出的是，有一種人，他們的潛意識中能夠採取正確行動，他們並不是這裡所講的具有意志的人。在前面我們提及過，一位具有良好教養，並且出身高貴的女士，可能就是一個沒有意志和個性的人。類似的人並不是我們所要的，我們所要的是對一個人品格的培養。它是人類關係以及整個人類社會建立的基礎。一個持續發展的社會，靠的就是一代代人的不懈努力。

這種素養決定一個人內在個性的和諧，假如不具備這種素養，人的生命就好像一個分離成單個細胞的身體，許多沒有連貫的片段混亂地共處在一起，再也不是一個完整的個體了。一個人的情感以及思想脈絡，就是從這種基本素養反映出來地，我們稱之為「個性」。只有有性格的人，才會對自己的言行、信念和情感始終保持忠實。也正是他們不斷努力工作，才創造出巨大的社會價值。

墮落的人經常會顯露出懶惰，或不能堅持不懈進行工作的跡象，比如在產生犯罪動機和叛離自己的情感之前，以及在失足，甚至是放棄崇高的信仰之前。一個老實厚道、舉止得體的人，在他失常地表現出暴力的動機和行為之前，必定會有一種不再把精力放在工作上的先兆。人們一般會將那些勤勞的女孩，判定為賢妻，將忠厚老實的人稱為好工人，認為他會給妻子帶來好運。這裡的好，說的並不是他的能力，而是一種堅持不懈的品性。

比如：人們不會看好一個冒牌藝術家，儘管他具有高超技巧能夠製作出好的小工藝品，不過，在工作上他卻缺乏應有的意志力。人們不僅認為他不能持家立業，還會把他看作是一個不稱職的丈夫和父親，甚至會認為他會危害社會。相反，人們認為一個謙卑虔誠的手工藝者，具備了創造幸福和寧靜生活的要素，認為他是一個擁有品格，能讓世界信服的人。

一個孩子若想和成人那樣造福於群體，那麼他必須在精神生活裡建立起自己的秩序與平衡，並發展自己的個性，而且還需要堅持不懈地努力。

這個孩子專心致志地訓練著自己，努力使自己變成一個堅強不屈，個性鮮明，擁有人類一切優秀素養的人。堅忍不拔地工作是一個成功者的基本特徵，這個孩子的所有努力會使他擁有這個特徵。一旦孩子能夠堅忍不拔地工作，那麼他就能夠做好所有的工作，不管他選擇的是什麼樣的工作。因為，工作僅僅是造就和豐富人們內心世界的途徑，真正有價值的並不是工作本身。

有的人常常去打擾孩子們的工作，要求孩子去做他們認為重要的事情，他們如果覺得地理非常利於指導孩子的修養，就會讓孩子放棄學算術，這種人搞不清目的和手段之間的關係，為了自己的虛榮而把自己的孩子毀了。實際上，一個人需要指導的部分，不只是他的修養，更應該是他作為一個人應該有的需要。

如果將堅韌不拔看作是意志的基礎，那麼，我們所做的決定就可以當作是在意志的作用下所採取的行動。為了實施有意識的行動，我們不得不做出決定。例如：有幾頂帽子，我們必須選擇一頂帽子在外出時戴，褐色還是灰色並不重要，重要的是我們必須選擇一頂來戴。動機在做選擇時的作用，非常關鍵性，比如：我們偏愛灰色或褐色，如果某種動機占據了上峰，我們的決定也就隨之而出。

選帽子是比較容易解決的問題，因為，在這個過程中我們的習慣會發揮一定的作用。如果我們是選擇禮品時，就不是這樣了。面對琳瑯滿目的商品，我們到底如何去選擇呢？假如我們至少了解商品的情況，我們也會拿不定主意。當需要挑選一件藝術品時，我們會害怕由於自己對藝術一無所知，而被騙或當眾出醜。我們由於不了解如何選擇一條綵帶或是一個銀碗，只能請教其他人，希望給自己一些指點。

事實上，我們很可能不按別人的建議去做，因為別人的建議僅能提供給我們一些知識上的幫助，這和我們在意志上的努力不能同等對待。意志是我們害怕喪失的東西，它不同於我們做決定時所需的知識。透過吸收一個或幾個人的建議之後做出的決定，就是我們自己的決定，它上面打著我們特有的烙印。

在為客人準備晚餐時，一個家庭主婦必須做出選擇，不過，在這樣的事情上，她有著豐富的經驗，以及很高的鑑別力。這樣，她在沒有外來幫助的情況下，也能輕鬆地做各種決定。

但是，在我們的日常生活中，像這樣輕車熟路的事情畢竟很少。眾所周知，我們無論是在何種情況下做出選擇，都需要透過腦力勞動，而且還要有持之以恆的努力。那些意志薄弱的人，對這些事情感到十分厭倦，因此他老是竭力去避免做選擇。

打個比方，如果一位服裝師要為一位夫人挑選禮服，那麼他必須從許多動機中費盡心思，才能選擇合適的一個。服裝師肯定知道，只有考慮很長時間才能做出一項決定，只是由於他怕麻煩，就給這位夫人建議說：「這件吧，您穿著這件禮服一定很合適的。」最終這位夫人也點頭表示贊同。事實上，她只是不想費腦筋做決定，倒不是她對服裝有多滿意，所以就此了事。對待自己遭遇的事件，我們絕不能用這樣的態度。人的一生就是不斷做出決定的一生，即使在外出時，也必須把門鎖好，使房子萬無一失後，才能決定出去。

我們只有在這方面加強訓練，才能更加輕鬆地擺脫依賴他人的毛病。這樣，才能養成在做每件事情時具有清晰思路和明確決定的習慣，使自己獲得更多地自由。

是什麼樣的枷鎖把我們捆綁成為屈辱的奴隸呢？這樣的話，我們就會形成凡是只能聽任他人的習慣，卻無力做出自己的決定。當我們處於這種狀態時，就會為了避免犯錯誤，而不敢繼續向前，面對那些無法輕易得出結論的事情，總是刻意迴避。如此的話，我們和一條拴著鍊子的狗沒有兩樣，始終跟在別人後面搖尾巴，最終就會完全處於依賴他人的地步。假如沒有人引導，我們甚至發不出一封書信，買不回一塊手帕。

當一個人深陷這種狀態時，面對突發事情，需要馬上做選擇時，這個懦弱的人就會沒了主意，猶豫不定，因為他把已經尾隨他人（意志堅強的人）作為一種習慣了。這樣，在無意中，他內心就充滿魔鬼般的屈服，這對於意志薄弱的人來說，就如同使他遭受滅頂之災。

所以，如果一個年輕人心甘情願地居於從屬地位，那麼他就不會有鍛鍊自己意志的力量，如此的人只能成為如今這個充滿危機的世界裡的陪葬物。

與之抗爭，不是停留在幻想和說教的階段，而是要鼓起勇氣加強對毅力的鍛鍊。這樣的情況往往我們在日常生活中時有發生。比如：一位家務纏身，事事操勞的家庭主婦，遠比一位整天遊手好閒，沒有孩子，懶散打發時光，並習慣聽從丈夫意志的女人更能適應社會。假如前一種女人成了寡婦，在這樣的處境下，她也會逐漸地精通業務，繼續完成丈夫的事業；而後一種女人如果面對這些，一般只能再找靠山，這樣才能使自己避免突如其來的災難傷害。

要想從精神上拯救自己，能夠依靠的，只有自己。因為情況危機時，我們只能獨立的面對，即使別人想幫你，也不可能立刻辦到。

假如一個人意識到，一切都需要自己去奮鬥，那麼他為了使自己的力量和技巧得到提高，他就會自覺地進行拳擊或格鬥的訓練，而不會雙手置於胸前，悠閒地坐那裡等待什麼。因為他懂得，假如一直那樣坐著的話，他就淪為一個失敗者，就會別人的影子一樣，始終需要依靠別人的強大來保護自己，而現實的生活中，這是不可能的。

因此，要堅持意志鍛鍊。堅持不懈地努力工作，養成進行選擇產生衝突動機的習慣，習慣於決定日常瑣事，對別人的行為加以甄別，不斷地提高自我指導的能力以便做好經常重複的行為。這些就是形成堅定的個性基礎，也是我們必須做好的。這樣，道德就會在我們的體內扎根，如同一位深居中世紀城堡裡的公主那樣。

為了「修建」可以讓道德居住的「房子」，我們必須控制自己，例如不抽菸、不酗酒，並且還要堅持戶外運動，使身體更為強健。不過，最為重要的是對意志進行堅持不懈地訓練，使我們心理上的疲勞能夠盡快恢復。

孩子們憑藉自我訓練，可以把那些比較複雜的、需要進行比較和判斷的內心活動展現在行動上，這樣利用這種方法，他們既可以使智力條理、明晰，又能夠使他們的意志力得到培養。

這是一門學問，它可以使孩子不必依賴別人，自己就能獨立的做決定。當孩子們掌握這門學問，就可以自信地面對日常生活中發生的一切事情了：他們可以自己做出取捨決定，以得到自己想要得到的東西；他們也會情不自禁地在音樂中翩翩起舞，使自己的身心得到放鬆；而需要靜處時，他們能夠抑制自己想要去運動的動機。這就是持之以恆，以培養個性的努力，它們就是在個人的決定下付諸實施的。

這樣，當初的紊亂被條理清晰代替了，人的生命就發展到一種新的自發狀態，心理混亂消失後，隨之而來的是，懷疑和膽怯的徹底消失。

如果孩子的頭腦裡沒有條理和清晰，而是一片混亂。這樣的話，就是讓他們背誦一大堆課文，其作用就是使他們自己做決定受到阻礙，以至於影響到孩子們的成長，也就無法加強他們的意志力了。運用這種方式的教師還會解釋：「小孩子不應該有自己的意志。」她們發表著這種言論的原因就是，在教育孩子時，孩子們內心提出的「我想要」的要求，她們從來就沒有給予考慮。

這種教育，它所造成的後果十分嚴重。事實上，她們的做法已經阻礙了孩子初期的意志發展，如此，就會使孩子們感受到有一種力量在控制著他們的行動，令他們變膽怯，最終導致他們，在沒有可依賴的幫助和同意時，沒有承擔責任的勇氣。

一次，一位女士有意問一個孩子：「櫻桃是什麼顏色的？」不曾想，這讓這個膽小的孩子緊張萬分，其實櫻桃是紅色的，這他原本就知道。不過瞬間的緊張，使得他思維混亂，不知如何回答，只好怏怏地說：「我去問老師。」

一個人最重要的功能就是為作決定而準備的意志，因此，我們必須把它培養出來，還要努力使之加以強化。透過病理學的揭示，表明這項功能與意志的其他因素差別很大，它是撐起人格的支柱。有一種「懷疑癖」的心理疾病，其一個明顯的症狀就是自己不能做出決定，因此，而產生了嚴重的苦惱。

我曾在一家精神病院裡，遇過一個患有「懷疑癖」的病人。這是一個典型的病人，他到處搜尋垃圾桶，只怕把什麼有用的東西扔在垃圾桶裡，甚至在帶著垃圾離去前，還要再上樓一家一家地敲門，叮囑人家不要將值錢的東西扔入垃圾桶裡，確信全部沒有後，他才離去。沒多久，他又回來了，繼續一家家地敲門，如此這般，反覆不斷。結果，他只好求助於醫生，希望能找到增強意志力的辦法。

於是，我們只好不斷地反覆跟他說，我們沒有把好東西扔入垃圾桶，讓他儘管放心地去做自己的事。聽了這些話後，他滿懷希望，眼睛裡的火花還一閃一閃的，嘴裡還一直說著「我可以放心了！」就走出去了。不過，一會兒，他又返回來，一臉疑惑地問道：「我可以放心了嗎？」我們又對他講：「你的確應該放心了。」他的妻子把他帶出去了。透過窗口，我們能夠看到，他和他的妻子在大街上一路拉拉扯扯，一會兒，疑惑不安的他又一次回來了，這次他站在我們的門外，還是很不放心地問：「我真的可以走了嗎？」

其實，這種病症的因素在正常人的腦子裡也存在著。舉個例子，一個要外出的人，出門時，把門鎖上後，再搖幾下鎖以示確定，不過，在他離開不一會，就會又仔細思謀，疑心門到底鎖好沒。雖然他清楚門已經鎖上了，並且記得他還搖了幾下鎖頭，但就是有一種衝動，無法抑制，迫使他回來，看看門究竟是不是真的鎖好了。

有的孩子身上，也會發現類似的情況。比如：他們總喜歡在上床睡覺之前，看看床底下是不是有貓、狗之類的動物。最終，他們什麼也找不到。其實，他們也十分清楚床下並沒有什麼。

儘管如此，上床之後，這種孩子還會再爬起來，再仔細檢查床底下有什麼東西。就像到處蔓延的淋巴腺裡的結核桿菌（Mycobacterium tuberculosis）一樣，使人的身體變得十分虛弱。或許，我們能夠將這種危害，遮掩一段日子，如同用胭脂可以在一段時期內掩蓋蒼白臉色，不必害怕被別人發現一樣，不過，長期這樣，病菌就會蔓延到人體的每個部位，這時，這個人就病入膏肓了。

對意識進行訓練，對於培養行為的準確性來說，它也是非常有效的，它也是意志在身體裡完成工作並展現其價值的前提。眾所周知，沒有進行過基本訓練的腳，是不會跳舞的；沒有接受過動作練習的手，也不可能去彈鋼琴。所以，必須從嬰兒開始，培養這些基本的協調動作和理解能力。我們的肌肉在純粹的生理活動中，運動的方式並不相同，它們是在兩種不同的方式下運動的。

例如：有的肌肉用來使手臂伸展，有的肌肉則使手臂收回：有的令你蹲下，有的則令你站起來。由此可見，它們所採取的活動常會具有對抗性。身體所外現的每一種動作都是這些具有對抗性的肌肉相互合作的結果。在運動中，或者這塊肌肉在工作，或者那塊肌肉在工作，由它們的合力產生作用。

正是由於肌肉的這種協調，我們才可以將最突出的動作，和剛勁有力、優美高雅、舒展大方的動作一一完成，它使我們的姿態優美，並且還可以伴隨音樂旋律做出相對的動作。

要想使得這些具有對抗性的動作很好地配合，就必須加強動作方面的訓練。還要注意的就是，在進行動作練習時，我們只有使自己地動作能夠自然協調之後，才可以開始特殊的運動訓練。比如運動和舞蹈等方面的，假如你希望自己的動作自然、協調，那麼就必須進行堅持不斷地練習。無論是優雅大方、小巧輕盈的動作，還是那些極具生命力的動作，都得透過不斷地訓練，才能做出來。

這就需要意志力發揮作用，比如：你渴望自己能夠進行運動、舞蹈、防身術，以及參加這些比賽等。運動，不管是開始的肌肉協調，還是以後的透過設計的更高層次的協調技巧，它總是隨意的。總得來看，意志就好像一位指揮官，他指揮著一支紀律嚴明、組織嚴密、戰鬥力極強的部隊。

要想對孩子的主觀能動性進行培養，就不能讓他處於完全靜止不動的狀態，更不能拿膠把他的四肢黏住，讓他肌肉的萎縮，最後處於癱瘓的困境。不過我們也不能為了激起他心中的強烈的模仿願望，就只是給孩子講一些有關小丑、雜技演員、拳擊冠軍和摔跤運動員的精彩故事。這種行為，明顯是難以思議的荒誕行為。

我們做過的荒誕的事很多，並不僅僅是這些。原本是培養兒童的意志力，往往我們的做法適得其反，不是阻礙孩子意志的發展，就是扼殺了他的意志力。我們始終在把自己的意志強加給孩子。我們隨意得根據自己的意志，命令孩子靜止不動，或者讓他不停地動。我們還會代替孩子做選擇，給予他所需的一切主意。只有這樣，我們才心滿意足，還要教訓孩子說：「所謂的意志就是行動。」

除此以外，把一些英雄人物或意志堅強的偉人的寓言故事灌輸給孩子們，也是我們常做的。因為我們以為，只要孩子們能夠效仿這些人的行為，強烈的衝動意識自然就會產生，這樣也就創造出了奇蹟。

在小學一年級的時候，我遇到過一位老師，她是一位十分愛我們的「好」教師。她總是叮囑學生安靜地坐在自己的座位上，一動不動，儘管學生累得臉色發白，但她還仍不停地講。她讓我們去模仿那些傑出女性，特別是書裡的女英雄，以此來激勵學生，還要求學生牢牢記住這些人的生平。她還要求學生閱讀很多的名人傳記，希望日後能夠出人頭地。這樣，學生就會覺得，當英雄也並什麼極其困難的事，因為這個世界上存在著很多的女英雄。她的一切努力僅僅在告誡學生：「你也能夠成為英雄，只要你努力！」「你就不想出名嗎？」

假如有人這樣問我，我會冷漠對他說：「不！我絕不希望這樣。我最關心的是孩子的將來，我絕不會再將那些人物傳記代入課程之中。」

在參加教育心理會議時，來自世界各地的教育家，曾發出這樣的悲嘆：由於年輕人缺乏個性，已經給人類社會代來了巨大的威脅。但我們認為，目前的問題並不是年輕人缺乏個性，問題是學校使得孩子們的身體被摧殘了，使他們意志力被弱化了。現在是如何採取行動，才能使孩子們得到解放的時候，是促使人類身上的潛力能夠充分發揮的時候。

還有一個問題，就是怎樣才能更好地利用我們的堅強意志，這是一個比較有深度的問題。它唯一可以依賴的就是：意志被發展並變得更加堅強。用一個經常用以教導要孩子崇尚意志力的實例來說明：維托里奧．阿爾費里，在他的晚年裡，依然堅持著自學，他憑藉極大的毅力，才克服了最初學習時的那種枯燥乏味。雖然當時他是位社會名流，但是他仍然努力堅持學習拉丁語，憑藉持之以恆的意志，他終於成為一個享譽世界的大文學家。

當談到他是如何實現這一轉變時，義大利的教師往往會引用一句名言：「堅持，不斷地堅持，全力以赴地堅持。」

在沒有做出改變自己人生的重大決定時，維托里奧．阿可爾費里僅是一個混跡於社交界，以任性而出名的貴夫人的玩物。當他意識到不能再繼續成為別人情感的奴隸了，否則將使自己毀於一旦的時候，他的這種內在的衝動激發了他，提高自己的衝動。

不過，當他覺得自己即將變成一位偉大人物而熱血沸騰時；正當他想要充分利用這種力量，將自己的一生交付於它們，並服從它們的指揮時，那位夫人卻給他送來香氣襲人的請柬，結果他又被拉回到戲院的包廂裡，與貴夫人在一起廝混，白白浪費了整個晚上的大好時光。也就是說，他出師不利，他抵制誘惑的意志力被這位夫人對他的吸引力擊敗了。不過，重新會到在戲院裡看那些無聊戲劇的他，極為憤怒，另外，也十分苦惱，並且感到了極其強烈的痛苦，最後，他竟然憎惡上了這位迷人的貴夫人。

因此，他決定採取行動，一道無法踰越的障礙擺在他們之間。他堅決地剪去代表高貴出身的粗辮子。沒有了它，就不好再外出了，然後把自己和椅子用繩子綁在一起，雖然他坐在椅子上時靜不下心，甚至一行字都看不了，急切地希望回到心上人身邊，但綁著的身體已無法動彈，何況辮子也沒有了，因此，只能一心待在屋裡了。

正是憑「堅持，不斷地堅持，全力以赴地堅持」，維托里奧．阿爾費里才使自己獲得了解放，並拯救出陷入無所作為和墮落毀滅的深淵中的自己，最終成為一段千古佳話。

我們所希望的就是，透過對孩子的意志教育，能將類似的東西帶給他們。我們也希望孩子可以使自己擺脫人類墮落的虛榮心，全心全意地進行工作，引導孩子們去做偉大的事業，為使自己朝著成為偉大人物的目標而努力奮鬥。

必須注意是，這種充滿愛的熱情和希望，一般會把孩子置於被保護的地位，這樣的話，對他們的成長極為不利。孩子們到底有沒有自救的能力，是我們想搞清楚的。孩子們全身心地愛著我們，他們用幼小心靈所能容納的所有熱情來感染我們。此外，他們自身還具有一種自我發展的潛能，它能夠控制人的內心生活。

在這種潛能的引導下，他去接觸某些東西，對它進行了解。但我們卻他對他說：「別亂動！」他到處地跑，以便可以更加平穩地走路，這時我們卻吼他：「別亂跑！」他渴望獲得知識，向我們詢問一些問題，我們卻不耐煩，甚至厭惡地回答他：「別來煩我！」如同那位夫人在戲院的包廂裡對待阿爾費里一樣，我們為孩子所做的，僅僅是將他帶在身邊看管，教他聽話，還給他擺設一些他未必喜歡的玩具。也正如阿爾費里在心灰意冷後想的：我深愛的人為什麼想把我毀了，為什麼她的任性讓我痛苦不堪？這一切就是因為我愛她造成的嗎！

因此，如果想拯救自己，就必須像維托里奧·阿爾費里那樣具有一顆堅強的心，不過非常令人遺憾，孩子們一般做不到這一點。

我們利用命令或擁有的權力，讓孩子這樣或那樣做時，並沒有意識到此刻的孩子像犧牲品一樣。我們一方面急切的期盼孩子快點長大成人，另一方面，卻處處限制著他的成長。

在讀維托里奧·阿爾費里的故事時，很多父母會可能會這樣認為，他們的兒子將擁有更加美好的前途，因為他們的兒子不必為了抵制誘惑，而像阿爾費里那樣設置一些障礙（比如說剪頭髮，將自己捆在椅子上等）。他們期盼著自己的孩子依靠精神上的力量來抵制各種誘惑。

富於想像的父母們卻一定不會捫心自問：自己到底為孩子做過什麼，卻希望他變得堅強，希望他具有更高的精神境界。非常有可能，他所做的，正是摧殘了自己孩子意志的事，他正是使孩子變得完全順服的那個人！

我再次呼籲所有的父母和教育工作者：保護和提高兒童的能力就是你們的主要任務，切忌不要阻礙孩子的發展。

培養兒童的注意力

使兒童置身於一個我們為他安置的，對他心理發育有利的環境中，我們就會發現，孩子的注意力，立刻就會集中於某件東西上。並且在使用它時，孩子會依據我們預先設計的方式進行，這種行為將無數次地重複進行。

我們還能夠發現看到，重複的次數因人而異，一個孩子可能重複 20 次，而另一個兒童也許就是 40 次，還有的兒童能做 200 次。它就是與心理發育密切連繫的那些行為的開始。

兒童有這種表現，是由一種原始的內在衝動所驅使的，就和人在飢餓時會產生模糊的意識一樣。只有正確地引導兒童的意識，才能夠使這種由飢餓產生的衝動得到解決，才能把它變成一種基本的，也是複雜的，還是可以重複進行的智力活動。

打個比方，一個孩子正忙碌著擺設一些立體插板或者是 10 個小圓筒，還把它們安置到固定的位置，在他反覆地做過 30、40 次後，往往會突然發現自己犯了某個錯誤，或者是看出了一些問題，這樣，它就會立刻解決這一問題，漸漸地開始喜歡上了這活動，而且還反覆地操作這一試驗。其實，這樣十分有利於促使兒童內部發育的反覆的心理活動。

可能正是由於這種內在意識的作用，才使得兒童在使用這類對象時，一般顯得十分愉快，還喜歡不斷地使用它們。我們如果要給一個口渴的人解渴，絕不是僅僅讓他沾點水溼溼嘴唇就可以了，應該讓他喝個夠，也就是，必須給他補足他身體所需要的水。同樣的道理，若要滿足兒童的心理飢渴，僅讓他們浮光掠影地東瞧西看是不夠的，僅聽別人描述使用過程，對問題的解決毫無益處，應該做的就是滿足他們的內在需求，讓他們擁有這些對象，並充分利用它。

這就是對兒童進行行為教育的唯一祕訣，我們必須把這些當作心理構築的基礎。我們應該為兒童提供讓他們可以自由活動的場所，這樣做目的就是為了滿足兒童的精神活動。

因此，我們為兒童提供用於遊戲的立體插板，不僅僅是用來幫助他了解物體大小的；而平面插板的設計也僅是培養他掌握形狀的概念；還有我們提供其他東西，這一切就是為了培養兒童的主觀能動性。

利用這些練習，就能讓兒童掌握真正清楚的知識。同時，還可以使他在學習這些知識的過程中，保持相同程度的注意力。事實上，正是由於孩子掌握了精確的感覺知識，比如：範圍、形狀以及顏色等方面，才使人類的精神活動在各個領域得到滲透，而且使獲取更大的成就成為可能。

截止現在，心理學家們一致的觀點是：在三四歲兒童身上注意力是不穩定的，他們往往會被自己見到的每樣東西所吸引，他們的注意力在不斷地從一個物品上轉移到另一個物品上。換句話說，要讓他把注意力固定在一個物品上是比較困難的。

兒童難以集中自己的注意力，就是兒童教育必須面對的一大障礙。威廉·詹姆士曾指出：「兒童的注意力極其易變，這一點我們都知道，而這種易變能夠從他們上的第一堂課上表現出來。教師必須克服的第一個困擾就是，由於這種特性和孩子注意力具有被動性的特點，讓兒童在大多數情況下的表現就是，僅僅是偶爾關心所看到的東西。這種多變的注意力狀態中，含有兒童的自動恢復能力，而這種能力就是形成他們判斷力、性格和意志的基礎，也只有讓改進這種能力，才能成為最好的教育。」

這樣看來，如果一個人任由天性做事，就不可能使他的注意力集中起來，結果就是任憑自己的好奇心驅使注意力在不同的物體之間，不斷轉換。

其實，透過實驗，我們知道兒童的注意力並不是由人控制的，它被某個固定的能引起他注意的物體所吸引。在相同的情況下，嬰兒在活動中做出的很多複雜運動，同樣是由於第一位的、無意識的營養需要所導致的，這些並不是有意識追求的結果。實際上，這麼小的嬰兒還沒有屬於自己的清晰意識。

結果，一種基本的外部刺激最先呈現出來，這種刺激是真正的精神乳汁，我們可以從孩子的小臉上，觀察到他的注意力是高度集中的。

我曾見過，一個年僅 3 歲的兒童連續不斷地重複做 50 次同樣的活動，同時，在他的周圍有很多人在走動，還有彈鋼琴的，以及一群大聲歌唱的孩子，在這樣嘈雜的環境中，他仍然可以高度集中自己的注意力，而不被分散。一個正銜著母親的乳頭吃奶的嬰兒，除非他已經吃飽了，否則也不會因為周圍的任何事情而停止吃奶。

只有自然才可以創造出如此的奇蹟。由於心理行為源於自然，因此我們只好去探尋大自然的奧祕了。首先，就是了解自然的最初階段，這些看起來最簡單的東西，卻是揭示自然規律的基礎，必須以此為依據來解釋更複雜現象。其實，很多心理學家也是以觀察生物為起點，來獲得有關生命的知識的。假如法布爾沒有讓昆蟲自由地表現自己，並在對昆蟲觀察時，不進行任何的干涉；假如他僅僅是捉回昆蟲後，放入研究室，那麼他所能做的，就是將這些昆蟲用來實驗，也就不可能揭示出昆蟲生活中所發生的各種奇蹟了。

假如細菌學家不能調節營養物質和溫度條件，以創造出一種適合細菌自然生長的環境，讓這種細菌可以自由成長；假如他們僅僅是在用顯微鏡來觀察某種疾病的細菌，那麼，就不可能產生可以挽救人類生命和保證一個群體不被傳染病侵襲的科學了。

若要使各種生命真正實現自由的基礎性工作，就必須運用各種方法對各種生物進行觀察。同樣的，對兒童注意力做實驗研究，其條件也是自由，還應該記得，要強勁有力地刺激兒童注意力。還有就是，要對兒童的感官方面的生理適應性注意一下。

兒童的生理尚未發育成熟，因此，我們應該自然地發展這種適應性。假如在發展適應性的過程中，一個物體不能作為適應能力的有益刺激物，那麼就會影響到孩子保持心理上的注意力。而且還會使他們生理上產生疲勞，甚至還會傷及眼睛、耳朵等器官。只有讓兒童自由地選擇物品，並集中注意力進行使用時，才可以使他從中體驗到一種健康快樂的官能活動，這樣的話，就會有益於身體的各個器官。

還應該注意，相關這種外部刺激的神經中樞，也做好想像形成的準備。換句話說，就是做好內部的心理適應準備。外部刺激發生作用時，要依次使內部程序大腦神經中樞興奮起來，兩種力量的作用如同開啟一扇閉著的門：外部的力量就是敲門，內部的力量則是將門打開。假如內部的力量不肯將門打開，那麼多強的外部刺激也是毫無作用的。一個漫不經心的人可能會不小心墜入山谷，不過，一個專心致志工作的人，卻能充耳不聞街上樂隊的演奏。

注意力在心理學上是最受重視的，同樣在教育方面，它也有最實用的價值。教師的作用就是及時調節兒童的注意力，讓他們對教學滿懷期待，還必須在孩子們「敲門」時，給他們提供「開門」的內部力量。

然而，要是這個工作對於孩子來說是完全陌生的，或不能理解的，那麼就不可能喚起孩子們的興趣了。其實，教學是一種引導學生從已知到未知，從易到難的藝術。我們把他們引入新奇的，未知領域的大門，讓他們學習更多的知識，同時也把兒童的注意力引入所期望的狀態。

根據教育學理論，慧智的教師就好像軍事家一樣，在辦公桌上繪製著戰鬥方案，他同時也是一位指揮官，指導學生朝著預定方向前進。這種教育觀念就是一種唯物論，它長久統治著心理學。

第七章　兒童能力的培養

根據赫伯特・斯賓塞的理論，最初的思想猶如無足輕重的「泥塊」，它在外部因素的影響下，顯得深淺不一、參差不齊。他認為，正是由於經驗的存在，才成就了人，要是設置一套適合的「經驗結構」到教育體系中，就能夠成就一個人。

有的人甚至認為，由於蛋白質是細胞的有機基礎，人工一樣能夠製造出它的外形；還把人的卵細胞說成是一種細胞法，我們相信將來，化學家可以在他的工作臺上製造出人來。不過，在物質領域，什麼樣的化學合成物都不可能把缺乏物質外在活力、潛在生命力以及導致細胞，發展成人的神祕因素放到細胞裡面。

從兒童的注意力很難集中的現象中，我們可以知道，即使是心思敏捷的人，也無法逃避自然法則的制約。現代心理學家威廉・詹姆士認為，精神力量是一種神祕的東西，它是形成生命的因素之一。但丁說過：「……人類不知道自己的最高智慧來自哪裡，也無法懂得他對物質的慾望為什麼能夠產生，他不過似個蜜蜂，只是憑著自己的本能釀蜜……」

對外部事物的特殊態度，構成了人天性的一部分，並且決定著他的性格特徵。那些無關痛癢的東西，並不能吸引我們的注意力，只有我們感興趣的東西，才能把我們的注意力吸引過去。能使我們產生興趣東西，它必須具有喚起我們內在活力特徵。我們的內心，會對外部世界所提供的訊息做出選擇，並使它與我們的內部要求一致。

比如：畫家可以發現世界上最豐富的色彩，音樂家則會被聲音吸引。雖然人們在同一個環境中生活著，不過，有的則會表現出相當明顯個性特徵、內在表現還有人與人之間的差異，他們從環境中吸取自己的需要。在人與人之間，那些形成自我的來自外部經驗，並不是混為一談的，它受著個人能力的支配。

對於兒童來說，哪個教師都不可能讓他專注於某一件東西。由此看來，這種專注力就是內在力量發生作用的結果。從世上的天才中，我們能夠發現，他們都具有超常的注意力，儘管他們性格不一樣。比如：阿基米德，在他被殺時，仍然伏案鑽研幾何圖形，他是如此的專心，即使敘拉古城被敵人占領了，也不能使他分心於研究。牛頓（Sir Isaac Newton）也是這樣，當他沉迷於研究時，往往會忘記吃飯。義大利的詩人阿爾菲耶里（Count Vittorio Alfieri）在寫詩時，對從他窗前經過的結婚隊伍的喧鬧聲，竟然充耳不聞。

不過天才人物的這種注意力方面的特徵，即使是非常經驗的教師，具有巧妙和高超的教學技藝，也很難把它被喚起。

假如說在兒童的內心裡有一種精神力量起作用的話，那麼，利用它就可以打開他注意力的大門。假如這個觀點是正確的，那麼它所引發的問題，就不是一個簡單的教學問題，而是關於自由在兒童心智構築中的作用的問題了。從理論上來說，利用外部力量提供給兒童適於其心理發展需要的營養成分，依一種完美的方式來尊重他們自由發展，可以作為一種新的教學方法建立的基礎。

不過，兒童心理發展所需要的東西，只有透過科學實驗才能建立，這裡，我們能看到很複雜生命現象的發展。理性、意志和性格在這個過程中，會一起得到發展，如同兒童的腦、胃與肌肉在營養適當時會同時發育成長一樣。

首先，孩子具備了認知能力，它是智慧發展的第一粒胚芽，可以使本能的興趣得到加強了；之後，「認知」就開始開始為兒童建立類似注意力的心理機制；最後，再次發生從已知到未知，從簡單到複雜，從易到難的演變，這次的演變具有更加明顯的特徵。

它並不是某些教師設想的那樣，從已知演變到未知，而是從一個物體轉移到另一個物體，它是兒童自身建立的一種極其複雜的觀念系統。在一系列心理活動後，這一系統被兒童積極構建起來，也是一種內在的心理發育過程的表現。

要想實現這種變化，我們必須給兒童提供大量系統的、複雜的，還有和他的本能相一致的材料。比如：我們給兒童提供一系列對象，刺激他本能地去關心顏色、形狀、聲音、觸覺和氣壓等。而在與不同物體發生連續的活動時，兒童就會運用特有的方式來組織他的心理個性，並且獲得一種知識，一種對於事物的明晰、有序的知識。

完成了這一步，兒童的心理與這些以形狀、尺寸、顏色、光滑度、重量和硬度等呈現的物體，就發生了關聯。這時，兒童的意識中存在一些東西，兒童也時刻期待並樂於接受它們。

在原始衝動的基礎上，兒童形成了對外部事物的認識和注意，接著就會建立連繫這個世界的某些東西，由此產生了更加廣泛的興趣。也就是說，它們的興趣不僅僅侷限於與原始本能相關的東西上，而是建立在已知知識的基礎之上，而且還要將它變成他洞察力的基礎。

以前的教育學觀點是，假如希望兒童的注意力轉移到未知的東西上，就必須把已知的和未知的連繫到一起，因為兒童可以從新知識的獲取中更多的興趣。然而，實驗證明，這個觀點僅僅是片面地利用這一複雜現象中微不足道的細節。

事實上，已知的知識可以將興趣帶到更具複雜性和崇高意義的事物上去，也會使文化得以持續演變，而這一過程就在頭腦中維持著秩序。教師會在課堂上，簡明扼要地說：這是長的，短的，紅的，黃的等等。如此，他一個簡單和固定的字就可以清楚地把感覺的次序表現出來，而且將它們進行分門別類，進行編輯。孩子的頭腦中能完全區別每一個印象，並把它們置於其明確的特定位置，再利用印象對應著每個字去記憶。這樣，新的知識不會被丟棄，同時也能與舊知識相區別。新知識是被儲存到了一個適合的地方，並與原先的同類知識放在一起，就像圖書館裡排列有序的圖書一樣。

這樣看來，在人的內心深處有一種動力要求增加知，並且還會形成一種秩序，利用不斷接收新知識，維持著這種秩序。所以，如同生理上的適應能力一樣，內部的協調性本身就是以自發活動為基礎，由內部條件來決定個性的自由發展、個人的成長和組織構築。

對於控制這些現象，教師要想嘗試，就必須要謹慎細心，免得兒童把注意力轉移到自己身上。由於兒童的全部精神對他的未來有著決定性的作用，因此，教師的藝術，就是對孩子的行為加以理解，盡量不要有干預自然現象的行為。

讓我們繼續說說關於身體營養的事情。在這方面我們應該考慮到，長出牙齒後的嬰兒開始產生胃酸。為使他獲得最充分的營養，成人會利用一切烹調技術及其他可能的手段，給他調配更複雜的膳食，直到長大成人。事實上，為保障兒童的身體健康，他只能進食身體直接需要的食物。如果他所吃的東西製作太雜，或是吃了不尋常、不宜吃甚至有毒的食物，結果必然導致營養不良，甚至引起疾病。

回過頭來，我們再討論一下注意力的問題。對於年齡稍大點的孩子，應該讓他們關心那些作為生命基礎的本性和作為生活基礎的刺激之間相對應的基本事實，不管它們怎麼變化，這些始終應該作為教育的基礎。

教育界專家們反對我的這一觀點，他們的觀點是兒童必須養成注意各種東西的習慣，就算是他們不喜歡的東西。孩子們必須為此而努力，因為這是來自現實生活的要求。

這個論調帶有很強的偏見，它如同告訴嚴厲的父親，「孩子們應習慣吃任何東西」，這顯然是錯誤的，道德教育就這樣被擱置了。這很令人感到悲哀，好在這種命令式的教育已經過時了。假如這種做法仍然盛行的話，父母就會由於他的孩子在午餐時拒絕吃他不喜歡持的菜，而懲罰他整天「禁食」。也就是說，可以強迫孩子吃他拒絕的菜，而不讓他動其他任何菜。即便這菜已涼了，甚至令他噁心，最終，飢餓會削弱孩子的意志，破滅他的幻想，已經屈服的他只好吞下那盤冷飯。父母居然還理直氣壯地說，無論如何，對孩子的生活他必須安排，孩子必須將所有端給他的食物吃下去。另外，為了防止孩子貪吃，家長往往不給他們吃晚餐，讓他們直接上床睡覺。

就目前來說，那些堅持認為兒童也應將注意力往他們不感興趣的東西上投注的人，採取的就是同類手段。但是，就算孩子本來不偏食，那些冷冰冰的食物也不會變成美味佳餚，這種不易消化的食物除了毒害孩子的身體，使他們越來越虛弱外，毫無營養價值。

被如此控制的孩子，又怎麼會擁有堅強的精神，自如應對對生活中的困難和可能發生的各種事情呢？那些吃了冷湯冷飯或難消化的食物就馬上睡覺的孩子，身體通常都比較瘦弱，經常會由於抵抗力差而得傳染病。

另一方面，孩子因為在童年時期有很多難以被滿足的慾望，潛意識裡便會把這些慾望的滿足當成自己最大的追求，等到他長大以後，就會無節制地吃喝。所以，這樣的方法明顯不利於孩子的道德成長。

現在的男孩肯定不會遭受如此的待遇，因為我們會給他們提供合理的食物，讓他們擁有健康的體魄，讓他們明白那樣做對身體的危害，讓他們以健康生活為榮，不酗酒、不暴飲暴食。現代人為什麼能抵抗多種傳染病的侵襲？因為他們能自覺地做好各種防備，勇於去嘗試各種艱苦的運動；他們會盡力完成某些偉大的事業，勇於衝破嚴酷的道德桎梏，並從中淨化自己的心靈。只有這樣的人，才能夠當機立斷，才能夠成為一個意志堅強的人。

一個人的內在活動如果能得到正常的發展，他就容易培養出自己的個性，也就容易擁有堅強的意志和健全的心智。一個人獨自穿行在人生之路上，雖然沒有必要從出生起就開始做準備，但他必須得具備堅強的心理，十年如一日地儲備強大的力量。英雄未成名以前也是草根。未來的生活艱苦難以想像的，沒有人會幫助我們，除了積極面對，我們別無他法。

當某個生物正處於進化過程中時，保證它的正常發育是生物學家唯一能做的事情。同理，胎兒需要靠母親的血液來獲得養分，嬰兒則需要母親的哺乳。當母體的血液裡缺乏蛋白質和氧氣，或是有毒物質侵入時，子宮內的胎兒往往無法正常發育。

要知道，後天的補充是無法改善嬰兒先天不足的狀況的。如果母乳不足，孩子在生命的起始階段便處於營養不良狀態，這就意味著他將永遠落後於人。嬰兒躺著吃奶、睡覺，就是在為日後的走路做準備。鳥巢裡剛開始學習飛行的小鳥，為什麼不馬上進行訓練，而是待在溫暖的、有吃有喝的小窩裡保持不動？牠們在間接地為將來做準備啊。

鳥兒的飛翔、野獸的獵食、夜鶯的歌唱、蝴蝶的蛻變，種種諸如此類的生物現象，如果離開事先在祕密的巢中、洞穴或孤獨的繭內所做的準備，就永遠不可能出現。自然界的萬物，在其形成過程中，都必須有一個安靜的環境，這是所有其他東西無法替代的。

因此，兒童的精神發育也離不開溫暖的巢穴，唯其如此，他才能得到自己所需的營養，為日後的發展做好準備。因此，教育的目的，就是向兒童提供有助於其精神形成傾向的物質，並且以最小的代價充分展現其潛能。

培養兒童的想像力

假如現實就是想像的真正基礎，而一個人的感知能力，其觀察的精確程度密切相關，那麼，培養兒童的想像力，讓他們對周圍事物所需要的材料準確感知，就十分難得了。此外，教授他們在嚴格界定的範圍內做出推論，並且進行辨別不同事物的智力訓練，這樣，就可以給他們的想像力打下扎實的基礎。

這個基礎是否扎實，關係到他的想像與具體形式之間的緊密程度，以及是否能建立獨立的意象合乎邏輯的連繫。只有做好充分的準備，我們才可以讓兒童步入正軌，才能挖掘一條波浪壯闊的江河，讓智慧之泉在其中流淌。這樣的話，就可以使它湧出的泉水即不會泛濫，就有可以保持其內在秩序的美。任何誇張或粗糙的幻想，都不能產生如此的效果。

在培養兒童想像力的時候，絕不能阻止他們自發的活動，即使這類活動十分渺小。我們能夠做的就是等待，千萬不要過高地估計自己，以為自己可以創造智慧。我們只能做的就是觀察和等待，那些青草的萌芽和微生物的自然裂變，任何事都無須去做。

假如創造性的想像並不是一種虛無縹緲的幻想，也不是幻覺或錯誤，如同一座金碧輝煌的宮殿能夠在堅實的岩石上建立起來，那麼，智力的開發，也可以擁有扎實的基礎。

一般來說，兒童的最大特徵就是想像力極為豐富，所以，有的人認為，為了開掘他們的這種潛力，我們必須採取一種特殊的教育方法。還有的人以為，兒童喜歡幻想，喜歡進入令人痴迷的世界裡，如原始人一樣，迷人的、超自然的和虛無空幻的東西總是吸引著他們。對於這些，我們必須指出，其實，在任何時候，原始狀態都是暫時的，它很快會被其他狀態所取代。對兒童的教育，就應該幫助他們克服這種狀態，而不是讓他們延伸或發展，甚至停滯在其中。

在孩子身上，我們的確可以發現某些相似於原始人的特徵。比如語言方面，他們的表達能力尚差時，僅能運用具有一些表明具體意思的詞彙；而且用詞也非常混亂，一個詞總會被用於表達幾個目的或表示幾件東西。對於孩子的這些情況，我們絕不可以人為地限制他們，或者給他們提供快速度過這個時期的方法。

和那些永遠停留在虛幻中的人相比較，我們的孩子屬於一種與之不同的類型。對偉大的藝術作品，他們具有濃厚的興趣，對科技文明，他們也津津樂道，他們往往會沉迷在對想像力要求極高的作品中。為了使孩子形成聰明才智，我們應該給他們提供類似的環境。

我們不能因為孩子在智力發展的蒙昧時期，老是被一些奇妙的幻想吸引，就否定孩子是我們的未來。恰恰相反，他們必定「青出於藍而勝於藍」。所以，我們千萬不要對孩子想像力強加控制，要使孩子能自由地發展。

現在，認為人類孩提時代的重要活動，就是嬰兒大腦的創造性活動，甚至把它作為一種創造性的普遍想像。

騎在父親手杖上的孩子，可能大家都見過，當時的他也許感覺就好像真的騎在馬背上一樣，這就充分得證明孩子具有豐富的想像力。當孩子們在用椅子作為一輛帶著扶手的四輪豪華馬車時，在其中，他們將感受到巨大的樂趣。當建造成功馬車後，有的孩子在馬車裡仰靠著，心情愉快地看著他們虛構的車窗外的景色，十分形象地向馬車外面歡呼的人群鞠躬致意；還有的孩子則坐在椅背上，抽打著意想中的馬，將鞭子在空中舞動著。這同樣可以證明孩子具有想像力。

然而，富家子弟擁有著小馬駒，常常進出於馬車或轎車裡，當他們看到這種情景時，只會輕蔑地看著這些玩得開心的孩子。他們對此感到異常吃驚甚至會嘲笑道：「窮得叮噹響，沒有自己的馬和馬車，因此，他們只能這樣做。」

不能為了教育這些富家子弟，而將他們的馬駒帶走，反而遞給他一根手杖。同樣，我們對窮人家的孩子對手杖和馬車的幻想，我們也不必打破。

當一個窮人或乞丐進入富人家香味撲鼻廚房，想像著自己正享用著他的麵包吃著豐盛的菜餚，他的幻想誰都不能阻止；當一位非常貧困，卻深愛孩子的母親把僅有的一片麵包掰成兩塊，分兩次給自己的孩子吃，還說「這是麵包，這是牛肉」時，認為自己吃麵包就相當於吃到了牛肉的孩子，自然會心滿意足。

有人曾非常認真的問我：「當一個小孩用手指不斷地在桌上比劃，想像自己正在練琴時，我們要是真的提供給他一臺鋼琴，這是件好事還是壞事？」

「壞事。」

「為什麼就是壞事呢？」

我反問。「如果我們真這麼做了，孩子無疑能夠學會彈琴，不過他的想像力，就再也不會像先前那樣的鍛鍊了，那又如何是好呢？」這種的擔心確實有道理。

很多遊戲，同樣存在這種問題。例如：給孩子一塊積木，對他說：「就當積木是一匹馬。」接著，按照某種次序擺好積木，又對孩子說：「這是馬廄，現在我們把馬放進去吧。」再重新排列組合積木，跟他說：「這是一座塔，這是一個座教堂……」在這種練習中，所用到的實物（積木）並不相像，如同前面所說的當作馬騎的手杖那樣容易引起幻想。

孩子在往前行進時，可以騎著手杖，還可以抽打手杖，他會產生豐富的想像力；把積木搭建的塔和教堂，則會使孩子更加混亂了。極其嚴重的是，此時，孩子已經不是在用頭腦工作，進行創造性想像了，他們僅僅在按照教師的提示，去照做罷了。孩子的思想是否不專心，誰都搞不清楚，孩子是否真的相信馬廄變成了教堂？這時，孩子正在潛心思索教師所提示的一連串意象，儘管只存在於一般大小的積木之中。

在這些尚未成熟的大腦裡，我們到底要培養什麼？這種教育形式，可能使有的人把樹當成了王位而向其發號施令，甚至有的人相信上帝就是自己。錯誤的判斷正是開始於這種錯誤的知覺，並有可能成為神經錯亂的前兆。如同精神病人不能做任何事一樣，那些因慾望得不到滿足而表現出狂躁不安的孩子，不能為別人，同時也不能為自己做一點事情。

讓孩子把虛幻想像為現實，並接受它，是成人嘗試發展孩子想像力的一種方法。

比如：在運用拉丁語國家裡，大人給孩子們講述的聖誕節的故事是這樣的：比瓦娜，是一個醜女人，她從圍牆上爬過，透過煙囪鑽進屋子裡，給聽話的孩子送來玩具，而那些調皮的孩子得到的卻是煤塊。

在盎格魯的撒克遜國，聖誕節的故事，又換成了別的場景：一位全身落滿白雪的老人，在黑夜裡，挎著一大籃子玩具進到孩子們的房間，將這些玩具分別發給熟睡的孩子們。

想一下，這種方法培養孩子們的想像力是什麼呢？故事裡，沒有表現孩子們自己的想像地方，僅僅是我們的想像。我們講的故事，孩子最多就是相信它，但孩子們並沒有得到想像空間，用以展開他們的想像力。我們這樣對待孩子們，就是由於我們需要他們輕信我們就行了。

輕信是孩子尚未成熟的大腦的特徵。孩子們的頭腦由於沒有經驗，也沒有現實知識，因此還不具備對真理與謬誤、美麗與醜陋、可能與不可能辨別的能力。難道因為孩子們處在無知、幼稚的年齡，我們就企圖在他們身上培養輕信嗎？很明顯，這是錯誤的。試想，成人也存在輕信的問題，它對立於智慧，不是智慧的基礎，也不是智慧的結果。僅僅是在愚昧的狀態下輕信，才會萌芽和生長，我們可以把愚昧作為是輕信的特徵。

有這樣一個十分具有諷刺意味的故事，流行於 17 世紀。那時，巴黎的新橋是人們行走的通道，同時也是休閒和集會的地方，這裡混藏著許多江湖騙子和庸醫。一個叫馬里奧羅的江湖醫生，在這裡兜售一種自稱是神奇的藥膏，他誇張地說這種藥膏變大人的眼睛，變小人嘴巴，能讓短鼻子變長，長鼻子變短。

薩丁警長把這個江湖醫生逮起來，審問他道：「馬里奧羅，你是如何招引這麼多人給你提供方便，讓你招搖撞騙呢？」

「先生，」馬里奧羅回答，「你知道一天會有多少人通過這座橋嗎？」

「1 到 2 萬人吧。」薩丁回答。

「是的，先生，你有沒有想過，這麼些人當中聰明人又有多少呢？」

「大概有那麼 100 個吧。」警長答道。

「這是最樂觀的估計了，」騙子說道「即使這樣，我仍然還能在其餘的 9,900 人之中找到機會啊。」

當然，現在的情況比那時強多了，現在的聰明人越來越多，輕信的人相對就變少了，但重要的是，教育不應使人趨向愚昧，而應該使其變得智慧。把教育建立在輕信之上，就好像試圖在沙漠上建造高樓大廈一般。

我在這裡，想起一個家喻戶曉故事：有兩位出身高貴的公主，決定在一所修道院裡接受教育，希望避開命運安排的優越生活的誘惑，還有虛榮的折磨。在修道院裡，修女跟她們講，這個世界充滿了虛偽，如果不信可以試試。假如有人讚美你們，你們就躲起來，聽他背後會說你們如何，也許他會詛咒你們呢。當兩位年輕的公主到了適合出席社交的年齡，在晚會上，第一次露面，每一位來賓都是大為稱讚這兩位迷人的女孩，不吝美言。在此時此刻，兩位女孩希望驗證一下修女的話，便躲到客廳裡一處用大簾子遮掩著的地方，希望聽到人們會在背後的議論什麼。不過令她們驚奇的是，在她們離開後，人們對她們仍然讚美不絕，而且更勝先前。這時的兩位公主倍感失落，抱怨修女們所說都是假的，便當即宣布放棄了信仰宗教，重新投身到世俗的歡樂中去了。

經驗的一點一滴的累積，思想的漸漸成熟，輕信也會隨之慢慢從人們的生活中消失。假如正確的指引他們，人們完全能夠遠離輕信。無論是一個國家，還是具體的一個人，在文明的發展進步中，人們的輕信心理會逐漸減少。正如人們常說的那樣，知識驅走了無知的黑暗。在無知的地方，幻想一直遊蕩著，因為那裡沒有使文明能夠上升到更高層次的支柱。

讓我們在輕信的基礎上培養孩子們的幻想，這當然是否定的。我們從不希望看到孩子輕信別人說的一切，其實，當知道自己的孩子對神話不再相信時，我們會由衷地為孩子高興。我們還會因此誇讚他：「你已經長大了。」本來就應該是這樣，它也是我們期待已久的。總有一天，孩子肯定不再相信那些神話的。

孩子逐漸長大成人，我們應該捫心自問：「我們到底在孩子成長的過程中做過些什麼？過對於這個脆弱的靈魂我們究竟給了什麼樣的幫助？他是否變得正直堅強了？」答案是否定的。

實際上，當我們絞盡腦汁維持孩子的幼稚、天真和充滿幻想時，是他們靠自己戰勝了所有的困難。不但戰勝自己的內心，還戰勝了我們設置的阻礙。他們在自己內在發展與成熟的動力的指引下行動著，指向哪裡，他們就去去哪裡。孩子們甚至還會對我們說：「你們把我們害苦了！我們自我完善的任務就足夠艱巨了，你們卻這樣壓制我們！」

難道不是這樣嗎！例如：為了不讓他們的牙齒露出來，叫他們緊咬牙關，因為我們把沒有牙齒當成是嬰兒的特徵；不讓他站直身體，因為我們認為嬰兒根本不能起身等。事實上，我們還有意延長孩子們那貧乏的、不確切的語言階段。我們沒有去幫助他們聆聽單字的清晰發音，觀察他們的嘴型變化，僅僅是模仿孩子幼稚的語言，學他們笨拙的發音，以及大舌頭發出的輔音，甚至故意將輔音發錯。其實，這樣做的後果非常嚴重，這相當於延緩了孩子本來就很艱難的形成期，導致他們又退到了疲憊的嬰兒狀態。

其實，我們在兒童想像力的教育上，扮演的角色也一樣同樣。我們往往對幼稚的大腦處於幻想、無知和錯誤狀態更感興趣，就好像我們看到嬰兒被拋上拋下時就非常開心，甚至會由於孩子輕信那些我們曾經講過的聖誕故事，而使我們很愉快。

我們很有點像那些貴婦人了，儘管表面上她們對收容所裡那些貧窮的孩子充滿了同情，而她們內心裡的想法卻是：「如果沒有貧窮的孩子，我們的生活肯定是非常乏味的」我們也會這樣說：「只要孩子們不再輕信，生活中將會缺少很多樂趣！」

我們為了讓自己開心，而去人為地阻撓兒童的發展，這就是在犯罪。這和那些野蠻王國人為地抑制某些人身體的生長，從而把他們作為供國王消遣的侏儒一樣。也許有人認為這樣說有點聳人聽聞了，不過事實如此，僅是由於我們沒有意識到罷了。假如我們克制住自己，不再人為影響兒童的幼稚期，讓他們自由自在地成長，並對他們在成長道路上所取得的每個奇蹟般的進步加以稱讚，這樣，才是在為兒童的完美成長作貢獻。

要想培養嬰兒的想像力，我們必須先讓他們在他成為物質主人的環境中生活，也可以給他們介紹建立在事實上的知識和經驗，以此來豐富他們的頭腦，讓他們自由地在此基礎之上成長。只有他們自由地發展中，才可能充分展現其豐富的想像力。

我們可以做一實驗，先從最窮的孩子開始，因為他們一無所有，他們一般夢寐以求的東西都是他們得不到的東西，如同窮困潦倒的人想著自己能夠腰纏萬貫，受壓迫的人夢想著登上王位一樣。所以，在這種環境中生活的孩子，只要有了自己的玩具房子、掃帚、橡皮、陶器、肥皂、梳妝臺及家具，就會極其樂意料理這些器具。當獲得這些朝思暮想的東西後，慾望也會被削弱，這樣，就可以過上一種內心豐富的平和生活了。

第七章　兒童能力的培養

若想讓孩子們平靜下來，就必須給予他們真實的財物後，這樣可以減少他們無意義的幻想而浪費的寶貴精力。

一位自稱實施了我的教學方法的孤兒院教師，曾邀請我去參觀孩子們演習實際生活的過程。我答應了，並和教育界某些權威人士一同前往。

當我們到達時，看到的是一些孩子拿著玩具，坐在小桌子旁，正準備給玩具娃娃擺桌子吃飯，不過我們發現孩子們的臉上毫無表情。當我震驚地望向那位邀請我的教師時，她竟然沒有反應。很明顯，她把假想的生活等同於現實生活，孩子們在遊戲時，擺桌子吃飯和實際生活完全一致。正是這種在孩提時灌輸的錯誤認知，將逐漸發展為他所具有的一種精神或態度。

義大利的一位著名教育學家曾責問我，他說：「自由難道是一件新鮮的事嗎？去讀一讀柯美紐斯（Johann Amos Comenius）的作品，你會發現，對於這個問題，早在他那個時代就在討論了。」

我回答：「是這樣的，儘管很多人都討論過它，但我所說的自由是一種真正意義上的自由，這與他們的認識完全不同。」

在聽過我的話後，這位教育學家也許還是不明白我所說的這兩者之間會有的區別。我就又補充一句：「難道你認為一個談論百萬財富的人與一個擁有百萬財富的人不存在差別嗎？」他只好不再說什麼了。

沉迷於假想的人，會往往會混淆假想的東西和現實存在的東西，他一直在追求幻想，而不肯承認現實，這是極為普遍的現象。這一點人們居然無法意識到，這是很可怕的。

事實上，想像力是存在的，無論它是否在一個扎實的基礎上建立，以及是否有構築它的材料。區別就在於，假如它不是在現實和真理的基礎之上建立的，它就會變成壓制智力發展、掩蓋真實現象的負面力量。這一錯誤的認知，使得人類已經或正在失去無數的時間和精力！沒有事實支撐的想像，就和盲目消耗體力，甚至病倒，或消耗智力，最終著魔一樣！

一般來說，學校是一個呆板、陰沉的地方。灰白色的牆壁、白棉布的窗簾，都會妨礙學生放鬆感官。其實，學校打造如此壓抑的環境，是讓學生可以專心致志地聽講，避免他們由於外部刺激而分散注意力。就這樣，孩子們一小時、一整天、一動不動地坐在教室裡聽教師講課。畫畫時，他們只能依樣畫葫蘆。他們的全部行為，都是在教師的指令下進行的。而對他們個性的品評，也是根據他們被動的服從程度來定。

克拉伯雷迪說：「對孩子的行為，用一大堆沒有指導意義的知識壓迫他們，就是我們所謂的教育。他們已經無心聽講了，我們還繼續強迫他們；他們已經無話可說，我們卻強迫他們講一下作文；他們已經喪失了無好奇心，我們卻又強迫他們去觀察事物；他們已經沒有了發現的慾望，我們還要強迫他們去論證某個問題。就這樣，我們一再地強迫他們做這做那，卻從不徵得他們的同意。」

在課堂上，孩子們用眼睛看、用手寫、用耳朵聽教師講課時，猶如忍受痛苦一般。雖然坐在那裡，不能動，但是他們的腦子，也沒有專心思考。他們只得隨著教師的思維轉，儘管教師所依據的僅僅是隨意設計，也沒有考慮兒童愛好的大綱。這樣的話，那些浮游不定的意象又像夢境一樣不斷在孩子眼前呈現。在黑板上畫一個三角形，老師隨後將其擦掉，它僅僅是代表某個抽象概念暫時的視覺形象。所以，從未用過三角形實體的孩子，就只能盡力記住三角形的形狀。圍繞這個三角形，會編出許多抽象的幾何計算題。如此虛構的圖形，使孩子只能是一無所獲，由於它不能和其他事物互相融合而被感知，也就成不了靈感的源泉。其他事物也如此，目的本身就是疲勞的，這種疲勞，幾乎涵蓋了實驗心理學的一切努力。

首先，兒童要創造了自己的內心生活，之後才可以將它表達。他們必須自然地從外界汲取構築材料，才能進行創作。因此，我們只有加強鍛鍊兒童的思維，才可以使他們能夠發現事物之間的邏輯關係。我們只有提供孩子們內心生活所必需的東西，才可以讓他們能夠自由地進行創造。只有這樣，一個兩眼閃光，邊走邊思考、機靈聰慧的兒童，才會出現在我們身邊。

對於這樣努力著的孩子，我們必須給予關愛。假如創造的想像力仍然沒有到來，只能說明孩子的智力仍未發育成熟。這時，我們不必勉強孩子進行想像和創造，否則就相當於給他戴上了一副假鬍子。然而，男孩子要到 20 歲以後才會長出真正的鬍子。

培養兒童的運動神經

運動神經的培養過程非常複雜，想要鍛鍊孩子的運動神經，就應該符合孩子的生理所需的協調運動。假如沒有指導性的教育，孩子的運動就會很混亂。無拘無束就是孩子的天性，因此，孩子會表現得「手腳不閒」、「無拘無束」、「肆無忌憚」。

成人們總是不停地約束孩子的活動，嘮叨他們「乖一點，別亂動」，以這樣的方式來解決問題。其實，孩子正在努力做的，就是在協調自己的運動組織，努力探索對人類有益的活動。想讓孩子乖乖待著？是沒有意義的事，我們不必再做了！在我們的指導下，讓孩子大膽勇敢地運動，這樣做的效果會更好。這個階段兒童肌肉鍛鍊的目的就是這樣。讓孩子在我們的正確指導下自由成長，使他們將來成為工作積極上進、態度從容、具有品格的人。而「兒童之家」之所以看起來「訓練有素」，就是由於培養了孩子的正確運動。

對這個主題，我已在其他著述中作了詳盡的闡釋。

肌肉訓練有以下幾個部分組成：

1. 基礎運動（如坐、立、行、走，使用小東西等）；
2. 照顧自己；
3. 做一些家事；
4. 進行園藝勞動；
5. 做小手工；

6. 體能活動；
7. 有律動的鍛鍊。

照顧自己的第一步就是練習自己穿衣服和脫衣服。將很多布料或皮革等釘成四方框做教具，用它來專門訓練孩子們。訓練他們扣鈕扣、使用掛鉤、繫帶子等。實際上，這些活動中包含了人類創造的穿衣、繫鞋帶，以及做其他事情的所有方法。教師和孩子坐在一起，將手指的動作慢慢地展示出來，再把動作分解成若干更詳細的部分，這樣孩子們就能看懂了。

比如：訓練的第一步，可以把四方框上的兩塊布先對齊，然後從上到下對正，將兩塊布繫好。如果在四方框上練習扣鈕扣的話，教師應該孩子演示分解動作。先捏好扣子，再將其對準扣眼，接著再全部放進扣眼中，最後，教師對扣子調整穿過扣眼的位置。教師在教孩子打蝴蝶結時也一樣，先開始繫絲帶，分段演示，最後打成蝴蝶結。

我們有一個錄製了教孩子們用絲帶打蝴蝶結的全過程的系列電影。有的孩子學習過後，效果非常的好，他們會和別的孩子一起分享自己的成果，他們會十分耐心細心地學習分解動作。可以讓孩子以最舒適的姿勢坐好，在桌子上練習使用四方框。他們興趣盎然地在這個四方框上多次練習扣扣子和解扣子，使得雙手會變得十分熟練和靈活，只要有機會，他就想給真正的衣服扣扣子，對此非常入迷。這樣，不可思議的事情發生了，最小的孩子不但想自己穿衣服，還試圖給他的朋友們也穿上衣服。從穿衣服中，他們尋找到樂趣，隨時隨地尋找練習的機會，十分認真的不再需要讓那些大人們幫他們穿衣服了。

採用同樣的方式，教師教孩子們洗滌東西，擺放桌子等活動，較大的活動也一樣。在開場時教師必須參與，給孩子們準確地示範動作。少說話，也可以不說話。教師要教給孩子把所有的動作：怎樣坐下，怎樣從椅子上站起來，怎樣拿東西遞給別人等等。教師還要教孩子們把碟子一個個擦好放到桌子上，要求是，不能有任何聲響地做完這件事。

孩子們很容易就學會了，他們在做這些事情時表現出的極大的興趣和謹慎，的確令人驚訝。如果班上孩子較多時，應該安排孩子們輪流做家事，比如上菜、洗碗盤之類。這種輪流制度可以讓孩子們認真愉快地執行任務。即使才兩歲半的孩子，也會很自覺地去做自己應做的工作，根本無須要求。

紐約的雅各提教授，就曾經歷過這樣的事情：有一次，雅各提看到一個顯得不聰明的兩歲孩子，忘了該將叉子放在右邊還是左邊，站在那裡，困窘不堪時，他非常感動。小孩子長久地思考著，很明顯是在努力想起什麼。比他大一些的孩子對他思考的樣子，也很佩服。大孩子們也像我們一樣，對生命的一點一點的成長，也感到令人驚訝。

教師僅僅用一點暗示和一次指點，就可以把一個一個很好的起點給予孩子們，接下來，孩子就可以自我學習和成長。在互相學習之後，孩子們就開始興致勃勃地工作了。在寧靜活躍的氣氛中，孩子將更具愛心，也會形成互幫互助的品德。稍大些的孩子，對小同伴在成長中的進步，表現出的理解和關心最為奇妙。使孩子獲得這種寧靜平和的環境，使他猶如身置家中，無須語言。

從這些電影中，我們可以看到「兒童之家」的真實情況。孩子們認真履行自己的職責，不斷地走來走去，教師則坐在角落裡，關心著孩子們的一舉一動，無須多做什麼。也有一些孩子們照顧「兒童之家」的畫面，表現出孩子們愛護他人和周圍環境的行為。我們可以看到他們在洗臉，擦鞋子，擦洗家具，撣去地毯的塵土，就連計步器上的金屬顯示器都被擦得鋥亮等等。我們看到，孩子們可以獨立地完成了擺放餐桌的工作，他們分工合作，有的端盤子，有的擺放湯匙和刀叉，還有的做別的工作。最後，大家在餐桌旁坐好後，小侍者們就會端上來熱騰騰的湯。園藝和手工勞動課也是孩子們十分喜歡的。眾所周知，園藝課是幼兒教育的重要內容，植物和小動物被認為具有吸引孩子注意力和關心的作用。「兒童之家」仿效那些學校裡目前最好的做法來做這些工作，而思想在一定程度上影響著這些學校。

泥塑可以成為孩子們手工課的重要內容。具體操作就是用泥土捏成小瓦片、小花瓶和小磚頭之類的東西。當然，也可以利用模子之類的簡單工具。製作這些東西，其目的是讓孩子們記住整個製作過程。這個步驟完成後，孩子們在所有的小作品上，上釉並用熔爐烘烤。烘烤好的亮白色或彩色瓦片被孩子們堆得似一堵牆壁，烘烤好的小磚塊也被孩子們用灰泥和泥鏟鋪在地板上。孩子們還可以挖好地基，然後，用自製的磚塊砌一段牆，或給小雞們搭窩。

在體育訓練時，考慮就是「踩鋼絲」這個環節。這裡說的鋼絲，是指我們用粉筆、顏料畫在地板上的一條線。有時也能夠畫成兩條橢圓形的同軸線。如同踩鋼絲的演員一般，孩子們一個接一個地踩著線走。就真的像踩鋼絲演員一樣，孩子們小心翼翼地，保持著身體平衡走路。不過，由於「鋼絲」只是畫在地板上的線，孩子們絲毫不怕。教師可以做開始的示範，讓孩子們看清她如何落腳。教師不必多說，孩子們跟在身後，就可以學習了。剛開始只跟著幾個孩子，等教師演示完畢離開後，他們就開始自由練習。

多數孩子們都能堅持走下去，他們邁著小心翼翼的腳步，努力去適應教師的示範，集中精力保持著身體的平衡，讓自己穩穩地走在線上。慢慢地，別的孩子聚在周圍看他們表演，躍躍欲試。不到幾分鐘時間，橢圓線或單行線上就站滿了孩子們，他們搖晃著竭力保持身體平衡，緊盯著自己的腳走在線圈上，每個人的神情都非常認真和專注。

放音樂來配合孩子們練習的手段是不錯的。我們可以選一支很簡單的樂曲，不要有太強烈的節奏，這樣在給孩子們伴奏的同時，還可以激發孩子們獨立做事的精神。

只要孩子們學會保持平衡的方法，他們就會以極為標準和優美的姿勢來走路，不僅步伐穩健自在，而且，體態也會更加優雅起來。「踩鋼絲」練習也可以運用多種手段，使它做得更加豐富多彩。首先，為了幫助孩子們掌握動作的節奏，可以在鋼琴上彈奏進行曲。接著，連續幾天反覆彈奏進行曲，最後，使孩子們將節拍掌握好，手腳配合，並且適應音樂節奏。也可以利用歌曲配合他們的「踩鋼絲」練習。

漸漸地，孩子們就可以聽懂音樂了。和喬治小姐在華盛頓的學校裡的做法一樣，孩子們可以一邊唱歌，一邊在日常生活中運用教學用具工作。如此的話，「兒童之家」的孩子們就如「小蜜蜂」般，邊工作，邊歌唱。

在書中「方法」一章，我提到在某個小體育館裡，有一件極其實用的器具。他們做了一個「籬笆」，孩子們掌握「籬笆」使自己吊在上面，這麼做是可以讓孩子騰出雙腳，給身體減重，使手臂變得強壯有力。「籬笆」還有一個好處是可以隔離花園的裡外，比如用籬笆將種花區和散步區隔開，籬笆不會有損於花園的外觀的。

兒童智力發育的特徵

「不同事物不同對待」，是智力的重要特徵之一。無論是工作還是生活，它都能安排得妥妥當當並且能為創造事物做好準備。而要想創造，就要建立秩序，這一點，我們可以在《創世紀》中找到依據。

如果沒有充足的準備，上帝也未必能夠開創一切吧？而對於上帝來說，準備工作就是在混亂中建立秩序。「神說，要有光，就有了光。神看光是好的，就把光暗分開了。神說，天下的水要聚在一處，使旱地露出來。」

如果某人的思維始終混亂不堪，那即便他意識中的內容再豐富，其智力活動也只會停滯不進。靈光一閃就好比點亮燈火：「讓世界光亮起來吧，它能夠使你是非分明，還事物的本來面目。」所以，要想提升一個人的智力，就得幫助他把意識中的意向邏輯歸類，雖然這個說法有點大膽。

設身處地想一下，在面對這個世界時，一個 3 歲的孩童的真實境地吧。孩子在突然看到太多東西時，大多會眼花繚亂，進而神疲欲睡。可大人們根本沒有考慮到孩子觀看的同時還需走路，他們更不會在孩子的器官尚未發展協調之前，對他在感官方面所犯的錯誤隨時給予糾正。於是，這個深受刺激的孩子，只能無可奈何地以哭鬧或睡覺了。

3 歲孩子的思維之混亂，就好比一個收藏了很多書籍，卻又亂糟糟地隨處堆放的人。他的內心是如此的困惑不堪：「這些書應該怎樣擺放呢」他何時才能收好這些書，並自豪地宣稱「我擁有一個圖書館」呢？

訓練孩子的感覺，他便能夠進行區別和分類。實際上，我們的感覺會自動分析和描述事物的屬性，如大小、形狀、顏色、重量、溫度、味道及聲音等。雖然物質本身並不重要，重要的是物質的性質，但這些互不關聯的性質，還是要被物質所代表，我們可以找到許許多多的物質來對應長、短、厚、薄、大、小、紅、黃、綠、熱、冷、重、輕、粗、滑及聲音是否響亮等特性。在秩序建立的過程中，等級的作用也非常重要。因為，物質的特性除了存在質的差別，還有量的區分。它們可能會多點或少點，厚點或薄點；聲調高低也各有不同；顏色有深淺之分，形狀也存在相似之處；就連粗糙和光滑也沒有絕對的界限。

對感覺訓練應該造成區別事物的目的。

首先，應該讓孩子做大量的分析和對比，以確定不同刺激物的特徵。

其次，要用課本來引導孩子的注意力，使他們感知外部事物：光明、黑暗、長短其中的差異。

第三，要讓他們區分不同特徵的差異程度，並依次排列那些物質。比如：表明不同的音符程度的格子，能發八個音調的鈴鐺以及能夠用數字表現長度或厚度的東西。

這種不斷重複的練習，孩子們有著巨大的興趣。教師在每樣東西上貼上一個字，就能形成一個完整的表格：可以根據名稱記住其特徵和意象。

現在，我們只能靠物質的特徵去區分它們，別無他法。但是對孩子來說，世界從此井然有序了，因為，要歸類這些物質，就不能不涉及每件事的基本順序。

孩子的思維跟圖書館或博物館裡放置得有條不紊的架子比較類似，不會再將學到的每樣東西混為一談，而是各得其所。現在，知識不僅僅是被儲藏，還會被適當地分類。這種秩序是建立在最基本的東西之上，除了被不斷更新的材料補充豐富，絕不會被打亂。

所以，孩子只要獲得辨別事物的能力，就可以奠定其智力的基礎。從此，兒童驚喜地發現天空是藍的、手臂是長的、窗戶是方的，他開始認識周圍的事物。這一能力決定著孩子個性的穩定與平衡，雖然，他並不是真的發現了天空的顏色，也不是真的發現了手臂和窗戶，他只是找到了它們在大腦中的位置和順序而已。

就好比肌肉能夠協調身體的機能一樣，內心的穩定與平衡，能夠讓身體保持平穩，為各種運動提供穩定感和安全感，提供鎮定和力量，提供進行新嘗試的可能性。一座歸類有序的圖書館，可以幫我們節省很多時間和精力；秩序的存在，則能讓孩子毫不疲憊地完成更多的工作，對外部刺激做出反應時花費更短的時間。

建立了牢固秩序的基礎，大腦便能夠區分、歸類和編排外部事物，這可以表現他的智力，同時也能陶冶精神。我們判斷一個人是否精通文學，可以看他能否透過作者的文風了解作者，或者能否辨別出某一時期文學作品的特徵。同樣，看一個人是否精通藝術，可以讓他憑畫家用顏料的方式來判斷畫家的性格，或者從浮雕的部分來判斷其雕刻的年代。科學家跟後者比較相像，他們善於觀察事物，能最詳細、準確地給出事物的價值，清楚地感知並歸類事物之間的差別。

透過有條理的思維，科學家就可以區分事物。秧苗、微生物、動物或動物殘骸，這些東西對他們來說，雖然可能有些陌生，卻構不成任何問題。化學家、物理學家、地質學家和考古學家也同樣如此。

直接累積知識，並不足以造就文學家、科學家和鑑賞家，人們必須在頭腦中建立知識體系才能實現這一切。那些沒有受過教育的人，比如整日勞作的農夫，或者一輩子在花園裡照顧花草的園丁，他們對事物的經驗不但雜亂無章，還往往侷限在自己直接接觸的事物之中。而科學家就不同了，他們豐富的知識，使他們能夠區別事物的特性，辨別所有物質並隨時確定它們的類別、連繫以及各自的起源，所以，科學家們所發現的事實，遠遠要比實物更加深刻。

沒有受過教育的孩子，對一切都那麼漠不關心，他們看到藝術品或聽到古典音樂時，根本不會去停下來欣賞。而今天的孩子，卻對一切事物都很敏感，能夠像藝術家或科學家那樣，僅靠特徵就辨別和歸納外界事物。對他們來說，每一樣東西都具有很高的價值。

現在的普通教學法與我們常用的教學法大相逕庭，它首先剔除了自發性的活動，只是給兒童介紹一些事物及它們的特徵，並要求孩子們注意各個特徵，希望他們無須指導和順序就能抽象出這些特徵。這樣，這些試驗者就被人為地施與了一種混亂，比大自然的混亂現象更加無趣。

現在，我們通常採用的是直觀教學法，它可以展示事物並標記其所有特徵，然後把該事物描述出來。這種教學法與我們常見的「感官記憶法」相比，並沒有多少創新，不同的是，它描述的是真實存在而非想像中的東西，在描述時也不是僅憑想像，其感官也發揮了作用。這種方法，能夠使孩子們更好地記住某物區別於其他物體的特徵。

但事實是，每個事物都可能包含有無限多的特徵，比如實物課上，如果實物本身徹底都包括在了這些特徵之中，那麼大腦就必須對此做出綜合性的思考。

我曾在一所幼兒園裡聽過一節關於咖啡的直觀課。當時，教師只是使孩子們的注意力集中在咖啡豆的太小、顏色、形狀、芳香、味道和溫度上，如果他講述的是咖啡樹的發源地，怎樣點燃酒精燈煮開水，怎樣磨製咖啡豆及泡咖啡的話。學生們非但不能真正了解咖啡，甚至會被弄得如墜雲霧。當然，那位教師還可以描述一下咖啡的興奮作用、怎樣從咖啡子中提取咖啡因等。可是這樣四處枝蔓的分析，其實並無任何用處。假使我們問問孩子咖啡到底是什麼東西，他很可能會答不出來，甚至記不起來。

孩子的大腦裡如果全塞滿了這種模糊的概念，只會使他的大腦筋疲力盡，又怎麼能展開積極的聯想呢？他們最多是回憶一下咖啡的歷史罷了。更何況，這種相似的、次要的聯想，只會令他漫不經心，思緒一會橫渡海洋，一會又想到了家裡每天放咖啡的桌子。也就是說，當他的思想不能進行連續被動的聯想時，就會懶散地處於胡思亂想的狀態中。

沉浸在幻想之中的孩子，通常缺乏內在思維活動的跡象，更遑論個性的差異了。而那些接受直觀教學法的孩子，其大腦更容易接受各種新觀念，最終裝滿了新東西、新思維。

如果想讓孩子認清事物的本質，讓他形成對某一事物的印象，就得讓他參與有關這一事物的所有活動，而不能像看電影那樣靜靜觀察，否則，孩子的大腦將不會把這一事物與其他事物連繫起來並進行思考：它們之間有哪些共同點或相似點？它們有相同的用途嗎？

在我們對不同的意象進行聯想時，應該憑藉物質的相似性，從總體上抽取其共性。比如：當我們看到兩個相似的長方形的匾時，我們其實已經抽取了它們的特性，如它們都是木製品、都被打磨得很光滑、都上了色以及形狀相似等等。而這些，又可能會使人聯想到桌面、窗子等一連串東西。但要得出這樣的結論，大腦就必須首先從眾多的特性中抽象出長方形這一概念。

靈敏的大腦，必須能夠分析並提取事物的特性，並在這種特性的引導下，對眾多的事物進行綜合，否則，光靠比較和綜合，是無法產生聯想以及更高的智力活動的。事實上，聯想就是一種智力活動，因為智力的基本特性不是「拍攝」並保存物體的形象，更不是像鋪路一樣挨個排列。如果真採用這樣的方式儲存勞動，對智力來說，絕對是一種踐踏。

智力具有獨特的邏輯思維能力和辨別能力，能夠將事物的重要特徵區分、抽象出來，並在此基礎之上，建立自己的內部結構。

在直觀教學法的幫助下，孩子的思維現在已具備了條理分析事物特性的能力，他們除了要根據自己對事物特性的分析去觀察它，還要就其中的相同、不同和相似之處進行區分，進而識別某一事物的不同特性。在此基礎上，孩子們會根據事物的形狀、顏色等類似的特徵進行聯想。這種聯想依靠相似點而產生，可以說是一種比較機械的工作。孩子們也許會認為：書本是菱形的。如果他的大腦中開始並沒有菱形這個概念，那麼他必須經過一個極其複雜的思維過程才能得出這個結論。白紙如果印上黑字，並裝訂成冊，孩子們就會認為：書就是印上了字的白紙。

個性的不同，只有透過這種積極的活動才能夠表現出來。吸引人眼球的物體有哪些相似的特性？要進行相似聯想，應選出哪些主要特性呢？同樣是窗簾，一個孩子注意的是其淡綠的顏色，另一個孩子則看到它輕柔飄逸的一面；一雙手，一個孩子注意的是皮膚的白皙，而另一個孩子注意的則是皮膚的光滑；在一個孩子的眼裡，窗戶是長方形的，而在另一個孩子看來，卻能透過它欣賞蔚藍的天空。孩子對事物主要特性的選擇，是一種基於自然的選擇，與他們的內在性格是相一致的。

同樣，科學家進行聯想時，也會選擇對自己最有用的事物特性。比如：在區分人種時，一位人類學家依據的是大腦的形狀，而另一位人類學家則會選擇膚色。但無論哪種方法，最終都是殊途同歸。當然，這兩個人類學家對於人類的外部特徵，必然都有其精確的認識，但找出一個能夠作為分類基礎的特性才是最重要的，也就是說，這個分類基礎要能根據其類似的特性，對很多人進行分類。純粹的實用主義者，會從功利而不是從科學的角度審視人類；帽子製作商除了關心頭的大小，並不會考慮其他；而演說家注意的只是人類對口語的感受。

所以，我們要想實現某種含糊不清的計畫，就必須做出選擇，因為它是理想轉為現實的必要基礎。

萬事萬物都有其特性和侷限性，我們的心理感覺機制就是建立在自己選擇的基礎之上。可感覺器官到底有什麼作用呢？難道就只是對固定的一連串震動做出反應，而不理會其他的一切嗎？這樣說來，眼睛看見東西，耳朵聽見聲音，要想形成思維，首先必須進行限制性選擇。而反過來，思維也會進一步限制感官，然後在內部選擇的基礎上，再度形成某種具體的選擇。這樣，注意力就不會被眾多的事物所分散，而會被集中在某個特定的事物上，意志也就從眾多可能的行為中選擇了必須完成的那種。

兒童行為的特點

生命的奧祕雖然不可能僅僅透過研究行為就能完全解釋，但這些理論對我們認清事實，還是很有幫助的。能夠肯定的是，各種動物的生命都遵循這唯一的規律發展，而這個規律最早出現於胚胎時期。

因此，我們也可以借助它來追蹤兒童心理的發展變化，尋找社會現象中的規律。

不論是人還是兔子，抑或是蜥蜴，不同的生物在胚胎早期都非常相似，這一發現對我們的研究具有重要意義。脊椎動物的成形過程都比較類似，但胚胎發育成熟以後，之間的差異就天差地別了。

不過，嬰兒在出生時都有相似的心理胚胎，這一點是能夠被肯定的。所以，無論那孩子將來會走上什麼樣的道路，成為科學家或苦力、聖人或罪犯，在他們心理胚胎的成長期，也就是心靈的形成階段，都應該給予同等的對待與教育，都要經歷相同的成長過程。

這就是為什麼人類在生命的最初幾年受到的教育大體相似的緣故，因為順應了他們自然的本性。

人的內在個性應該自然發展，而不是受別人的左右。所以，我們要做的，就是幫助一個人掃清其成長過程中影響自我實現的障礙，幫助他構築自我。

在確定心理胚胎的確存在之後，我們發現，環繞著心理胚胎，器官也形成了，那就是循環系統和神經系統，它們相互聯結並整合在一起。但對於心理胚胎如何成為生命體，以及它怎樣成為獨立自由的個體，這些問題，以目前的科學水準還無法解釋。

1930 年，美國費城的學者發現：大腦中的視覺神經元，形成的比眼球還早，是早於視覺神經而先行出現的。這一理論與現行理論截然不同，可以為動物心理先於其生理的形成提供依據。動物的本能先於其器官的形成。既然這樣，那就意味著動物的生理部分是自行完成構築，以合乎自己的心理需求和本能的。動物的肢體往往最適合表現其本能。而過去那種舊的觀念，則認為動物採取某種習性是為了適應環境。

費城學者的理論也承認以上因素，但它更偏重動物本能的行為或習性，認為動物有能力很好地適應環境。

從牛的身上，我們能夠發現一些東西。作為一種強壯的動物，早在地球上剛有植物覆蓋時，牛就出現了。追溯其進化過程，也許有人會問，草既然那麼難消化，牛為什麼會去吃，並因此長出 4 個胃呢？只是為了生存嗎？那牠大可進食別的東西，畢竟其他食物的數量也相當豐富。但幾百萬年之後的現在，我們看見牛還是在吃草。

透過仔細觀察，我們發現：牛吃草時，只會從靠近草的根部將其咬斷，並不會將其連根拔起，似乎知道青草經過剪斷，就不會很快地開花結籽，而地下的根莖也會長得更好。後來，人們又發現，在植被的保持上，青草能夠防止水土流失、肥沃土地。這就說明，在自然秩序的維持中，青草有著不可替代的作用。除了齧咬之外，牛的糞便和對地面的滾壓，也對青草的維護保養有著重要的作用。這樣看來，牛簡直堪比農用機械，甚至要更好！牛除了協助草的生長，保持草場水土，還能為人類提供牛奶。

所以如烏鴉與禿鷲是大自然的清潔工一樣，大自然設計牛這種生物，也有其目的。

第七章　兒童能力的培養

無數動物選擇食物的例子可以告訴我們：不管是哪種動物，其覓食除了滿足自己的口腹之欲，還有著自己的使命，即合力維護整個自然界的和諧統一。比如：蚯蚓每天要吃掉相當於它體積200倍的泥土，可見牠並不是為了吃而吃。查爾斯．達爾文（Charles Robert Darwin）也曾說過，蚯蚓的存在，就是為了肥沃地球的土壤。蜜蜂傳播花粉的行為，我們也很熟悉。從其意義上看，除了自己的生存，牠還為其他生命的存續奉獻自己的生命。

類似的高境界者，在大海中也比比皆是。比如：有些單細胞生物能夠過濾水裡的某些毒性物質，為此，牠們需要吞飲大量的水，相當於人一分鐘要喝大約一加侖的水。

更高級的生命及地表上的土壤、空氣和水的淨化，都依賴於這些動物，雖然牠們本身並不知曉自己的生存關係著地球的生態。

我們似乎能覺察到，冥冥中彷彿存在著一個特定的計畫，而動物們都在聽從這一「隱藏的命令」，並努力完成這個計畫，以期協調統一所有的物質，使世界變得更加美好。

由此可見，我們之所以存在於這個世界，是為了向前進化它，而不是要滿足我們自己的享受。雖然我們與動物相比，確有許多不同之處。但主要差異也不過是，人類的運動方式不那麼特殊，或者說人類沒有固定的棲息地。

在所有的動物當中，只有人能夠來去自如，能夠適應各種氣候，不管是熱帶還是寒帶，沙漠或是雨林。對人類來說，似乎沒有什麼事不能做：他們能用雙手勞動、會講多種語言、能走能跑能跳、可以像魚一樣游泳，還能做極具美感的運動，比如跳舞。但孩子在剛出生時，並不具備這些能力，需要在童年時期逐步學習。

剛出生的嬰兒，不具有任何行為能力，之後他開始依靠自己的努力，學會像其他動物一樣爬行，學會走路。孩子除了要獲得人類共同的能力，還要調節自己的體溫以適應氣候和越來越複雜的生活環境。這種適應性的工作，並不適合成人來做，只有孩子才能很好地完成。

對於某個環境，成人就算再喜歡，也只能將之存放於記憶；孩子卻可以吸收它於無形，並以之構成自己的內在心理。孩子能夠將自己的所見所聞融入大腦，成為自己的養分，語言這個例子就很明顯。

成人對於宗教，往往帶有其感情與偏見，宗教已經融入了他們的血脈，成為了自己的一部分。因此，儘管從理性的角度他們應該加以拒絕，但事實上卻很難擺脫。

假如我們想移風易俗，或者強化某一民族的特定性格，以孩子為突破口是最好的選擇，因為成人的思維已經形成定勢。孩子具有無限的可塑性，我們要振興一個民族或國家，要喚醒宗教或提高教育程度，就不得不仰賴孩子。

兒童的模仿與準備

上一章，我們講述的是，兒童在一歲半以前，是為上、下肢協調做準備，同時也是在發展自己的個性。而到了兩歲，兒童便進入了「語言爆發」期，這時期的發展尤為迅速。

其實，在「語言爆發」期到來之前，兒童就已經可以表達自己的思想了，因為在一歲半期間，兒童一直在不斷地儲存、準備。

在這個時期，我們要特別注意不要人為干涉兒童的發展過程，以防打亂生命的自然規律。既然孩子在不斷努力，我們就應該給予他們一些幫助。

當然，這種說法不夠具體。有些人會強調說，兒童在這個階段開始學會模仿。這個觀點並不新鮮，畢竟人們經常提到兒童是在模仿大人。但這種認識只看到了表面。

據研究，兒童在開始模仿之前，必須先學會理解。過去，人們看到兒童模仿成人的行為，便理所當然地認為成人應以身作則規範自己的行為，而母親和教師更是要顯示出自己良好的品德，力求完美無缺。

但大自然並未向孩子提出過高的要求，只是要求他們在模仿之前做好準備，以利於潛能的發揮。作為兒童模仿的外在目標，成人沒有必要刻意做些什麼，因為那樣不見得就能產生好的效果。

兒童行為的最大特徵，便是極強的創造性。一旦他們開始模仿，往往會比模仿對象做得更好，在某些行為方面，甚至更加細緻、準確，這一點毫不令人驚訝。假如一個孩子想成為鋼琴演奏家，那麼，他除了要不斷地練習彈琴，以提高手指的技巧之外，還需對音樂有所理解，否則，單靠模仿是不可能成為鋼琴家的。

我們之所以經常用模仿的方式教育孩子，希望他們達到更高的水準，大部分是我們自身缺乏理解力的緣故。我們常常會給孩子講一些英雄的故事，以為這樣有助於他們成為英雄。殊不知這麼做其實是白費力氣，因為如果兒童沒有在深層次的心理做好準備，是不可能只靠模仿就成為英雄的，畢竟榜樣的作用只是激發兒童的興趣而已。

想要模仿，當然能促進兒童的學習，但只有透過大量的訓練才能真正有所成就。

兒童在能夠模仿之前，還要經歷一個準備階段，他們需要付出很多努力，才能真正學會模仿。除了模仿的能力，大自然還賦予人類自趨完善的能力。所以，如果我們真想對兒童的發展做點什麼的話，首先就要明白兒童需要那種程度的幫助。

透過細心觀察，我們發現，這個年齡的兒童總是執著於完成某一件事情。其行為在成人眼裡雖然有點可笑，但孩子們依然我行我素，堅持要把事情做完。這些行為來自於兒童的內心需求，千萬不要去打斷他們。否則，他們不但會失去行動的目標和興趣，其性格的發展也會受到干擾。

我們認為，這些行為屬於孩子們自己的心理需求，是準備工作的一部分，具有很重要的作用，所以應該讓兒童盡力完成。

上一章我們在討論兒童的運動發展時，提到兒童總喜歡碰這碰那，其行為滑稽而有趣。

舉個例子，一個不滿兩歲的孩子，受內心慾望的驅使，試圖拿起很重的東西，雖然他這樣做全無目的。我的一位鄰居，家裡有一些很重的工具，他一歲半大的孩子特別願意跑去搬弄那些工具，他費力地挪動它們，自得其樂。

還有，孩子們很喜歡幫父母擺放桌子，他們會搶著捧起那些大麵包，會不停地跑來跑去、忙個不停。而大人卻總認為，孩子最好是安靜地坐著，從不讓他們過多活動，生怕他們會累著。

心理學認為，很多精神疾病，正是緣於成人的這種做法，因為它阻礙了兒童的發展，對他們的心理造成了不良影響。

兒童還特別喜歡在樓梯上爬行。成人爬樓梯是有目的的，兒童爬樓梯卻純粹為了遊戲。僅僅爬上樓梯，並不能令他們滿足，他們還會跑下來再爬，如此不斷反覆，樂此不疲。

雖然大人們並不干涉兒童的這種行為，但心理學家還是要求為兒童專門開闢一個遊戲場所，以確保他們不受干擾。所以，西方國家建立了幼兒園和幼兒園，來吸納一歲半以上的兒童。在托兒所，所有的東西都經過了專門設計，比如樹頂上安裝的小房子，下面放置的梯子等等。在這裡，兒童可以搬沉重的東西，可以爬高、可以冒險，他們感受到了無窮的樂趣的，潛能也日益發揮出來。

兒童做這些行為，並非想達到什麼目的，只是為了滿足內心的慾望。同時，這些行為也使他們具備了協調運動的能力，日後，他們就能模仿成人的行為。

只有到那時，兒童才會被激起模仿的興趣，才會被環境激起，才會發自內心地渴望模仿，才會在看見人們擦地板或做糕點的時候，自己也跟著去做。

現在，我們要討論的是，兩歲兒童對行走的需求。兒童要長大成人，就必須掌握成人的各種能力，因此對他們來說，行走的需求再正常不過。孩子們很願意克服行走帶來的困難，如果心情愉快，兩歲大的兒童甚至能走兩公里路。

但在兒童眼裡，行走並不同於自己的父母，這一點我們要特別注意。大人們總認為孩子走不了遠路，因為他們總是愚蠢地要求兒童的步幅跟上自己的，儘管他們是無意識的。

這就好比我們試圖跟上奔跑的駿馬一樣，馬兒看見我們氣喘吁吁，心裡可能會說：「你這樣不行，還是我來載你吧」孩子們走路，只是單純地想走罷了，並不是想走到什麼地方。他們的小腿，還有尚未習慣走路，都提醒我們放慢步伐，不要走得太快。

我們應該盡力適應兒童的需求，而不是反過來讓他們適應自己。除了走路，所有的問題我們都應該這樣對待孩子。兒童的發展自有其規律，我們真想幫助他們，就應遵循這些規律，不要將自己的願望強加給他們。

兒童為什麼喜歡走遠路？因為他們能夠看到一些自己感興趣的東西。他們走走停停，有時會蹲下身子瞅地上的一束草，有時會伸出鼻子嗅一朵花；或者在樹下轉個圈，或者抬腿往樹上爬。不知不覺，他們就走出了好幾公里。兒童有種親水的本能，一到溪流邊就會歡呼跳躍。而隨同兒童的父母，想法則不同，他們只想著趕緊走到某個地方。

兒童的走路總顯得漫不經心，他們四處遊蕩，彷彿原始部族的人群。原始部族的人既不知道巴黎，也沒有見過火車。他們只是漫無目的地遊蕩，只會停留駐足在那些能夠吸引他們的地方，那可能是一片可以打獵的森林，又可能是一片可以放牧的草原。兒童的行走和他們類似，也是不停地走，不斷地發現新奇的東西。

探索是兒童的本性，行走中的兒童就是一個探索者。學校教育應該盡早地開展這種活動，帶他們去室外，讓他們觀察自己喜歡的東西。學校還應該教導兒童如何辨別各種顏色、識別樹葉的形狀和紋理、熟悉昆蟲的習性、了解鳥類和其他動物的名稱等等。孩子們一定會被這些東西所吸引的。他們的興趣越大，就能走得越長。因此，要想使兒童具備這種探索的能力，就應該幫助他們拓展興趣。

而且走路也非常有益於健康，它不但能調節人的呼吸，還能夠增強消化能力，對兒童和老人來說，都是一種不錯的鍛鍊方式。走在路上，我們會發現許多有趣的東西並加以觀察和鑑別；我們也可能會遇到一條小溝，或者爬上一座山崗，抑或撿點木柴生火。這些活動都要用到全身的各個器官，並不比任何體育鍛鍊效果差。除了強身健體，我們還能夠成長知識，提高對事物的興趣。所以，我們應該陪孩子多走路，以開闊他們的眼界。只有這樣，他們的生活才會多姿多彩。

現代教育更不能脫離這條原則，因為隨著現代社會的越來越便利交通，人們已經漸漸不良於行了。假如生命被分為兩部分，肢體拿來遊戲，大腦用來讀書，那麼現在的人生遠不如從前完美。生命是一個整體，而兒童的成長過程，更要遵循這樣的自然規律。

運動使兒童身心協調

目前的學校教育由於只注重知識傳輸，而忽視了運動的作用及運動與心理發展之間的連繫，使我們對運動的教育理論、特別是對運動在童年時期作用的看法，出現了有一些錯誤的認識，因而，我們把兒童這方面的學習稱為「訓練」、「體質教育」、「遊戲」。

我們先來看一下人類的神經系統吧，它由複雜的大腦，各種感覺器官和肌肉組成，而起仲介作用的感覺器官，能蒐集各種訊息將之傳遞給大腦。換句話說，運動的實現全靠大腦、感覺器官、肌肉這些精密的組織相互協調才能完成。即使是最富於思考而較少活動的哲學家，他們的說話或寫作也都離不開肌肉的運動，否則就無法表達自己的思想，從而失去了存在的價值。所以我們說，人的意願唯有透過肢體的運動才能實現。

人的定義是什麼呢？人，是會思想的動物。透過長期的觀察，我們發現動物的活動只能透過運動實現。因此，忽視運動是違背自然規律的。

第七章　兒童能力的培養

有科學研究表明，在人與周圍環境建立必要的連繫的過程中，神經系統和肌肉有著相互協調缺一不可的作用。人們將負責與外界接觸的大腦，感覺器官，肌肉稱為「關係系統」；將只為人本身服務的其他組織，稱為「生長系統」。相比功能只限於人自身的「生長系統」的狹隘，「關係系統」的保持人體與外界的連繫的功能就顯得大度多了。

如果神經系統一旦不發揮作用，我們就無法感覺到世界的美麗，也不能形成自己的思想，因為它是人類所有靈感的源泉。因此，神經系統不只是一個單純的生理組織。人類如果忽視與環境的協調關係，一味地追求如何提高自己的精神層次，只會變得傲慢自大，結果導致嚴重的錯誤。雖然動物沒有思想，唯有透過行動來表達自己，自然卻賦予它們與環境相協調的軀體和動作。另外，動物與自然的協調一致，還具有更深遠的目的。

作為大自然的一員，人的生命是有其目的的，不能僅侷限於提高自己的精神層次。雖然自然賦予人類能夠追求更高的生理和心理境界，但是，生命的目的和意義不止如此。那麼，「關係系統」的作用是什麼呢？作為宇宙的組成部分的萬事萬物都存在著連繫，並且遵循宇宙的規律運轉著。人類的精神素養不僅是為了使自己滿足，還應在整個宇宙精神中占有一席之地。

我們要想實現人類之間的關係，就應該發揮自身精神力量的作用。只關心自己的人是狹隘自私的，他們把自身的精神層面降到了生長層面。大自然賦予我們許多能力，我們必須盡力使這些能力得到發展。這裡所指的就是「關係系統」的作用。

我們都知道，身體的健康，需要心、肺、胃等器官的功能發揮正常。「關係系統」也是如此，只有大腦、中樞神經系統、感覺器官和肌肉都正常工作，這個系統才能發揮作用。

人作為一個有機的整體，各個組織器官是互相連繫的，需要幾個部分的協調工作才能完成一種運動。也只有同時發動中樞神經系統、感覺器官和肌肉等其他組織投入工作，大腦才能發揮作用。這就是說，一種精神狀態需要透過相對的運動來獲得。從這點出發我們來討論運動問題的就容易多了。運動依賴於「關係系統」的一部分 —— 中樞神經系統，「關係系統」的各部分是一個整體，只能共同完成這項工作。

我們以為運動與人的其他機能沒有關係，這種把運動割裂開來的認識是錯誤的。我們只把肌肉看作一個運動的器官，只是為了身體的健康，改善飲食或睡眠才進行體育鍛鍊，這種錯誤不僅流行於普通人中，還深深影響著教育界。

運動與思想的脫鉤就是這一錯誤認識導致的。實際上，兩者緊密相關，是一個互相連繫的整體。在設置課程時，考慮兒童的大腦的同時要考慮兒童的身體，將身體與思想分開，忽視其中一部分，就是破壞了人體機能的連續性。運動不僅要強身健體，還要為整個大自然服務。

了解了運動離不開大腦，我們就知道它不只是身體的動作，而是表達了更高的生命形式。正是因為人不像低級生物樣沒有思想著的大腦，人的發展才脫離並超越了生長層面。人的思想必須透過肌肉才能準確地表達，運動與心理活動相連，而且對兒童的心理發展產生直接影響。如果割裂兩者就不能發揮自然賦予人的智慧。

在一次討論心理發展時，就有人這樣說：「怎麼說起運動來了？我們現在討論的是心理問題！」

在這些人的觀念裡，人的智力如同和尚，一動不動地坐在那裡。直到現在，部分西方教育界還堅持認為，運動的作用僅限於強身健體，改善呼吸和循環系統。事實上，更科學的觀點認為，運動對心理和精神的發展很重要，尤其是兒童的心理發展。

只要我們對兒童的發展進行觀察就會發現，運動在兒童的大腦發育過程中起決定性的作用。

就說語言的發展吧，首先，研究表明兒童語言能力的提高與發音器官肌肉的成長同步；其次，運動促進大腦發育，大腦反過來又促進運動機能發展，兩者構成一個循環過程共同促進兒童理解力的發展；再次，在這些過程中，器官也在發揮作用。所以一個兒童的感覺器官活動機會少，心理活動就會處於較低的水準，語言更無從發展。

科學將大腦所控制的肌肉稱為隨意肌，這些肌肉受意志的控制，而意志是大腦活動的最高形式。既然隨意肌受意志的控制，在某種意義上，這些肌肉就是一種心理器官。

我們可以觀察肉眼能夠看到的，主要集中在人體外部的隨意肌的活動，它們有大有小、有短有長，各有不同的作用。如果一塊肌肉向某方向拉動，另一塊肌肉就會做相反的動作，這兩個相反的力量越大，運動也就越精確。只要重複做一種運動，兩塊肌肉的活動就會越來越和諧。

對於肌肉之間相反的力量，人類還沒有確切的研究，不過它們控制著身體所有意識的運動。無論是老虎有力的騰躍，還是松鼠靈巧的跳躍，都得益於這種相反的力量。這種內在和諧存在於所有動物身上（包括人），這是大自然的賦予。

所有活動都離不開微妙的運動機制，這種機制需要兒童進行各種活動來逐步完善。人體豐富而且細緻的肌肉，可以完成多種形式的動作。不過，人的肌肉開始不能協調活動，需要透過大腦進行完善。從另一個角度來說，這表明人具有一種達到和諧的潛能，只要這種能力被激發，就能在活動中完善自己。顯然，實現這一目標的主要因素還需要人自身的運動。

動物生下來就能夠爬、跑、游，而人沒有其中任何一種固定的運動方式可以選擇。初生嬰兒完全不具備這樣的能力，但是，人能夠透過練習掌握所有運動，而且比動物做得更好。

這就是人的潛在能力，它需要人努力才能發揮出來。經過大量的重複練習，神經系統會傳達意志的指令，使肌肉的活動協調一致。

但是，人並不能完全發揮自身的潛力，實際生活中，無論多麼優秀的運動員，都無法發揮肌肉的所有能力，再精細的動作，也沒有窮盡肌肉的潛在能力。

就像神話裡的聚寶盆，無論怎樣從中拿取，都不能將其掏空。這個聚寶盆的真正價值，就是給了人一種希望，可以根據自己的意願選擇自己想要的。一個嬰兒可能會成為體操運動員，但並不是說他已經具備了運動員的肌肉。同樣，舞蹈演員也不是天生的，他們都要用意志來發展自己。人身上存在無限可能，但是沒有什麼是天生的，他將自己做出選擇，並透過訓練獲得這種能力。

人有別於動物的另一點，就是人有不同的發展方向。即使是學習同一種技藝，人與人之間也會出現差別。比如寫字，每個人都會寫字，但有的寫得龍飛鳳舞，有的寫得清秀雋永。同樣，每個人的行為方式也不盡相同。

我們說工作對人非常重要，這不單指人的生活需要工作來支持，也指人必須透過工作表現自己。工作需要思維和運動共同完成，所以工作不僅是思想的表現，也是人的運動潛能的發掘。一個只從事單調繁重的體力勞動的人，他的肌肉組織就不會發育完善，他的心理發展也不可能發展到相對高的水準。

因此，一個人的工作將影響他的心理生命。一個總是無所事事從來不工作的人，就無法激發肌肉的潛能，這樣不僅生理生命會大大降低，而且心理生命也會大打折扣。正是出於這個原因，體育和遊戲成為學校的必修課程，這些活動能夠防止肌肉功能退化。

我們認為，學校教育應該張弛有道，既不是只注重體育鍛鍊，也不是單一的智力培養，而是交替進行腦力和體力訓練，從而真正意義上鍛鍊好兒童的肌肉組織。有的學校很注重書法，目的在於把學生培養成辦公人員，這與我們主張的教育方式完全不同。研究證明，這種過於專業的訓練存在很大缺陷，無法實現運動的作用。所以，運動對兒童的發展有著重要的意義：只要兒童提高了自己的運動協調能力，就能夠完善心理發展；反過來，心理發展又能促進運動能力。

離開運動，任大腦獨立發展，或者不受大腦支配，單純地運動，這兩種情況都是有害的。運動是建立在人與環境的連繫之上，建立在人與人的交往之上為人的整體服務的，它只能在這個基礎上發展。

第七章　兒童能力的培養

由於現代社會對個人的價值的過度強調，致使人們一味重視自我完善和自我實現。現在，這種自我中心主義將隨著我們對運動對人的意義的認識的提高而消失。因為人有無限的潛在能力，必須盡力發揮它們的作用，這就是我們的「運動哲學」。運動是生物與非生物的基本區別，生物的運動不是盲目的，它是有目的的。

大自然的基本性質就是運動。設想一下，假如所有運動都停止了，世界會是什麼樣子？鳥兒一動不動地停在樹上，昆蟲都留在地面，水裡的魚兒不再游動，所有植物不再成長，花朵不再散發芳香，果實不再成熟，空氣裡充滿了毒素，地球將變得多麼恐怖。

當然，這種絕對的靜止並不存在。假如自然的運行真的停止了，生物的運動也將毫無目的，整個世界將陷入一片混亂。大自然設計了最完美的世界，在這個世界裡，所有生物都井然有序地遵循著自己的運動方式和發展目的，因此，在所有運動之間保持著一種和諧。

工作與運動不同，兩者又密不可分。人類的生活既不能離開工作，也不能離開運動。試想世界上的工作停止一個月，人類會不會毀滅呢？也就是說，人的運動還有社會功能，它不只是要鍛鍊體質，還要使人類的潛能得到利用，使創造力得以發掘。

社會是一個有秩序的整體，運動有助於建立社會秩序。每個社會成員既要服務自身，也要服務社會。所謂「行為」，不論對人還是動物，指的都是有目的運動，這種行為是生物行動的核心。人的行為不僅要實現個人目的，比如打掃房間等；還要服務於他人，比如跳舞。這項運動雖然非常個人化，可是如果沒有觀眾，跳舞的樂趣和意義就要大打折扣。

運動是自然的規律，任何生命都依賴於特定的運動；同時，運動不只服務於自身，還有更深遠的意義。只有真正認識了運動作用的，我們才能理解兒童的行為，並對他們進行更好地指導。

引爆潛能造就天才

透過多年的觀察和實驗，我發現，孩子們所揭示的這種生活的普遍規律，雖然只有少數的菁英才能意識到，卻也揭示出社會對他們的無意識的壓抑。這種無意識的壓抑，不僅使人類負擔深重，也使他們的內心倍受摧殘。

一位有見識的女士對我的理論很感興趣，並且希望我將這個感受寫成一篇富有哲理的文章發表。但是，她對我正在進行的試驗卻不能接受。

在談到孩子的時候，她認為有關的事情自己都懂，並認為孩子從智力上講是天才、在道德上看是天使。雖然顯得有些不耐煩，但我在不甘心的再三勸說下，她終於同意到我們的學校來看看。結果，在參觀完學校並且和我們的孩子交流後，她十分激動地抓住我的雙手，真誠地說：「這些教學理論要趕快寫出來，最好能馬上發表！想想看，人的生命是如此短暫，現在不把握時間，這些發現就要被你帶進墳墓了！」

我當然清楚她的話中的含義！

我們承認，天才們的努力為我們帶來了新的思維方式，為我們的幸福和社會的進步帶來了新的源泉。但如果對那些天才的腦力勞動加以仔細研究，我們就會發現，他們的勞動並非多麼不凡，普通人也可勝任這些工作。

心理學家羅納德·費爾貝恩（William Ronald Dodds Fairbairn）說：「具有很強的相似聯想能力，是天才最基本的特點。」這意味著，利用多數人都能做出的簡單推理，並輔以精確的觀察，我們就能有所發現，當然，我們還得對現實材料進行整理。不過，這類被其他人所忽略的現實材料，正是人們之間差別的關鍵，因為它們只能被發現者所「發現」。

可以說，在意識上將事實分離並將它與其他東西區分開來，是天才特有的能力。暗室裡的寶石只能被一束光芒照亮，天才就是落在寶石上的那一束光。在意識領域內，天才的思想會引發巨大的革命，並推動人類走向進步！

在這裡，我們必須強調一下，天才之所以有驚人的發現，並非該事物本身有多麼獨特的價值，而在於他們在同一領域對事實進行的分辨。開採過礦產的人都知道，珍寶往往就隱藏在整天堆放在那裡的普通物質之中，雖然它看起來很不起眼，也沒有人會注意它。真理的發現與此類似，許多人往往會在事後大發感慨：這些道理我們早已耳熟能詳，還一直使用著呀！其實，真理並不是在這時候突然變得富有價值，而是有人認識了它並將之付諸行動。

當然，作為人類智力勞動的產物，新發現的真理不可能一早就存在於人的大腦之中，而其中有些真理還需要經過一些波折才能夠被社會所接受。人的大腦接受一種新的觀念，不但需要時間，還需要人類智力的協調與配合併加以反覆的檢驗，所以在剛開始的時候，它們往往會被斥責為奇談怪論而遭到排斥。哥倫布（Christopher Columbus）發現美洲，是他智力勞動的成果，因為他提出：「假設地球是圓的，那麼當一個人從某地出發，一直朝前走，最終會回到原來出發的地方。」有的人則認為這只是哥倫布的幸運罷了，要不是這塊陸地正好位於他的航線上，他遇見的將會是死亡。但有時候，這種帶有靈性的「幸運」卻能贏得上帝巨大的獎賞。

當然，哥倫布能夠有此發現，除了其過人的才智以外，他遠超眾人的膽略也是一個原因。據了解，他辛苦遊說了 14 年，才終於獲得別人的資助，並最終實現這一偉業。因此，使哥倫布獲得勝利的，是他堅韌不拔的信念。

亞歷山德羅．伏特（Alessandro Volta）發現電的過程，也能夠說明這個問題。那天，他的妻子正在發高燒，按照當時流行的治療方法，伏特為她配製了帶皮的青蛙湯來退燒。在那個陰雨天，在他將死青蛙掛在窗戶的鐵棍上，在他發現青蛙的腮在收縮時，這位偉大的發明家馬上想到：「青蛙死了，肌肉卻還在收縮，這說明有一種外力正作用於它。」於是，在進行了大量的實驗來尋找這個外力之後，伏特終於透過地球的磁場獲得了電。這一個推論看似簡單，卻給世界帶來了如此偉大的發明。

從以上事例我們可以知道，人類取得每一項偉大成就的過程，就是對那些看似不起眼的發現進行縝密的思考，在這個基礎上，把注意力集中到「它為什麼會收縮」這樣的問題上並加以解決。

伽利略·伽利萊（Galileo Galilei）的發現也與此類似。當他站在比薩教堂下面，仰望左右擺動的吊鐘時，發現鐘擺來回擺動的頻率是固定的。從此，人類開始計算時間，天文學家也開始計算宇宙。對人類來說，伽利略的發現是多麼重要啊！

萬有引力的發現也同樣很簡單。當牛頓看見蘋果從樹上掉下來時，他問了一個為什麼。正是這一發問，使牛頓發現了物體的重力，從而提出了萬有引力定律。

縱觀詹姆士·瓦特（James Watt）的一生，也同樣令人產生無窮的感嘆。作為一名對人類做出卓越的貢獻並名垂青史的偉大人物，瓦特集物理學家、心理學家、數學家於一身，被英國和德國的大學授予了很多榮譽稱號。水蒸氣推動壺蓋這個小小的細節，大多數人熟視無睹，只有他注意到了：「既然水蒸氣可以推動壺蓋，那它的力量一定可以推動活塞，所以，可以拿它來作為機器的動力。」一個小小的壺蓋就有如此偉大的魔力，推動人類歷史的發展，使人類的生產和生活向前邁進了一大步。

人的大腦所受的阻礙越大，他的智力就會被浪費得越多；反過來，智慧的力量耗散多了，也會導致大腦推理能力的停滯，進而看不清事物的真相。

拿生物學領域的一大發現舉例來說，最初的生物學認為，作為一個與脈管連接的密閉的血液循環系統，其密封的上皮細胞不會被諸如微生物這樣不銳利的物體所穿透，比微生物還鬆軟的圓形原生動物就更不用說了。這一理論一度被奉為圭臬，但卻經不起事實的推敲。因為學生會這樣追問：那麼瘧原蟲（Plasmodium）是怎樣進入到循環的血液中去的呢？過去，人們在找到瘧疾的真正病因之前，一直認為希波克拉底斯（Hippocrates）、蓋烏斯·普林尼·塞孔杜斯（Gaius Plinius Secundus）、塞爾夏斯、伽林這些熱病與沼澤地的水或有毒的水氣有關，他們堅信桉樹上的放射物會過濾和殺死空氣中的細菌，因此大量栽種桉樹。可是為什麼從來沒有人問問瘧原蟲是怎樣透過空氣進入循環的血液中呢？是什麼阻擋了那些從事這項研究之人的腳步呢？這真是讓人百思不得其解。

直到羅納德·羅斯（Ronald Ross）公布了自己的發現，這一局面才有所改變。羅斯發現，人之所以患上瘧疾，是因為遭到了一種特殊蚊蟲的叮咬。從此，人們知道，「如果鳥得瘧疾是由於蚊子叮咬引起的，那麼人得瘧疾也是同樣原因造成的。」在這方面，人類向真理邁進了一大步。

人們觀察到，瘧疾流行的地區，大多空氣新鮮、土地肥沃，人們只要遠離那種蚊子，從早到晚都呼吸清新的空氣，就能夠保證自己不得瘧疾。就連那些因貧血而面黃肌瘦的農夫，在蚊帳的保護下都能保住性命，並得以恢復健康。明白了這一簡單的事實後，所有的人都不禁驚呼：瘧疾原蟲這一事實眾所周知，為什麼我們以前就沒有發現呢？人們一直虔信不疑的循環系統是封閉的、微生物是不能穿透的理論於是不攻自破。

下面這個例子，也帶有明顯的錯誤。

早在古希臘文明時期，人們就己經憑經驗對隕石做了判斷：「是從天上掉下來的石頭。」的古老編年史也對隕石有所記錄，到了中世紀，有關隕石降落的記載就更多了。而西元 1492 年馬克西米連一世（Maximilian I）以當年降落的那顆隕石為藉口，組織基督徒對土耳其人發動的那場戰爭，在我們看來卻是如此的不可思議。據記載，世界上最大的隕石是 1751 年掉在薩格勒布（Zagreb）附近重達 40 公斤的那顆，現存放於維也納礦物學博物館。一位德國學者曾感慨萬千：「那些對自然和歷史一無所知的人，相信鐵會從天而降也就罷了，可為什麼直到 1751 年，德國一些受過教育的人還會相信鐵是從天而降呢？對於歷史和物理，人們是多麼地無知啊。」

1790 年，許多人親眼目睹一顆重達 10 公斤的隕石落在了法國西南部的塔斯肯尼地區，但巴黎科學院收到那份由300個目擊者簽名的報告後，回答卻是：「這樣一份正式報告，內容卻如此荒誕不經，真是讓人哭笑不得。」

幾年以後，聲學的奠基人契拉第里，因公開承認隕石的存在，被誣衊為「對自然法則一無所知，無視自己的言行並且會嚴重危害這個道德社會的人」。就連當時的一位著名學者都憤怒到極點：「就算隕石從天上掉在了我的腳下，我也不可能相信。」

這個懷疑的頑固程度，跟聖湯瑪斯（St. Thomas Aquinas）的懷疑比起來，簡直有過之而無不及。聖湯瑪斯也承認眼見為實，可擺在那位學者面前的明明就是一塊重達 10 公斤或 40 公斤的鐵，完全能夠看得著、摸得到，可是他卻偏偏說即使我摸著了，我也不相信！

這種對事實視若無睹的情況，心理學很少涉及，我們在教學方法上也同樣如此。比如：感官對於刺激並非全部接收，如果缺乏內在注意力的配合，一切只是徒然。

我們頭腦中常識的一部分，就來自於這樣實驗的無數次彙總。想要讓我們看見某一物質，除了要將它擺在我們面前，還得將我們的意識集中在它上面，也就是說，這種使我們受到刺激的內在過程是必不可少的。

像那些更加崇高、更加純潔的精神領域，也同樣適用這種情形。如果某人的思維與意念割裂開來，不管他的思想多麼有力或者獨特，都不可能使事物順暢地進入自己的意識之中。

在我們眼裡，處於自由狀態的意識，是多麼令人滿懷期待啊。面對突然降臨的真理，一個思想混亂的人，怎麼可能會在毫無準備的情況下接受呢？如果缺乏堅定的信念，就算事實非常明顯地擺在那裡，任何對它的解釋或闡述都是徒勞，是信念使心靈向真理敞開大門，而確鑿的證據卻無能為力。作為媒介的感覺再努力，可一個人的內在活動如果不開門容納它，終究是於事無補。

因此，我們深切地感到，在這樣一個實證主義的時代，智力的作用可能被低估了，也許還包含著矛盾或錯誤，甚或處於一個危機四伏的環境中，雖然人們還沒有感覺到。由於某個不為人知的錯誤，智力可能會導致人神志昏迷或者致命的心理失常。所以，像精神一樣，智力也需要外力的支持，否則就會慢慢衰竭。但這種支持並不是感官上的，而是其自身的不斷淨化。好在人們早已認識到對身體進行自我調理的重要性。既然人們能花大量的時間去清洗、美化指甲，為什麼不能將這一自我調理擴展到人體的內部呢？這樣，我們的身體就能獲得真正意義上的健康和完整。

我們之所以培養智力，是為了使它遠離疾病和死亡的威脅。但培養並不意味著強迫，如果強迫智力進行工作，非但達不到應有的作用，還會使它精疲力竭。在這個精神混亂直欲令人瘋狂的時代，鄙陋的習俗對那些自我標榜健康的人群來說，其威脅仍然是驚心動魄的。

所以，如果我們想讓智慧之光永遠照亮孩子的心靈，就應節制對他們的關心，不隨意強迫他們去學習。

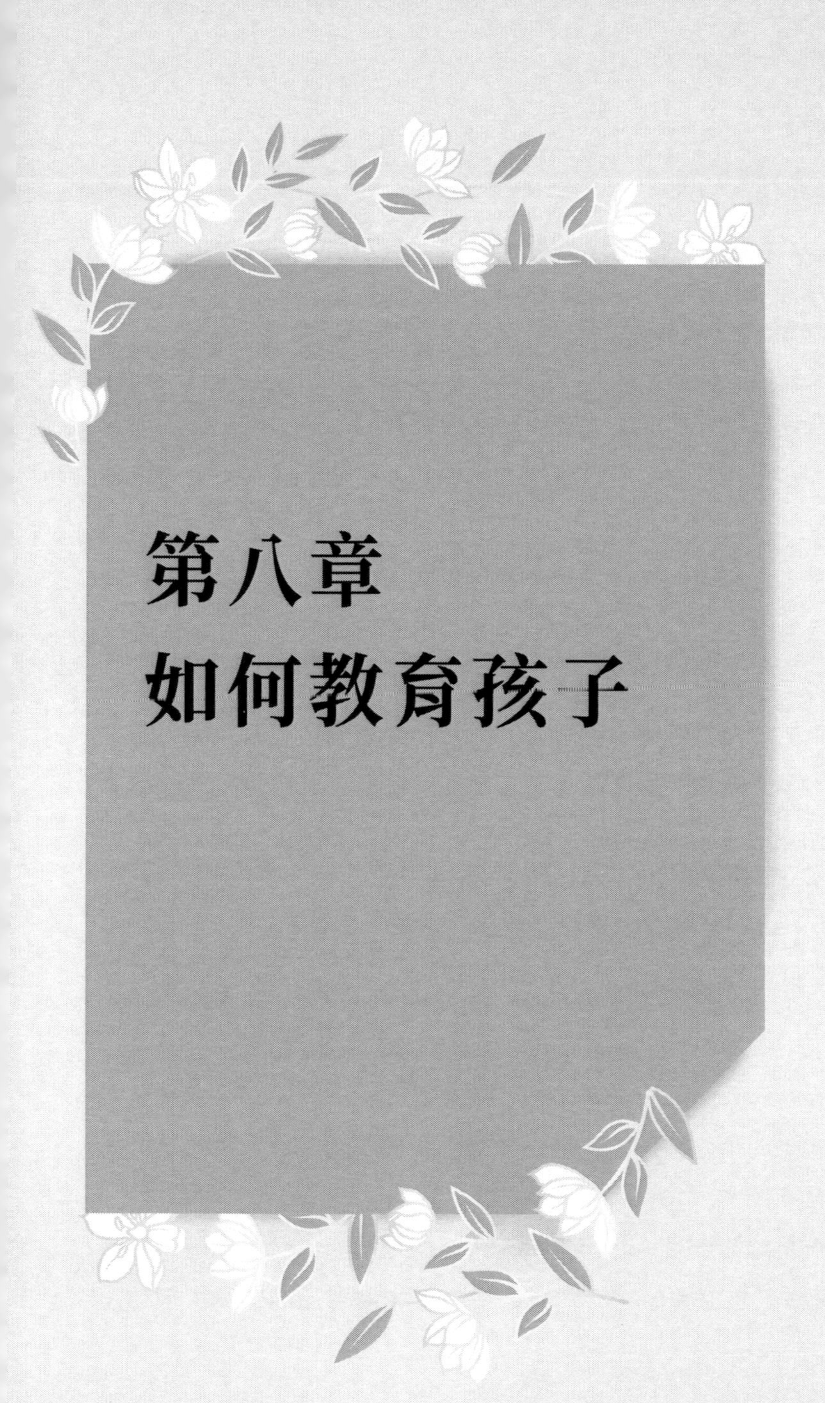

第八章
如何教育孩子

運動是兒童的使命

生命不息，運動不止，一切身體活動都與運動息息相關。兒童的成長不僅倚賴心理發展，也依靠身體運動。運動能夠健康體魄，健全心理，從而形成不可忽略的影響。運動對於兒童不可或缺，它是運用於功能的創造性力量，是人類達到人種完善的先決。

兒童透過運動改善外界環境，履行自己改造世界的使命。運動不僅是人類身體存續的必需，也是人類的智力發展的必需，人若想與外界現實建立連繫，唯一途徑只有運動。

鍛鍊身體可使兒童肌肉保持健康、強健有力，以使生命不致衰弱。而兒童在運動中自主控制、運用運動器官以實現意志，則是他們智慧成果的外在展現。

然而有時成人不僅不重視兒童的運動，相反還予以阻止。

毋庸置疑，有些科學家和教育家未能意識到運動對於兒童成長的重要性。倘若「動物」這個詞包含有「活動」或「運動」的意思，植物和動物之間的區別便在於，植物只是扎根土壤，動物卻能四處活動。那麼我們制止兒童運動的做法，是不是有些可笑？

人的潛意識接受著讚美兒童的語言。比如：兒童是「幼小的花朵」，這就是說他應該文靜的；兒童是「小天使」，就是說他應該是活躍的。被人類認為的兒童世界和兒童好像沒有關係。

人的內心存有不可思議的盲目，心理分析家佛洛伊德認為人類潛意識中存在「心理盲點」，其程度令人難以置信。科學雖能發現人類潛意識的奧祕，但還不能揭示它。

感官對於心理發展十分重要，這一點不言自明。眼耳乃心靈之窗，有「智慧媒介」之譽，從而聾盲者的心理發展較為困難。雖則聾盲是一種不利條件，聾盲者的智商低於常人，但這並不影響身體健康。如若盲目地人為剝奪聾盲兒童的視聽，認為他們由此能獲得更高水準的文化知識和社會道德，就太荒謬可笑了。

儘管如此，讓人們接受「身體運動對於人類道德及智力發展具有舉足輕重的作用」這個思想，仍然具有很大難度。與聾盲者相比，由於運動器官不被充分運用而發育受阻的兒童，他們的「智慧媒介」更為匱乏。行動受限的人遭受的痛苦比聾盲人更為明顯及嚴重。聾盲人無法接觸某些環境所造成的空乏，可是在一段適應過程後由其他感官的敏銳部分來彌補。但身體運動卻是無可替代的，不運動的人不僅是某種意義上的自我傷害，也會漸漸遠離生活。

人們談及「肌肉」，通常認為它是身體的某個器官。這種邏輯與我們關於精神的概念相左，精神脫離物質，就像脫離了所有機制，僵死一般。運動或身體活動對心理及智力發展的推動作用，比透過聽覺和視覺獲得的更有價值。對一些流行的觀念來說，這構成一種挑戰。

人類的眼耳活動同樣遵循物理學的規律。如果說眼睛是結構奧妙的「逼真的照相機」，那麼耳朵就是擁有振動弦鍵的爵士樂隊。

當我們提到這些智力發展的優良裝備時，並不把它們機械化對待，而是當作思考自我的媒介。我們透過這些奇妙而有活力的工具建立自我與世界的連繫，滿足自我的心理需要。朝暉夕霞、山水風光、藝術名作、優美歌聲都是自然之美，這正是持續多樣的感官印象所致的心靈源泉和養料。

感官的唯一主宰和感覺媒介是自我，如果自我感受不到各種形式的美，就失去了其存在價值。視覺或聽覺本身無足輕重，關鍵在於透過看和聽使自我達到更高目的。

同樣，自我與運動之間的關係也能依此類推，即使運動所需的各種器官不像鼓膜或水晶體那樣高度專門化。這就產生了人類生活和教育的基本問題，即如何激勵和引導兒童的運動器官，才能使他們的行動比本能感知的東西更具指導性。

如果自我得不到這個必要條件，必然遭到整體性破壞，自我的本能將游離於不斷生長的身體之外，變得難以捉摸。

觀察兒童的節奏

兒童工作本能的第一展現是手的運動，如果成人不理解這一點，就會給兒童的工作造成障礙。

這不止是成人的防禦心態作怪，還有其他的因素，如成人的自然法則，即「效益至上法則」。成人通常先明確自己行為的外在目的，才根據想法制定行動方案。成人往往採取最直接的方法，在最短的時間實現最大效益。如果成人看到兒童試圖做某些沒有成效或幼稚的事情，或者看到他們走彎路，就會為他們感到痛苦並不由去幫忙。

兒童對瑣碎或貌似毫無用處的東西存有熱情，成人認為這是可笑的，難以理解的。若兒童發現桌布放得不端正，就會分析桌布的鋪法，嘗試用記憶中的方法把它放對，即使速度較慢，卻投入了全部精力與熱情。

所以，兒童心理的主要任務是記憶。把一些東西整理好，會讓發展階段的兒童有成就感。即使沒有成人的援助，兒童未必不能把事情做好。如果兒童要自己梳頭而遭到成人反對，就會不高興，產生挫敗感。成人只想迅速效率地完成這項活動，這就是二者的差別。

兒童的自我嘗試本對他們有益，成人卻拿過起梳子想要代勞，兒童會覺得成人是一個強有力的無法抗衡的巨人。相同情況也在兒童嘗試穿衣或繫鞋帶時發生。成人阻攔兒童所有想法，甚至為之變得惱怒不已，他們認為兒童試圖進行一些毫無必要的活動。

成人應接受的新觀念是節奏不可隨意改變。每個人的活動都有一種獨特的節奏，就像每個人的體形各不相同。人們對他人的相近節奏產生共鳴，被迫去適應他人的不同節奏時感到痛苦，譬如跟局部癱瘓的人並行感到彆扭；中風病人舉杯飲水，他的緩慢節奏與正常人的靈活動作反差強烈，也令人難以適應。人們便忍不住用自己的節奏來代替他人的節奏，看起來是為了幫助他，其實是使自己擺脫痛苦。

成人對兒童的做法也正是這個道理。成人潛意識裡阻止兒童的緩慢、笨拙而效率低下的活動，就像他不得不驅趕煩人的蒼蠅一樣。

成人願意接受兒童的節奏強烈或迅速的活動。比如：成人能耐心容忍活潑兒童將環境弄得混亂無序，因為成人發現事情是清晰的、可理解的，兒童有意識的行為是可以被成人控制的。而當兒童的動作顯得緩慢時，成人就感到必須干預，代替兒童行動。

其實成人這種做法並不能滿足兒童最基本的心理需要，反而本末倒置，成了兒童自然發展的最大阻礙。被迫靠其他人幫忙洗澡、穿衣或梳頭的「不聽話的」兒童哭叫絕望，顯示了兒童渴望獨立以求得發展的心態。

成人給兒童的多餘幫助是兒童所受制約中的第一制約，成人從未料到這種壓制會對兒童以後的生活造成最嚴重的影響。

在這方面，日本人的觀念有所不同：日本人潛意識裡認為兒童是痛苦的。父母在夭亡子嗣墓前放置小石塊之類的器具作為祭禮，以使孩子免受另一世界的惡魔攻擊。他們認為惡魔會毀壞兒童正在建造的一些東西，而帶著父母真誠關愛的小石塊能幫兒童進行重建。夭折兒童遭受痛苦，這是最難忘的一種觀念，人們在用潛意識解釋死亡後的事情。

察覺兒童的秩序感

另一個容易察覺的問題是，兒童的秩序感不亞於成人。

教師分發給兒童的一些直觀教具在兒童使用完畢後，規定交由教師放回到原處。教師對我說，每次兒童都會圍在她四周看她歸位教具。她要求他們回到座位，但是他們會再次回來。這種情況發生多次後，她認為兒童有不服從管理的傾向。

但當我觀察這些兒童時，發現他們只不過是想自己把材料放回原處，我於是允許他們自由行動，讓他們開始一種新的生活。兒童認為把一些東西放整齊是一種很有吸引力的工作，如果裝水的杯子掉在地上摔碎了，通常會有杯子主人之外的兒童跑來撿起碎玻璃片，把地板擦乾淨。

後來一天，一個 80 塊不同顏色彩色方塊的盒子被這位教師不小心弄掉了，這位教師有點慌張，因為只在顏色上方塊略有差別，重新排列是十分困難。孩子們卻馬上跑來把所有按顏色的深淺放到了它們的原先位置，動作迅速而準確。兒童對色彩的敏感性遠遠勝過成人。

透過有益練習完善兒童的能力

一次，我抱著一個只有 4 個月大的女嬰走進教室，她的整個身體依照風俗被襁褓緊裹著。她的臉胖乎乎、紅撲撲的，表情很安靜，這種「安靜」給我留下了深刻的印象，我想和兒童分享這種體驗。

我對他們說：「她多麼安靜」，然後調皮地接著說：「看她站得多麼穩當啊，你們誰也做不到她那麼好（我告訴他們嬰兒的腳包在襁褓裡）。」我看到所有孩子都把他們的腳併攏起來一動不動，帶著奇怪的表情盯著我，好像在專心地聽我講話，努力地領會我的意思。這真讓人驚訝。

「請你們留心她，」我繼續說，「聽，她的呼吸多麼安靜，你們哪一個都不會像她一樣安靜地呼吸……」表情驚奇、紋絲不動的孩子們開始像嬰兒一樣屏住了呼吸。那一刻奇特的安靜令人難忘，我甚至能聽到掛鐘的滴答聲。

女嬰給教室裡帶來的安靜氣息是前所未有的，沒有人做任何發出聲音的動作，他們專注地體驗這種安靜並反覆回味。他們控制呼吸，安靜地坐著，臉上流露出正在沉思的表情，像那些寧靜而專注的思想者，我們漸漸能聽到極其輕微的聲音，像遠處的滴水聲和鳥鳴聲。這項活動吸引了所有的孩子。這不是熱情推動的結果，不是熱情等衝動的來自外在的東西，而是一種來自內心的願望。這種安靜令人感動，從此我們開始了「安靜」的練習。

一次，我想以「安靜」為標準檢驗孩子們的聽覺靈敏度。我像於是醫療檢查的醫生一樣在不遠處低叫他們的名字，誰聽到了自己的名字，就不發聲響地走到我面前。

40 個兒童參加了這次練習，他們躡手躡腳地走過來，極為小心，努力做到不碰撞任何東西，否則就會發出聲響被人聽到。我認為透過這樣的練習能夠磨練他們的耐心。對於達到要求的兒童，獎勵是一些糖果。

但他們拒絕拿這些糖果，好像心裡在說：「別破壞我們美好的體驗好嗎？我們心裡充滿欣喜，一直都是這樣的，請不要分散我們的注意力好嗎？」我終於意識到，儘管安靜的環境中很難聽到什麼聲音，但是兒童擁有對安靜的敏感性和對呼喚他們的聲音的敏感性。

後來，我明確地認識到，第一項練習有糾正錯誤的作用，例如「安靜」可以克制喧鬧。這些練習有益於完善兒童的能力，不斷進行則能訓練兒童行為完美的程度，這是言教難以取得效果。兒童繞過各種東西而不碰撞它們，輕快地走路而不發出聲響，透過學習使他們變得這樣敏捷和機靈。同時由於出色完成任務，使得他們心情愉悅，樂於此行。他們發現了自己的潛力，歡欣鼓舞地使自己得到練習，獲得持久的生命力。

而兒童拒拿糖果事件的內在原因，我花了很久時間才得出以下結論。糖果並非必需或被規定的食物，往往用於充當提供給兒童的獎品。兒童喜歡吃糖果是眾所周知的，他們的拒絕行為著實讓我難以捉摸。

為了進一步探究，我帶了一些糖果去學校，分發時一些孩子拒絕接受，有的只把它放進罩衫口袋卻不吃。我以為他們都家庭貧困，可能想把這些糖果帶回去。我對他們說：「你們可以吃掉我給你們的糖果，再帶其他的糖果回家。」他們接受了這些糖果，但還是放進口袋不吃。後來，他們的教師去看望其中一個生病的兒童，發現他對那糖果十分珍惜。小男孩先感謝教師的來訪，然後從一個小盒子裡取出一塊糖果給教師吃，那是他在學校得到的。這些誘人的糖果在小盒子裡存放了好幾個星期，這個孩子一直捨不得吃掉它。

在這些兒童中，這種現象是極為普遍的。許多參觀者獲悉這一現象，到我們學校來進行證實。

在兒童的內心世界，這是一種自發和自然的表現，沒有人要教他們偽善地放棄糖果，也沒有人荒誕地對他地說：「不要玩樂，也不要吃糖果。」當兒童的境界昇華到一定程度時，他們拒絕無用的表面獎賞已完全出於自願。

有一次，有人烤製了幾何形狀的小甜餅給他們，他們不僅沒有吃，還認真的說：「這是圓餅！這是長方餅！」

有個有趣故事講的是一個窮孩子注視著廚房裡忙著烹調母親，母親拿起一塊奶油時，這個小孩說：「這是長方形的！」母親切去一角，小孩就說：「現在是三角形的，」又接著說，「剩下的像四邊形。」但他一直沒有說：「給我一些麵包和奶油。」這出乎人們的意料。

為初級階段的活動提供場景

成人總是以合乎邏輯的方式處事，兒童卻為自己的無目的行動。一歲半到三歲的兒童經常用一種成人不可理解的方式使用物品。

我看到過一個一歲半的兒童，他發現了一疊剛被燙平整齊地堆放的餐巾，小朋友極小心地拿起其中一張，用一隻手壓在上面使其不會散開，他穿過房間，走到斜對面，把餐巾放在角落裡的地板上說：「一張」，然後原路折返。這表明有某種特殊的敏感性的訊號在指導他。他穿過房間，以同樣的動作拿起第二張餐巾，捧著它小心沿著同一路線走過去，把它放在第一張餐巾上，又說：「一張。」如此，他重複地把所有餐巾一一拿到了斜對面的角落。後來，他把這個過程反過來完成，把所有餐巾依次放回原來的位置。雖然之後這些餐巾放得有點傾斜，不像最初那樣完美，但仍折疊得整整齊齊。

幸運的是，漫長的搬運過程中，家裡一個人也沒有。兒童時常聽到成人在他們身後喝斥：「停下！放下手裡的東西。」成人為了教訓兒童不要碰某些東西，不知打了他們細嫩的小手多少次啊！

另一項使兒童著迷的「基本」工作是反覆地擰下瓶蓋再把它蓋上。若瓶子是由可反射出五彩光芒的雕刻玻璃所製成，這種情況就更為嚴重了。將瓶蓋子取下再蓋上，足以讓他們樂此不疲。

同樣，打開和關上櫥門，也是兒童熱衷的工作。由此，兒童和成人經常為了一些東西發生衝突，這完全可以理解，因為這些東西必定是母親或父親桌子上的東西，或房間家具的一部分，它們對兒童有一種天然的吸引力，但兒童被禁止觸碰它們。兒童被認為「不聽話」常常是這種衝突的結果。其實兒童並不是真的想要這樣一個瓶子，只要用某些物品予以替代，允許他們進行同樣的活動，他們就會很滿意。

兒童的諸如此類的無邏輯性與目的性的基本活動，可以看作是人最初階段的活動。所以我們在這個時期的兒童提供了一些直觀教具，例如：一系列大大小小的圓柱體，它們恰好能被塞入木板上大小不等的洞穴之中。這些教具能夠滿足兒童在這個時期的心理需要，因此獲得了很好的效果。

按理，這個讓兒童自由的想法應該容易理解，但是成人卻很難接受，因為他們心裡存在著極深的障礙。所以成人即使表面上同意兒童自由觸摸或搬運東西的要求，他也會發現自己內心其實無法接受禁止兒童的那種衝動。

一位年輕紐約婦女渴望在她兩歲半的兒子身上實踐熟絡這種理論。有一天，她的兒子把一瓶裝滿水的水罐從臥室拿去客廳，她注意到孩子高度緊張，盡量緩慢地穿過房間，並不停地自我提醒：「當心！當心！」她看到水罐很重，終於感到了幫助他的必要，於是將水罐拎到了兒子想放的地方。

這種行為自然讓孩子內心受挫，他很傷心。她承認自己確實讓孩子痛苦，但又覺得自己的做法是正確的，她很矛盾，她一方面知曉孩子正在做一件對的事情，另一方面又覺得這件事把孩子搞得很疲憊，浪費很多時間，而她只要出一點力就能輕易完成這件事情。

這位婦女詢問我的意見時，真誠地說：「我知道自己做得不好。我反思自己的做法，是出於成人保護自己財產的本能。」我問她：「你有漂亮的瓷器嗎？比如杯子？給你的孩子一件輕巧的瓷杯，看看到底會發生什麼。」

這位婦女聽從了我的建議。後來她告訴我，孩子拿著杯子小心地走著，走一步，停一停，最後把杯子安全地拿到了目的地。她內心交織著兩種心情：既為兒子的表現感到高興，又忍不住為杯子擔心，她矛盾地看著兒子完成了整個過程，這是孩子一直渴望做的，對他的心理發展極為必要的工作。

另外一次，我允許一個才 14 個月大的小女孩做些清潔工作。她用抹布把許多東西擦得鋥亮，對自己的工作十分滿意。她的母親卻反對這麼做，認為如此幼小的孩子不需要用抹布按所謂的衛生習慣去做家事。

一些成人在兒童第一次展現工作本能時感到奇怪，因為他們對這種本能的必要性不予理解。成人認為克制自己的習慣以尊重這些與自己日常習慣極不兼容的行為是在做出巨大的犧牲，他們無意識把兒童劃列在理性範圍之外，而這樣做的弊端正如不許兒童學習說話，會極大阻礙兒童的健康地成長。

我們應該為兒童準備一個適宜的展現自我的環境。兒童牙牙學語時，我們不需要準備什麼，稚嫩的發音在家人聽來十分可喜。兒童的小手卻會要求一種「工作的器具」，選取與他的工作相匹配的工具。

其實兒童在活動中所花費的努力，遠遠超出我們的估計。我有一張照片，畫面是一個英國小女孩拿了一個看似過於龐大而無法負荷的大麵包，她不得不把它緊貼在身體上。她被迫挺著肚子走路，看不見自己的腳會踩在哪裡，視線範圍內只有一隻狗伴隨著她。她的身後有一些注視著她的成人，他們極力克制著自己想衝過去幫她的衝動。

有時候，兒童在適宜的工作環境中能展現出嫻熟的技術性，這總能讓我們驚嘆不已。成人如果願意為兒童營造這種環境，兒童將產生複雜的社會作用。一個兩歲的小男孩曾給我留下了深刻的印象。他很有號召力，他做一些擺放桌子、打掃房間之類的活以接待同儕。他在兩支明亮燭光的照耀之下，做這些有意義的事情。母親為他準備生日蛋糕時，他把事情的本意混淆了，他走來走去，得意地告訴別人：「我兩歲了，所以我有兩根蠟燭。」

閱讀和書寫教學方法

當我還是羅馬一所心理矯治學校的教師時，就開始使用各種教學方式進行具有實際獨創性的讀寫實驗。

伊塔德和塞昆沒有提供任何理性的寫作教學方法。前面我們已經看到了伊塔德是如何進行字母教學的，現在我要談談塞昆書寫教學的方法。

他說：「若要讓孩子們從圖形轉換到書寫 —— 這也是最直接的應用，教師只需要說『D』，是一個圓的一部分，然後將這個半圓兩端放在垂在線：『A』則是兩條斜線在頂端相交，中間被一條水平線截斷。我們沒有必要擔心孩子們如何學習書寫，他們會先在頭腦中想像圖形；也沒有必要讓孩子根據對比或模擬的法則去畫字母，如『O』和『I』、『B』和『P』、『T』和『L』等等。」

在他看來，我們不必進行書寫教學。只要孩子會畫，就能夠書寫，即使書寫意味著要寫字母。塞昆的書中從未解釋過他的學生是否應該用另外的方式書寫，相反，他花大量筆墨來描述圖形，這種圖形為書寫甚至寫作做準備。然而這種方法困難重重，只有將伊塔德和塞昆的結論結合起來才能實現。

圖形論第一個概念是，要給圖形留出一定的空間；第二個概念是做記號或畫線。圖形和線段始終要有這兩個概念相貫穿。

這兩個概念彼此關聯，由此引出畫直線的能力。只有當直線遵循一定方法並朝確定方向延伸時，直線才是直線，否則就只是隨性的線條。

第八章　如何教育孩子

書寫是不同既定方向線段的集合體，因為具備理性的標記，書寫才成其為書寫。因此，在確認一般意義的書寫行為之前，我們必須心存平面和線段的概念，普通兒童透過直覺獲得便能理解，但一些遲緩兒需被仔細教導。透過系統的程序讓兒童就能建立理性連繫，先模仿地畫一些簡單的直線，再循序漸進地複雜起來。

程序應該如下：第一步，畫出各種不同種類的直線；第二步，將這些直線畫成不同的方向，並處於相對平面的不同位置；第三步，重組這些直線，形成各種從簡單到複雜的圖形。由此，我們必須教學生區分直線和曲線、水平和垂直以及各種斜線；最終明確由兩條或多條直線相交的點 —— 圖形正是由這些點構成的。

書寫產生於對圖形的理性分析。一個孩子在我注意到他之前已經能寫出許多字母，他花了大約 6 天時間去學習畫垂線與水平線，畫曲線和斜線上也是如此。我的學生太多，以至於他們不能在嘗試畫直線之前先在紙上模仿我的手的運動，即使是最具模仿能力、最聰明的孩子，也將我畫給他們看的圖形畫反了，無論交匯點多麼明顯，他們還是弄混了。

事實上，我已教給他們有關直線及其結構的詳盡知識，足以幫他們利用平面和各種不同的標記建立連接。研究表明，我的學生都是有缺陷的，他們畫垂線、水平線、斜線或曲線時所能取得的進步，與此時他們在智力上所面臨的困難程度息息相關。

我的目的不僅在於讓孩子們完成一些困難的事情，而是要讓他們學會克服一系列的困難。我時常捫心自問，這些困難是否還不夠艱巨？這些問題指引著我前進。

垂線可以用手或眼睛上下比劃；水平線對於手和眼睛來說都不那麼自然，因為水平線位置較低，呈現出曲線形狀（就像地平線，水平線正是從「地平線」得名），從中央向平面的兩端延伸；斜線的要求則更為複雜。曲線與平面之間有多種不同的位置關係，因而對於我們來說，研究斜線和曲線只是對時間的浪費，最簡單的線就是垂線。

下面講一講我是如何給學生教授這些觀念的。

第一個幾何公式是：從給定的一點到另一點只能畫一條直線。

我們用手來演示：在黑板上畫兩個點，用一條垂直的線將它們連接起來。學生在紙上試著做相同的工作，但是一些人不小心將垂線畫到了位於下方的點的左側或右側。這種錯誤通常源於智力或視覺方面的不足，不是手的緣故。為了減少這種偏差，我在點的左右兩側各畫了一條垂線，這樣孩子們就能在封閉的範圍內將兩點連接起來。如果兩條線還不夠用，就在紙的兩側放兩把垂直的尺，這是避免偏差的最佳方式。但是，不應該長期保留這種限制。我們首先用兩條並行線代替尺，即使是遲緩兒也能從中間畫出第三條線。緊接著我們隨機擦掉左邊或右邊的一條線，然後我們將這兩條線都擦掉，最後是那兩個點，這兩個點指明了線段開始和終結的位置。這樣，孩子們就能夠做到在不借助任何輔助的情況下畫出垂線。

水平線的教學方法與之相似，也面臨著同類的困難。即使孩子偶爾在開始時畫得很好，我們也必須等他們從中間開始，自然地向兩邊延伸出水平線。原因我已經解釋過，如果兩個點不足以讓孩子們畫出完美的水平線，我們可以像上面一樣借助並行線或者尺。

最後，我們讓他們畫一條水平線，將它與垂直的尺放在一起形成直角，以讓他們明白水平和垂直到底意味著什麼。

「在線的概念的教授過程中，斜線看來似乎應該緊緊地跟隨著水平線和垂線，但實際上並非如此。因為如果垂直線發生偏斜，或水平線的方向略微變化，就會產生斜線。這種線與線的密切關係，使得我們如果沒有任何準備就進行斜線的教學，會使學生無法理解。」塞昆對不同的線條進行了長篇論述，並提到了四條曲線的問題，他讓學生在兩條並行線間練習畫直線與水平線，然後在垂線的左右、水平線的上下畫曲線。

他總結道：「我們找到了解決問題的方法 —— 垂線、水平線、斜線和四條曲線，這四條曲線的結合構成了一個圓。這樣就包含了所有線，也包含了所有的書寫。」

在相關幾何圖形產生的理念指引下，經過一系列的試驗，塞昆注意到三角形才是最簡單的圖形。他說：「進行到這裡，伊塔德和我停頓了很長時間。通曉這些線後，孩子們下一步要做的是畫圖，我們需從最簡單的圖形著手。伊塔德建議我從正方形開始，我按照他的建議進行了三個月，孩子們卻沒有明白我的意思。從那些試驗與其他一些相關試驗中，我整理出了教授遲緩兒書寫和圖畫的第一條準則，該準則的應用如此簡單，以至於我沒有必要進行進一步的討論。」

以下便是我的前輩們為缺陷兒童設計的書寫教學方法。

伊塔德的閱讀教學方法是：在牆上釘一些釘子，掛上三角形、正方形和圓形等木質幾何圖形，在牆上畫出這些圖形的精準印痕後，再拿走這些圖形。伊塔德由此設計出了平面幾何教具。他還製作了一些較大的木質字母印模，以同種方式留下了字母印痕。他利用印痕將釘子進行排列，而孩子們可以自由地將字母放在上面或取下來。後來，塞昆用水平面替代了牆面，將字母畫在一個盒子的底端，讓孩子們在上面加字母。

我認為伊塔德和塞昆的這種教學方法過於繁瑣，它的兩個基本缺陷導致它對於一般兒童並不適用：書寫印刷體的大寫字母；透過對幾何的研究來為書寫做準備。我認為只有中學生才能夠實現這一點。塞昆從對孩子的心理觀察、孩子與周圍環境關係的研究，突然轉換到了直線的產生及直線與平面的關係，完全混淆了概念。

他說是由於「自然的命令」，孩子們樂於畫垂線，而水平線很容易轉變成曲線。這種「自然的命令」是透過地平線被看成曲線表現出來的。

塞昆舉這些例子是為了說明特殊訓練的必要性，它能夠指引理性思維，使人們適應觀察。觀察必須絕對客觀，即必須排除先入為主的見解。這個例子中，塞昆已認定幾何圖形一定是為書寫做準備，這阻礙了他發現對書寫來說真正必要的自然過程的進程。另外，他還主觀地認為直線存在偏差，這種偏差的不準確性是由於「頭腦和眼睛」，而不是「手」。

塞昆似乎認為好的方法必須從幾何開始；只當與抽象事物有連繫時，兒童的智力才值得被關心。這本身就是一個謬誤，如很多人自以為知識淵博，就開始蔑視簡單的東西。我們來看看那些被稱作是天才的人的思想吧，牛頓在大自然中靜靜地坐著，看到一顆蘋果從樹上掉了下來，他問：「為什麼？」這種現象本是微不足道的，但墜落的果實與宇宙的重力在天才的頭腦中是緊密相連的。

如果牛頓是一位幼兒教師，他一定會讓孩子們仰望布滿星星的夜空；而「博學」的人卻可能認為讓孩子去學習一些抽象的微積分才必要的，因為微積分對於天文學來說非常重要。然而，伽利略僅僅透過觀察懸掛在屋頂搖晃的吊燈就發現了鐘擺定律。

正如在道德領域，謙卑和貧困能夠引導人們昇華到超越精神的境界；在智力領域，簡約的真諦在於幫助人們擯棄頭腦中已存的見解，引領我們發現新事物。研究人類歷史，很輕易能夠看出一些發現完全取決於客觀觀察和思維邏輯，然而我們卻很少能做到。比如：拉弗・朗（Alphonse Lavrana）發現了侵入紅血球的瘧原蟲，人們卻還在懷疑注射疫苗能夠預防瘧疾的可能性，儘管我們知道血液系統是一個封閉的管道系統，不奇怪嗎？相反，儘管寄生蟲已經是一個既定的生物種類，人們卻寧願相信這個魔鬼般的物種來自於低地、非洲風的吹送或潮溼等輿論。

拉弗・朗偉大的瘧疾理論有著完善的邏輯。如我們所知，生物學中，植物的繁衍透過孢子分裂進行，而動物的繁衍則是透過細胞結合進行的，即原始細胞經過一段時間的分裂形成與本體相同的新細胞，並出現生殖細胞——雄細胞的和雌細胞，這兩類細胞結合後形成一個受精卵，開始繁殖循環。

在拉弗・朗時代，人們已經知道瘧原蟲是一種原生動物，寄生蟲在紅血球基質中的分隔其實是一種分裂過程，由此產生不同的性別個體。這樣解釋合情合理，然而當時包括拉弗・朗在內的這一學術領域的科學家卻無法解釋這種性別差異的出現。後來，拉弗・朗認為這兩種形式是瘧原蟲的退化形式，因此不再能夠引發疾病變化。這一觀點一經闡述就立刻被人們接受。的確，寄生蟲出現性別分化時，瘧疾就治癒了，因為寄生蟲的雌雄細胞不可能在人類血液中結合。

拉弗．朗受到了莫雷爾有關人類的退化伴隨著畸形理論的啟發，如今每個人都認為這位著名病理學家提出這一理論是幸運的。

如果人人都能這樣推理：瘧原蟲是一種原生動物，透過度裂進行自我複製，分裂結束後出現兩種細胞：一類是半月形的雌性生殖細胞，另一類是線型的雄性生殖細胞，它們彼此進行結合而不再分裂，那麼，推論者將走上一條發現之路！但這種簡單的推理卻無人發現。我們可以想像，如果教育能提供給人類一種真實的觀察和邏輯的思考，世界將會獲得多麼巨大的進步！

我談到這些是為了說明理性教育下一代的必要性。我認為這是我們所必需的，我們的後代應比我們取得巨大的進步。我們已經懂得利用環境資源，現在要做的應是透過理性的教育來開發人力資源。然而，人類傾向於欣賞複雜事物的本能依然存在，使事物複雜化的本能也始終伴隨著我們。塞昆給孩子們講授抽象的幾何只是教他們學些簡簡單單字母「R」，這便是最好的例子。

現在仍有許多人相信，兒童學好書寫的前提是他們首先會畫垂線。事實上，學寫字母 —— 它們都是圓的 —— 而從直線或銳角開始教學，這是非常荒謬的。初學者想寫一個由漂亮的曲線構成的沒有稜角、不僵硬的字母「O」，是多麼困難，孩子們卻被迫一遍一遍畫直線和銳角。誰是提出書寫必須從直線開的始作俑者？果真如此，為什麼又為要避開曲線和角做準備呢？

讓我們暫時拋開陳規，換一種簡單的方式吧。

真的必須從垂線學起嗎？我們只需片刻清晰、邏輯的思考就可以回答這個問題，答案是「不」。那種練習需要孩子們花費太多苦心。啟蒙學習應該是最簡單的，畫垂線時鉛筆要做的上下運動卻是所有運動中最難的，只有專業人士才能在滿滿一頁紙上畫出規則的垂線，一般人要寫滿這一頁紙，也只能做到差強人意，何況是兒童。直線的確非常獨特，它表明了兩點之間的最短距離，任何方向有所偏離的線都不是直線，即使它們畫起來要容易得多。

成人在黑板上畫直線，有的從這頭開始，有的從那頭開始，幾乎每個人都能畫直。但如果要求他們從某一確定的點畫一條特定方向的直線，他們將延伸直線長度以將其畫直，他們需要積存力量。如果進一步要求他們將線畫得很短，在一定的限制範圍內，失誤率會相應上升，因為這阻礙了維持直線確定方向的動力。書寫教學的一般方法中，我們正式加入了這樣一種限制，及對書寫姿勢的限制，而不是讓本能去自然地驅使兒童。所有這些限制，加大了書寫學習的難度。

我曾注意到法國一些缺陷兒童所畫的垂線，即使一開始畫得筆直，最後卻拐成「C」狀。這表明相對於正常兒童，這些缺陷兒童毅力匱乏，他們最初為模仿而付出的努力一點點地耗盡，強迫性或者是刺激性的動作逐漸被一種自然、本能的動作所取代。所以，直線漸漸變成曲線，像字母「C」。正常兒童的練習從未出現這種現象，他們能夠透過努力進行堅持，直到一頁練習寫完。也正因為這樣，才掩飾了教學法中的錯誤。

再來觀察一下正常兒童的自主繪畫過程，當他們用樹枝在花園的沙地上畫圖時，我們看到的都是一些長且交織的曲線，從來沒有短的直線。也觀察到了這種現象，但當他讓學生畫水平線時，水平線很快就變成了曲線。塞昆卻將這種現象歸因於對地平線的模仿！

字母由曲線構成，兒童卻練習畫垂線來準備，這不合邏輯。但是，也許有人會說：「許多字母中也有直線存在呀！」沒錯，但是這個理由並不充分，我們應從整個圖形中選擇一個細節入手。一如分析話語來學習語法規則，我們可以用這種方法來分析字母以發現直線和曲線。但是我們說話是獨立於語法規則的，那麼書寫為什麼不能獨立於分析，不能把字母單獨處理呢？

如果我們在只有在學會語法後才能說話，或仰望蒼穹繁星之前先要懂得微積分，該是多麼悲哀！那麼，教遲緩兒書寫之前先讓他先搞明白抽象的直線偏離和幾何問題，也同樣可悲！而為了書寫而遵循分析性的字母構成規則，就更加荒謬了。這種努力完全是一種生硬的不自然的東西，它不是用來讓人學會書寫，而是用來作為教授書寫的方法的一種證明。

現在，讓我們暫將教條擱置一邊，也不考慮文化或習俗。我們對於人類為何開始書寫，或對於書寫的起源並無興趣，那些灌輸給我們的關於書寫的理念一一學習書寫必須從做垂線開始 —— 也擱置一邊，就讓我們像真理那樣清晰而沒有偏見吧。

「讓我們觀察一個書寫中的個體，去分析他在書寫中採用的動作」，這是說書寫的技術性操作，涉及書寫的哲學研究，許多人從客觀研究書寫本身，並且許多方法正是建立在這種研究之上，卻與我們的調查對象是進行書寫的個人而非書寫本身相背離。

從個體開始研究的方法與以前的研究方法截然不同，具有很大的原創性，建立在人類學研究基礎上，毋庸置疑，標誌著書寫的新時代。當我對正常兒童進行試驗的時候我並不能預料結果，我願意將之命名為人類學的方法 —— 人類學的研究確實給了這種方法以啟示。經驗卻使我想到了一個令人吃驚、但也非常自然的名稱 —— 「自覺書寫法」。

我教缺陷兒童時，湊巧觀察到這樣一個事實：一個十一歲的智障女孩，雙手擁有正常的力氣及運動神經能力，卻學不會縫紉，甚至是縫紉的初步 —— 縫補。縫補僅僅需要將針穿到布料下面再穿回來，如此反覆。

我讓她編織福祿貝爾墊子，做法是讓一根紙條橫向上下交錯著穿過一列兩端固定的縱向紙條。我開始思考這兩種練習的共性，並饒有興趣地觀察著這個女孩。後來她編織得很熟練之後，我讓她又回到縫紉練習中，欣喜地發現她現在能夠完成縫補了。從那時起，我們的縫紉課程就從福祿貝爾的編織開始了。

這讓我了解到，在縫紉當中，一些必要的手部動作可以不透過縫紉練習來準備，所以，讓孩子完成一項作業之前我們應先找到教他們進行作業的方法。我發現，透過重複性練習將一些特定的準備活動簡化為一種機制，再讓學生進行作業了，而練習與作業本身並無太大關聯，那麼，即使以前沒有接觸過某一類作業，學生也能夠完成得很好。

也許透過這種方法能為書寫打基礎，這個設想讓我感到有趣。透過實踐，這種方法的簡便性讓我大為驚訝，同時也對於從未想到這點而深感遺憾，尤其他的靈感是來源於我對一個不能縫紉的小女孩的觀察。我已經教給學生如何觸摸平面幾何圖形的輪廓，現在所要做的只是讓他們用同種方法去觸摸字母的形狀。

我有一套製作完美的木質書寫體字母，厚 0.5 公分，高矮成比例，其中矮的一些為 8 公分；元音塗成紅色，輔音塗成藍色，字母下面沒有上色，由黃銅包裹以便持久耐用。由於複製品數量不足，我們在紙片上畫了與字母等大、同顏色的輪廓，對比或模擬後進行分組。我們還準備了一些物體的圖片，圖片上方的物體名稱首字母是很大的手寫體，與字母表一一對應，旁邊是小一些的印刷體。圖片的目的在於幫助記憶字母發音，而大小不等的手寫體與印刷體相結合，是為了幫助閱讀。圖片並不代表什麼新的觀念，只是完善了以前的教學系統。

實驗中最有趣的環節是，在我展示了如何將木質字母放在分組的字母卡片上之後，孩子們開始不斷觸摸這些最時髦的手寫體字母。

我以各種方式重複這個練習，假以時日，孩子們就學會了手的必要動作，即使不經過書寫也能複寫出字母的形狀。

此時，我卻發現一個從未意識到的問題 —— 在書寫當中，除了複寫字母外，其實還存在另外一種運動形式，即運筆運動。

當缺陷兒童已能嫻熟觸摸所有字母時，依然不知道如何用筆。穩定握住並流利地使用一個小棍子的運動與特殊的肌肉機制有關，而這種機制本身卻與書寫運動毫不相干，但不可或缺。它是一種獨特的機制，與單個圖形的運動神經記憶共存。缺陷兒童用手指觸摸字母激發書寫動作能鍛鍊運動神經通路，強化了肌肉記憶和各個對應字母的關係，他們曾以做練習的方式準備書寫，那麼相對的，也應進行運筆運動的練習準備。

我們添加了兩個有關這種機制的練習。第二階段，孩子不僅用右手食指觸摸字母，而是用雙手的食指和中指；在第三階段，孩子用一根小木棍來接觸字母，手握木棍的姿勢要跟握筆的姿勢一樣。我讓孩子們反覆循環進行這兩個階段練習。

我談過孩子能跟隨字母的輪廓進行視覺移動。透過觸摸幾何圖形輪廓訓練了他們手指的靈活性，但這種並不夠充分。即使是成人，隔過玻璃或透明紙臨摹圖案時，也不見得能很好地畫輪廓線。

所以在第二和第三階段裡，缺陷兒童並不能時刻精準地跟著圖案練習。這個過程中，除了看孩子們是否還在繼續觸摸圖案外，教具沒有提供更多的對於錯誤的提示。我想，我們應該把字母都刻成凹槽，以讓小木棍順其行走，由此提高孩子們的練習效率。我設計了這種器具，但是由於造價過於昂貴而沒辦法付諸實施。

試驗之後，我向國家心理矯正學校教學方法班的教師們詳述了這種方法。課程講義已經出版，且有兩百多名小學教師掌握了這種方法，但沒有人從中獲得幫助。

費拉里教授對此表示驚奇：

我們取出印有紅色元音字母的卡片，在孩子們看來卻只是一些不規則的紅色圖形，我們拿出紅色的木質元音字母，讓他們放到對應的卡片上。他們在觸摸時被告知每個字母的名稱，字母排列順序如下：oeaio。我們對孩子們說：「找到字母 O」，把它放到相對的位置上。這個字母是什麼？

我們發現，只看字母的話，許多孩子就會犯錯。

但有趣的是，他們能透過觸摸來判別字母，我們由此分辨不同的個體類型 —— 視覺型，還是運動神經型。

我們讓孩子觸摸紙片上的字母，開始只用食指，後來食指與中指並用，最後像握筆一樣握一根小木棍，對字母進行書寫一般的描摹。

藍色的輔音字母卡片模擬排列，並附有可移動的藍色木質字母，一如那些元音字母。這套教具還包括另一套卡片，印有一兩個以輔音開頭的物體名稱，而手寫體字母旁是一個相同顏色但小一些的印刷體字母。

教師根據語言學方法教授輔音，讀出卡片上的物體名稱，著重強調首字母，如「P-Pear，告訴我輔音 P 是哪一個，然後將它放在相對的位置上，觸摸它」等。這些得以讓我們研究孩子們的語言方面存在的不足。透過書寫方式來描畫字母的同時，我們可以利用肌肉訓練來為書寫做準備。

一個小女孩能用鉛筆複寫出所有字母，儘管她還不認識其中任何一個。她的字母一律 8 公分高，有著驚人的規則，同時她的手工也非常好。孩子們用書寫的方式來觸摸標示，也是為閱讀和書寫做準備。觸摸並觀察字母，透過感官的協調能加速強化印象。最後，再這兩類動作分離，觀看轉化成閱讀，觸摸轉化成書寫。根據個人類別的不同，有的人先學習閱讀，有的人先學習書寫。

西元 1899 年前後，我發明了迄今為止仍在使用的閱讀與書寫的基本方法。一次，我給一名缺陷兒童一支粉筆，他竟然在黑板上寫出了完整的字母表，要知道這是他的第一次！這種能力讓我深感訝異。

書寫的實現遠比我預想的快很多。正如我所說過的，有的孩子能寫出字母，儘管他們可能一個也不認識。

我注意到正常兒童的肌肉感覺在嬰兒時期發展最快，有助於孩子書寫的簡單化。但閱讀不盡相同，閱讀需要長時間的教育，需要更高等級的智力發展，因為閱讀是對有關符號的理解，需要嗓音變化調整，這些是純智力性的工作。書寫時，孩子們在教學法的引導下，把聲音轉換成符號，並配合手部活動，這對他們來說是一件容易而愉快的事情。

兒童書寫能力的發展伴隨著簡便性和自覺性，就如口頭語言的發展一樣。口語的發展是聽覺運動神經型轉換。閱讀則關係到抽象智力文化，是對符號象徵的系統概念所作的解釋，只有兒童期之後才能獲得。

第八章　如何教育孩子

針對正常兒童的實驗始於西元 1907 年 11 月上旬。在聖洛蘭佐的兩所「兒童之家」，我從孩子們入學之日起（部分孩子是 1 月 6 日，另一部分是 3 月 7 日）就只使用實際生活以及感覺訓練。我並沒有讓他們進行書寫練習，像其他人一樣，我認為應該盡可能地推遲這種練習，譬如 6 歲以前應該避免教授閱讀和書寫。練習之後，孩子們需要有所總結，因為他們已獲得了令人驚訝的智力發展。他們已懂得如何穿脫衣服，如何洗澡；如何掃地、給家具除塵，將房間收拾整齊;知道如何開關盒子，照顧花草，如何觀察事物;如何用手去「看」東西等。

許多人跑到我這裡來，直接要求學習閱讀和書寫，即使被拒，仍有孩子驕傲地表示他們知道如何在黑板上寫出「0」。

最後，許多母親來央求我們教授她們的孩子，她們說：「『兒童之家』喚醒了孩子，他們能輕易地學會很多東西，如果教他們閱讀和書寫，他們一定也能很快學會，還能節省出上小學需花費的精力。」她們認為孩子從我們這裡可以不費力氣地學會書寫和閱讀，這給我留下了深刻的印象。

想到在缺陷兒童學校裡面所取得的成果，我決定在 9 月開學時進行一次嘗試。我們在小學 10 月分開學以前不進行任何書寫和閱讀，這樣可以把我們的孩子與小學的孩子進行比較，因為他們將在相同時間裡受到同樣的教育。

我希望能有一套缺陷兒童學校裡的那種精美字母，就開始尋找能為我們製作教具的人，但 9 月分時仍未找到合適人選，只好打消了這個念頭。商店櫥窗裡那種普通釉質的字母也差強人意，但令人失望的是，怎麼也找不到書寫體的字母。

時光如白駒過隙，10 月分迅速流逝。小學生們已經畫了許多篇垂線，我們還在等待著。我決定去掉大個的紙質字母，用砂紙來代替，因為孩子們要進行觸摸。砂紙字母黏在光滑的卡片上，更類似觸覺練習的教具了。

這些簡單用具製作完後我才注意到砂紙字母與比原先那些的優勢。而我卻在大字母上浪費了兩個月！如果我有足夠的錢，就已經擁有那些華而不實的字母了。

我們有時習慣墨守成規，尋求衰落了的事物的美，而認識不到貌似簡約的新事物反能萌發出我們的未來。砂紙字母便於製作，可以讓眾多孩子共享，不僅可以用來認識字母，還能用來組合單字。觸摸砂紙字母時，我發現了孩子們手指在尋找動作。這樣，不單是視覺，還包括觸覺都可以直接用來幫助教授書寫的準確性。

下午放學後，我和兩位教師興奮地將紙和砂紙剪出各種字母，我們將它塗成藍色後再黏在紙上，此時，一幅完整清晰的畫面呈現在我的腦海中，我想出了一種新的方法，它如此簡單，以至於我一想到從前繞了很多彎路時就哭笑不得。

我們第一次的嘗試非常有趣。那天一位教師病了，我讓我的一個學生 —— 師範學校的教學法教授安娜．費德莉去代課。我結束工作後去看她，她做了兩個改動，第一是在每個字母后面橫穿了一條紙帶，這樣學生就能認出字母的方向而不致顛倒；第二是做一個卡片盒，字母就可以放在盒子相對的位置，而不像一開始那樣雜亂無章。

我現在仍然保存著這個由費德莉在院子裡找到的舊盒子做成的卡片箱，她還粗略地用白線縫了幾針。

我看到費德莉笑著自稱拙劣的手工製作的東西後，產生極大的興趣與熱情，我立刻明白裝在這些東西對教學是一個非常實用的幫助。的確，它可以讓孩子們用眼睛比較所有的字母，並選擇自己所需要的。這就是我前面所說過的那種教學器具的起源。

我們的優勢迅速展現出來：在聖誕節後的半個月或一個月裡，當小學裡的學生還在為忘記直鉤和畫出曲線的「O」及其他元音字母而艱苦努力時，我們有兩個 4 歲的小朋友已經有能力給西格諾．愛多呵多 —— 塔拉莫先生寫信表示祝福和感謝了。便籤裡既沒有汙點，也沒有任何塗改，顯然已經達到了小學三年級學生的水準。

讀書和寫字表達了兒童的心音

一天，兩三位母親請我教她們的小孩讀書寫字，她們沒有良好學歷，一再懇求我答應。我沒有同意，因為這樣的要求超出了原先的設想。

接下來發生的事情令人驚訝。為便於教兒童學習字母，我讓一位教師用硬紙板製作了一些字母教具。那類特殊紙板用於讓兒童順著字形拼寫字母，記住它們的形狀。形似字母分類歸集，當兒童觸摸這些字母時，他們就會揣摩字形，進行臨摹。

這卻在孩子中掀起一陣激動。他們把這些字母像旗幟一樣高舉起來，列隊繞圈行走，高興地呼喊著。這是為什麼呢？

一次，一個小男孩獨自在路上走著，口中重複著：「拼『sofia』，你記住有一個『S』，有一個『O』，有一個『F』，有一個『I』，還有一個『A』。」他反覆拼寫這個詞語，令我極為驚訝。他實際上是在研究和分析「sofia」這個詞，僅僅是探究的興趣，就使他認識到這個詞中每個音節都有一個字母與之對應。

事實上很多字的拼音就是語音和符號之間的對應。口語本就需要講出來，書面語言不過是把一個個語音變成可見的符號，是相對的口頭語言衍生的文字表達，口語協同促進書寫的進步，而書寫書寫使手腦同時受益，有助於掌握字詞和音節。手掌握了幾乎與說話同樣重要的技能，創造出能精確地反映口語的書面語言，這是人們發現的一個真正的祕密。因此，由語音組成的詞句逐漸形成了書面語言的格式，手提供了一種新的學習動力。

書寫的出現是文字發展到一定程度必然產生的合乎邏輯的結果。手具備描摹的能力，字母僅僅代表特定的語音，一般比較容易描摹。然而，「兒童之家」發生的一些事情令人難以置信，完全出乎意料。

有一天，一個孩子自動地開始學習書寫。他驚奇地大叫：「我會寫字了，我會寫字了！」其他孩子圍上去，饒有興趣地看著他拿粉筆在地板上寫字。「我也會，我也會寫字！」他們也呼喊著，跑去找寫字的地方。一些孩子擠在黑板前，另外一些趴在地板上，他們開始練習書寫，這種練習像決堤的洪水一樣一發不可收拾。在家裡，他們在門上、牆上，甚至麵包上練習。這些 4 歲左右的孩子顯露出的書寫才能，完全超出我們的預料。一位教師對我說：「一個小男孩從昨天下午 3 點就開始練習書寫了。」

我們如同看見了奇蹟。我們曾把經收到的一些插圖書籍發給兒童，他們卻反應淡漠。這些書中圖片精美，但會讓他們分心，使他們不能全神貫注地書寫，他們的目的是寫字而非瀏覽圖片。很久以來我們嘗試激發兒童對書籍的興趣，儘管他們以前對書一無所知。我們沒辦法讓他們理解「閱讀」的含義，因此，在恰當的時機到來前，我們只好撇開了那些書。兒童不人喜歡閱讀別人所寫的東西，也許由於他們還不能讀出這些字。但當我把他們所寫的字大聲念出來時，大多數兒童呆呆地轉過臉來，看著我，彷彿在問：「你怎麼知道的？」

大約過了 6 個月，兒童開始理解所讀到的字的含義了。閱讀和書寫結合起來是他們取得進步的原因。他們盯著我寫字的手，意識到對我來說，文字可以像說話一樣表達我的思想。他們拿過我寫字的紙，走到角落裡，試圖閱讀上面些字。他們沒有發出聲音來，只是默讀，小臉由於努力思考而皺起來，有時又突然露出笑容，高興地歡呼雀躍，彷彿他們體內壓緊的彈簧全部放鬆了。

我明白，他們讀懂我所寫的那些字了。我寫的都是以前口頭表達過的祈使句，例如：「打開窗」，「走到我面前來」等。閱讀就這樣開始了，沒過多久他們就能閱讀複雜的祈使句了，但他們似乎只把書面語言理解成表達自己思想的另一種方式，就像人與人交流時使用的口頭言語一樣。

當參觀者來訪時，許多孩子改變了一貫的口頭致詞的歡迎方式，他們保持安靜。其中一些率先站起來，在黑板上工整地寫著「請坐，謝謝光臨」等。

有一天，我們談到了西西里島那場徹底毀壞了美西納城的可怕地震，災難造成數千人死亡，然後一個大約 5 歲的兒童站起來走到黑板前，寫道：「我感到很遺憾！」所有人都看著他，以為他將對這件事進行口頭哀悼。他繼續寫道：「我是一個小孩，我為此感到遺憾。」這看起來像是一種以自我為中心的奇怪的反應。這小孩子接著寫了一句驚人的話：「我是大人就好啦，如果是那樣我會去幫助他們。」他用簡短的句子來表達內心的愛，而他的母親是一位在街上靠賣草藥來維持生活的婦女。

為了方便兒童溫習識字課本，我們準備了一些相關材料，於是他們有機會閱讀學校常見的印刷體字母，但日曆類的哥德體字母難以辨認。

他們的父母告訴我們，自己的孩子在街上停停走走，仔細辨認商店招牌上的字母，因此，不宜和孩子一起上街。兒童顯然對認識這些字母感興趣，而不光是讀這些句子。他們希望在知道字母含義的前提下，去學習另一種書寫方式。這是一個憑直覺探究的過程，一如成人辨認刻在岩石上的史前文字一樣艱深，成人依據正確辨認出來的標誌猜出那些符號的含義，兒童對印刷體隨機或強烈的興趣與之類似。如果我們過於匆忙地為兒童詮釋印刷符號，就扼殺他們探究的興趣。

強求兒童透過書本來識字的年齡太早，對他們毫無裨益。做這些次要的事情，也會使他們充滿活力的心理活動遭到削弱。這些書一度被收藏了很久，直至他們以一種有趣的方式接觸到它。

一天，一個孩子興高采烈地到學校裡來，手裡捏著從廢紙中撿來的一張已經揉皺的紙，他悄悄地問同伴：「你猜有什麼東西在這張紙上。」「什麼也沒有，只是一張紙。」「不，這張紙藏著好故事。」「上面有一個故事嗎？」一群好奇的兒童立刻被吸引過來。孩子舉著書的殘頁，開始讀那個故事。

他們理解了書本的重要性，書本成了他們迫切需要的東西。可惜，當他們在書上發現了有趣的故事，就會把那幾頁撕下來帶走。那些書太可憐了！才剛發現價值，就被人為地破壞。往常平靜的學校秩序因此而混亂。我們必須管住這些喜愛閱讀的孩子，否則他們會變得極具破壞性。我們應在他們學會閱讀之前實施尊重書本的教育工作。我們為兒童們提供幫助，使他們得以正確地拼音和書寫，甚至達到國中三年級學生的水準。

如何教育富裕家庭的兒童

另一類生活在非正常社會環境的兒童是來自富裕家庭的兒童。人們可能認為教他們比教「兒童之家」的貧困兒童，或美西納地震後倖存下來的孤兒容易得多。事實並非如此。

富裕家庭的兒童被奢侈品所包圍，如他們的家庭享有特殊社會地位一樣，似乎享有特權。歐美國一些教師的經驗足以說明這個問題。他們談到了對那些孩子的最初印象，及替他們糾正錯誤時所遇到的阻礙。

豪華住宅、花園小徑或鮮豔服裝，對富裕家庭的兒童沒有任何吸引力，貧困家庭的兒童著迷的東西也不能讓他們感興趣，他們只選擇自己中意的東西。因此，教師時常感到迷茫，信心受挫。貧困家庭的兒童通常會迫不及待地奔向為他們準備的東西，富裕家庭的兒童卻已玩膩了所有精緻玩具，他們對此反應淡漠。

美國教師 G 小姐從華盛頓寫信說：「這些兒童喜歡跟別人爭搶教具。如果我拿某個教具給一個人看時，其他人就扔掉他們手中已有的教具，吵吵嚷嚷的地圍住我；當我對教具解釋完畢時，他們就爭吵不休。他們並未對各種感官材料真正表現出興趣，他們的注意力從一個教具轉移到另一個教具，沒有片刻的留戀。有一個孩子喜歡走動，他坐著時還不夠用手摸遍提供給他的教具。很多時候，那些孩子的練習毫無目的。他們絲毫不關心值得注意的東西，只會滿屋子奔跑，碰撞桌子，掀翻椅子，踩在發給他們的教具上。他們在某個主流片刻又迅速跑開，撿起某件教具又隨意扔掉它。」

D 小姐從巴黎寫信說：「我必須承認我的經歷令人沮喪。他們從不積極，也沒有耐性。他們對任何事物的專注不會超過一分鐘，常常像一群羊一樣，互相跟來跟去。當一個人拿著某件教具時，其餘人就會想要這件教具。有時，他們甚至會在地板上打滾而把椅子弄翻。」

羅馬一所招收富裕家庭兒童的學校描述：「這些兒童在教學過程中亂搞一

通，拒絕接受指導。所以，我們主要關心的事情是紀律。」

G小姐繼續描述她在華盛頓的經歷：「後來紀律情況有所好轉了。若干天後，這個旋轉粒子星雲群（即不守秩序的兒童）逐漸呈現一種確定的規律。他們開始自我指導了，也慢慢對那些起初被他們當作傻乎乎的玩具而滿不在乎的教具產生了興趣，由此，他們開始作為獨立的人而行動。一旦被某個教具所吸引，他們的注意力將不會轉移到另外一個。他們開始懂得關心各自感興趣的東西了。」

當兒童找尋到能激發興趣的某種東西、某個特定教具時，他實際上就贏得了這場戰鬥。這種興趣的產生有時沒有任何預兆。我曾試圖用學校中幾乎所有的教具來激發一個兒童的興趣，卻沒有引起他半點注意。然而有一次，我偶爾給了他紅、藍兩塊寫字板，要他注意這兩種不同的顏色，他立即伸出手來，急迫地等待它們。那堂課裡他辨別了 5 種顏色。隨後幾天，他拿起了各種教具，慢慢對其他東西也都感興趣了。

有個孩子對被稱為「長度」的最為複雜的教具發生了興趣，漸次擺脫了原先難以長久集中注意力的紊亂狀態。整整一週，他不斷地玩這個教具，學會了數數和做簡單的加法。之後，他開始接觸其他較為簡單的教具，對教育體系中的各種教具都能夠接受了。

「兒童一旦發現自己感興趣的某種教具，就能克服不穩定性，學會專注。」這位教師就激發兒童的個性作了如下描述：「有一對分別 5 歲和 3 歲的姐妹，妹妹完全沒有個性，所有事情都喜歡模仿姐姐。倘若姐姐有一支藍色鉛筆，妹妹就會不高興，直至她也擁有了一支同樣的藍色鉛筆；如果姐姐吃奶油麵包，妹妹就不肯吃奶油麵包之外的任何食物等。她對學校的一切事物沒有興趣，只會處處尾隨姐姐，模仿姐姐所做的每一件事。然而有一天她對紅色立方體產生了興趣。她用它們搭建城堡，並多次重複這項練習。迷惑不解的姐姐問道：『為什麼我搭圓圈時你卻在建一座城堡？』從那時起，妹妹不再是她姐姐的影子了，她找到了自己的個性並開始發展。」

D 小姐講述了一個 4 歲女孩的例子。這個女孩無法讓杯裡的水不濺出來，即使水只盛了一半。所以，她刻意避免做這種事。但是，在成功地完成所感興趣的另一項練習後，她開始能夠毫無困難地端水，給畫水彩畫的同伴送去時，也能夠做到不濺出任何一滴。

一位澳大利亞教師 B 小姐告訴一些趣聞。她所在的學校有一個只會會發一些簡單、模糊音節的小女孩，被焦急的父母帶到醫生那裡檢查是否智力遲緩。突然有一天，小女孩對立體的鑲嵌玩具產生了強烈的興趣，她花大量時間把小塊木質圓柱體從洞孔裡取出來再放回去，反覆多次後開心地跑到教師面前說：「你來看！」

B 小姐描述兒童的狀況：「當我們出示新東西時，兒童會表現出自豪感，而當他們學會做一些非常簡單的事情時，會圍著我們手舞足蹈，抱住我們的脖子說：『全是我自己做的。沒想到吧！今天我做得比昨天好。』」

D 小姐繼續報導說：「聖誕節之後，這個班發生了巨大的變化。我並未進行干預，班級卻秩序井然。兒童似乎陶醉在他們的工作裡，再也不像以前那樣雜亂無章了。他們主動走到櫃邊，依序以前令他們感到厭煩的教具，沒有絲毫疲倦的樣子。所以，在班級中已經形成了一種學習的氛圍。他們過去選擇教具僅出於一時衝動去，現在卻表現出內在的需要。他們專注於一些精確條理的工作，並在克服困難的過程中體驗到一種真正的快樂。這種工作對他們的性格產生了直接的效果，他們成了自己的主人。」

一個 4 歲半的小男孩給 D 小姐留下了最為深刻印象。小男孩的想像力異常豐富，他從不注意教具的形狀，而是馬上把它人格化。他滔滔不絕地說話，無法把注意力集中在教具上。由於心理紊亂，在活動中就表現得很笨拙，他甚至不會扣鈕扣。然而，某種奇蹟突然降臨到他的身上。

D 小姐說：「我對他的顯著變化驚訝不已。他把某項練習當成了自己最喜愛的工作一遍又一遍地加以練習，這樣，他就變得沉靜了。」

建成第一所「兒童之家」

1907 年 1 月 6 日，我們創立了第一所「兒童之家」，招收 3 至 6 歲的正常兒童入學。那時，教育方法還未系統形成。但是，我很快推行了我的教育方法。一些幾近文盲的家長把孩子委託給我照顧。「兒童之家」裡除了 50 多名衣裳破舊、表情羞澀的窮孩子之外，一無所有。

我們的初步計畫是集中管理幼小的兒童，以不致他們在樓梯上玩樂，弄髒公寓的牆壁或造成令人煩擾的混亂。

我受邀負責這個教育機構後，在一種奇妙感覺的鼓勵下，開始創辦「兒童之家」。我堅信整個世界總有一天會承認這是一項「崇高的」事業，我滿懷信心地宣布了這番豪言壯語。

主顯節那天，在教堂，我讀到《聖經》上的那段對我來說像是預言的話：「看到地球被黑暗所籠罩……但是，太陽將在東方升起，它的光輝將成為人們的指南。」出席兒童之家開幕式的人都訝異地問我：為何要在地球上為窮孩子建立一個這麼好的教育機構？

工作伊始，我像一個奇怪的農夫，拒絕用好的玉米種子，找到沃土就隨意撒種。因為寶貝隱藏在泥土下面，我挖到的不是糧食，而是金子。我更像愚蠢的阿拉丁，手裡拿著一把寶庫的鑰匙，卻打不開隱藏珍寶的大門。

與正常兒童打交道時常讓我感到驚訝。有必要說說這個奇蹟般的故事。

常人看來，教育正常兒童發展的關鍵是採用成功教育心智缺陷的兒童的那些方法。我在治療弱智兒童的心理和改變其思維方式上取得成效的一些方法，對於正常兒童同樣適用，有助於他們更快、更好地發展。以實際的和科學的教育理論為基礎，我的成功不是突如其來的，我的理論認為人的心理有均衡發展的和深思熟慮的過程。但令我驚愕並懷疑的是：這些理論竟一直無濟於事，沒有取得預期的效果。

教具作為激發興趣的一種手段，用於智力較低的兒童能夠奏效，用於正常兒童卻產生不同效果。教具能改善心智缺陷兒童的心理，讓他們學到一些東西，所以我竭盡全力勸說他們兒童運用教具，不代表這也適於正常兒童。當一種教具吸引了兒童，他將以一種驚人的注意力連續工作，心無旁騖，完成工作讓他滿意、輕鬆。這種心情，從那些安寧的小臉蛋和滿意的眼神中可以看出。我提供的教具像鐘錶商人提供開啟鐘錶發條的鑰匙，鐘在發條上緊後會不停地運轉；兒童持續地使用教具，他們的心理比以前健康，也更有活力。心理激勵才能推動這樣的工作。

長時間的觀察後，我才敢相信這不是幻覺。一次次的結果證實讓我十分震驚，但我每次都自言自語地說：「這次不夠，下次我才能相信。」教師一次次告訴我，兒童自己正在做什麼。我嚴肅地說：「這很震撼人心。」我還能想起他流著淚回話，他說：「你是完全正確的。每次我看到這樣的情況就會想，你一定是孩子們的守護神。」

我懷著極大的敬意和慈愛看著這些孩子，我把手按在胸口，深情地捫問：「你們是誰？難道不就是耶穌懷抱裡的嬰兒嗎？」

我堅定不移地相信我手裡舉著的是真理的火炬，它照耀著我走自己的路。

我還記得見到「兒童之家」第一批孩子時，他們驚恐、膽怯以致無法說話；神情呆滯，眼神迷茫，似乎生活沒有樂趣可言。現實中，他們生活貧困，沒有被很好地照管，居住的小屋光線黑暗，一片破敗，他們缺乏關愛，缺乏新鮮的空氣和陽光，營養不良。他們注定是不能開花結果的嫩芽。

新穎的環境帶給他們驚人的轉變，他們擁有了新的心靈，發自內心的光輝照亮了他們的世界。

解放兒童心靈的方法是清除發展過程中的障礙物。但是誰能說清這些障礙物的真實形式呢？或者，具體什麼樣的環境才能促使兒童的心靈發芽、開花呢？現實中總與我們的期盼南轅北轍。

第八章　如何教育孩子

兒童的家庭境況不盡相同。有的處於社會最底層，父母工作不穩定，每天早出晚歸，怎麼可能很好地照管子女呢？而且父母大部分都是文盲。

教育這些兒童很有難度，為他們找一個受過訓練的教師也同樣不容易。我們曾聘請了一位受教良好的年輕婦女，起初她沒有做教師的意願，也沒有為此而準備。「兒童之家」是由一個建築協會創辦的非慈善性教育機構，他們只是為了避免公寓大樓的牆壁遭到損壞，減少維修房屋的費用，才把兒童聚集在一起。這不是社會福利事業，所以從來沒有想到為兒童提供免費午餐，為辦公室添置必需的家具和輔助設備是唯一允許的開支。所以，為了節省開支，我們沒有買應有的桌椅，用自己的家具代替。

第一所兒童之家像一個歸零的測量表，不能算作真正的學校。我們的資金有限，師生都沒有桌子，沒有辦公室，也沒有基本的住宿條件。幸而，我擁有一些其他學校沒有的為心智缺陷的兒童準備的特殊設備，這是不幸中的萬幸。

現在的「兒童之家」是那麼明亮、令人愉快，與第一所有天壤之別。記憶最深的家具是一張供教師使用的固定桌子；一個儲存所有教具的大櫃子，櫃門很堅實，平時上鎖，由教師保管鑰匙；3 個孩子一起用一張結實耐用的桌子。桌子緊挨著排列，如其他學校一樣。每個孩子除了長凳外，還有一把樸素的小扶手椅。院子裡栽種的植物只有一小片草坪和樹木。這成為後來我們學校的特徵之一。這樣的環境裡，即使進行重要的實驗也沒有什麼誘惑力，但是，為了了解正常兒童與心智缺陷的兒童在反應上的差異，我對系統的感官教育滿懷信心。我熱衷於了解小齡正常兒童和大齡心智缺陷兒童之間的差異，沒有輕視這份研究工作。我們的教師不受約束，沒有人強加特別的任務。我先就感官材料對女教師進行培訓，並一直在鼓勵她發揮自己的創造精神。

不久後，那位教師的工作有了起色，她為孩子們製作了其他的教具，比如精緻的十字架。這些飾品的原材料是紙張，她把它們作為獎品，獎勵給表現最好的兒童，而得到獎勵的兒童以此為榮。她巧妙地教兒童敬禮，大多數兒童是 5 歲以下的小女孩，但她們都很喜歡這些動作。這使兒童感到快樂，我也感到很高興。

這樣，平靜、默默無聞的生活開始了。在很長的一段時間裡，我們所做的事情鮮為人知。

蒙特梭利育兒全書：

高層次服從、語言爆發期、潛意識活動、大腦潛能開發……蒙氏獨特教育法！

作　　者：[義] 蒙特梭利（Maria Montessori）
翻　　譯：張勁松
發 行 人：黃振庭
出 版 者：崧燁文化事業有限公司
發 行 者：崧燁文化事業有限公司
E-mail：sonbookservice@gmail.com
粉 絲 頁：https://www.facebook.com/sonbookss/
網　　址：https://sonbook.net/
地　　址：台北市中正區重慶南路一段六十一號八樓 815 室
Rm. 815, 8F., No.61, Sec. 1, Chongqing S. Rd., Zhongzheng Dist., Taipei City 100, Taiwan
電　　話：(02)2370-3310
傳　　真：(02)2388-1990
印　　刷：京峯彩色印刷有限公司（京峰數位）
律師顧問：廣華律師事務所 張珮琦律師

定　　價：499 元
發行日期：2022 年 09 月第一版
◎本書以 POD 印製

國家圖書館出版品預行編目資料

蒙特梭利育兒全書：高層次服從、語言爆發期、潛意識活動、大腦潛能開發……蒙氏獨特教育法！/ [義] 蒙特梭利（Maria Montessori）著，張勁松 譯 . -- 第一版 . -- 臺北市：崧燁文化事業有限公司 , 2022.09
面； 公分
POD 版
譯自：Educational set of Maria Montessori
ISBN 978-626-332-663-7(平裝)
1.CST: 育兒 2.CST: 親職教育 3.CST: 蒙特梭利教學法
428　　111012607

電子書購買

臉書